Staffeltarife und Wasserstrassen.

Von

Franz Ulrich,

Geh. Oberregierungs- und vortragender Rath im Ministerium
der öffentlichen Arbeiten.

Springer-Verlag Berlin Heidelberg GmbH
1894

ISBN 978-3-642-98164-7   ISBN 978-3-642-98975-9 (eBook)
DOI 10.1007/978-3-642-98975-9
Softcover reprint of the hardcover 1st edition 1894

Vorwort.

Ich beginne mit einer persönlichen Bitte: die nachfolgenden Ausführungen lediglich als das zu betrachten, was
sie sind, als meine persönlichen Ansichten und ihnen keinerlei offizielle oder offiziöse Bedeutung beizumessen. Ich muss
dies um so mehr betonen, als ich mir wohl bewusst bin,
mit meinen Ansichten und Vorschlägen zum Theil wider den
Strom zu schwimmen, nicht nur wider den Strom wichtiger
und mächtiger Interessen, sondern auch wider den Strom
der öffentlichen Meinung, welche seit langer Zeit von diesen
Interessen beeinflusst wird. Wenn ich trotzdem mit dieser
Veröffentlichung hervortrete, so geschieht es, weil ich die
Klarstellung der von mir behandelten Fragen im Interesse der
wirthschaftlichen Entwickelung Deutschlands und Preussens
für höchst wünschenswerth und nothwendig erachte, weil ich
die Aufmerksamkeit aller derer, die es angeht, insbesondere
der deutschen Regierungen, welche Staatsbahnen besitzen, auf
diese wichtigen Fragen lenken möchte und weil ich hoffe, dass
auch die unabhängige Presse, Politiker, Männer der Wissenschaft und vor Allen meine Kollegen von der Eisenbahnverwaltung diese Fragen so prüfen werden, wie ich es zu thun
bestrebt gewesen bin, vom Standpunkt des allgemeinen Interesses, vom Standpunkt der nationalen Staats- und Volkswirthschaft. Wenn dies geschieht, so ist mein Zweck erreicht
und ich bin sicher, dass sich der alte Satz auch hier be-
währen wird: vincit veritas.

Berlin, im November 1893.

Der Verfasser.

Inhalts-Verzeichniss.

Einleitung.

Seit zwei Jahren sind die Staffeltarife der Eisenbahnen Gegenstand allgemeineren Interesses und allgemeinerer Erörterung geworden. Eine Menge von Personen, welche vor wenigen Jahren kaum das Wort Staffeltarife kannten, sprechen und schreiben über ihre Bedeutung, über ihre Wirkungen, ihre Vortheile und Nachtheile. Diese Erörterungen sind veranlasst worden durch die Einführung des Staffeltarifs für Getreide und Mehl auf den preussischen Staatsbahnen und einer Anzahl anderer deutscher Bahnen im Herbst 1891 und beschränken sich meist auf die Berechtigung, die Vor- und Nachtheile dieses einen Tarifs, so dass Viele unter Staffeltarif nur den erwähnten Staffeltarif für Getreide und Mehl vom 1. September 1891 verstehen. Dieser Umstand hat nicht zu Gunsten einer sachlichen Würdigung der Staffeltarife im Allgemeinen gedient. Der Staffeltarif für Getreide und Mehl war seit langen Jahren von den Landwirthen der östlichen Provinzen gefordert worden, um den Absatz ihres überschüssigen Getreides nach dem Westen und Süden Deutschlands zu ermöglichen und so ihre wirthschaftliche Lage zu verbessern. Ob mit Recht oder Unrecht, kann hier dahin gestellt bleiben — jedenfalls galt diese Forderung als ein Theil des agrarischen Programms der östlichen Grundbesitzer, und es wurden die Staffeltarife hierdurch in den wirthschaftpolitischen Kampf hineingezogen, in welchem seit langem die Interessengegensätze im Deutschen Reiche stehen. Wo aber die Interessen sprechen, da ist erfahrungsgemäss von einer unparteiischen, sachlichen Erörterung wenig die Rede, und so sind auch die Staffeltarife zum Streitruf geworden, indem schon aus dem Umstand, dass der Osten aus dem Getreidestaffeltarif Vortheile erhoffte, der Schluss gezogen wurde, dass diese Vortheile nur auf Kosten der übrigen Landestheile erreichbar seien.

Will man deshalb zu einem unparteiischen wissenschaftlich begründeten Urtheil über das Prinzip der Staffeltarife gelangen, so wird es sich nach Lage der Sache empfehlen, den Getreidestaffeltarif möglichst ausserhalb der Erörterung zu lassen und zwar um so mehr, als derselbe nur eine Anwendung des Prinzips der Staffeltarife auf einen einzelnen Artikel darstellt und die Möglichkeit nicht ausgeschlossen ist, dass der Grundsatz der Staffelung der Tarife an sich als richtig und nützlich anzuerkennen ist, dass aber in seiner Anwendung nur auf einen einzelnen Artikel oder in der Festsetzung der Staffelsätze für diesen Artikel Nachtheile begründet sind, welche das Prinzip der Staffeltarife nicht berühren.

Es kann daher in den nachstehenden Erörterungen um so eher von einem besonderen Eingehen auf die vorerwähnten Getreidestaffeltarife abgesehen werden, als dieselben in Bezirks- und Landeseisenbahnräthen, im preussischen und andern deutschen Landtagen ausgiebig erörtert sind, und nach den eingehenden sachkundigen Auseinandersetzungen des preussischen Ministers der öffentlichen Arbeiten, Herrn Thielen, in der Sitzung des preussischen Abgeordnetenhauses vom 28. Juli 1893 über dieselben kaum viel Neues zu sagen sein würde.

Erster Abschnitt.
Begriff der Staffeltarife.

Die Gütertarife der Eisenbahnen werden im Allgemeinen
so gebildet, dass ausser einer festen Gebühr für die durch die
Abfertigung der Güter veranlassten Kosten, der sogenannten
Abfertigungs- oder Expeditionsgebühr, eine entsprechend der Transportlänge wachsende Gebühr, der sogenannte Streckensatz, in dieselben eingerechnet wird. Dieser
Streckensatz kann entweder für jedes Kilometer gleich hoch
sein, oder aber er kann bei verschiedenen Transportlängen
sich verschieden, niedriger bezw. höher, stellen. In letzterem
Falle ist der Tarif ein Staffeltarif*). In der Regel wird beim
Staffeltarif der Streckensatz mit der grösseren Transportlänge
niedriger, der Tarif ist nach einer sogenannten fallenden Skala
(Staffel) gebildet; er kann aber auch bei einer grösseren Transportlänge steigen, Tarif mit steigender Staffel. Letzteres kann
beispielsweise deshalb beliebt werden, damit nicht der durchschnittliche Streckensatz zu niedrig wird; z. B. wenn für die
ersten 100 Kilometer ein Streckensatz von 4 Pf. eingerechnet
wird, über 100 Kilometer aber ein Streckensatz von nur 1 Pf.,
um bei 200 Kilometer einen durchschnittlichen Einheitssatz von
2,5 Pf. zu erzielen, man aber unter diesen Satz auch für die
weiteren Entfernungen nicht herabgehen will, so bildet man
folgende Staffel:

---

*) Vgl. Ulrich, Eisenbahntarifwesen § 26.

bis 100 km   4 Pf.
von 100—200 „   1   „
über 200 „   2,5 „

Schon hieraus ergibt sich, dass die Staffeltarife sehr verschiedenartig gebildet werden können und keineswegs eine so starre Form der Tarifbildung darstellen, wie die Bemessung des Streckensatzes nach einer auf alle Entfernungen gleichen Einheit, vielmehr sich den wirthschaftlichen Verhältnissen und Bedürfnissen entsprechend anschmiegen.

Die Staffeltarife können aber ausserdem noch insofern verschieden gebildet werden, als man entweder von einer gewissen Entfernung ab den ermässigten Einheitssatz für die ganze Transportstrecke durchrechnet, oder so, dass man den ermässigten Satz nur für die weitere Transportstrecke einrechnet und an den nach höherem Einheitssatze gebildeten Tarifsatz der Anfangsstrecke anstösst. Wenn z. B. bis 100 km der Einheitsatz für das Tonnenkilometer 5 Pf., über 100 km 4 Pf. beträgt, so wird für 101 km entweder 101×4 Pf. oder 100×5 Pf. plus 1×4 Pf. gerechnet. Letztere Berechnung, obschon weniger einfach, ist vorzuziehen, einmal weil die Ermässigung allmäliger erfolgt und zweitens, weil Schwierigkeiten vermieden werden in tariftechnischer Beziehung. Im ersteren Falle würden nämlich die Transporte auf 101 km einen billigeren Frachtsatz erhalten als die auf kürzere Entfernungen. Denn 4×101 ist $= 404$ Pf., während $5 \times 100 = 500$ Pf. ist. Um dies zu vermeiden, wird entweder für die Entfernung über 100 km der Satz für 100 km so lange beibehalten, bis durch die Multiplikation mit 4 ein höherer Satz herauskommt, also hier bis 126 km, oder für die Entfernungen unter 101 km wird der Satz von 101 km so lange angewendet, bis bei der regelrechten Berechnung ein niedrigerer Satz sich ergibt, also hier bis 80 km herab*). Beide

---

*) Es kann also auch bei dieser Art der Bildung von Staffeltarifen nicht vorkommen, dass für längere Entfernungen niedrigere Frachten berechnet werden als für kürzere. Der Getreidestaffeltarif wie alle preussischen Staffeltarife sind übrigens nach der andern Methode gebildet, wonach die ermässigten Sätze erst von der weiteren

Arten der Ausgleichung bringen aber gleiche Frachten für verschiedene Entfernungen, also eine Abweichung von dem Grundsatz, wonach die Transportpreise mit der Entfernung wachsen, und ausserdem tariftechnische Schwierigkeiten mit sich, namentlich bei Bildung direkter Tarife und bei der Abrechnung.

Zweiter Abschnitt.

Allgemeine Begründung der Staffeltarife vom Standpunkt der Eisenbahnen.

Vom Eisenbahnstandpunkt sprechen für die Anwendung von Staffeltarifen folgende Gründe:

1. Die Tarifbildung nach fallender Staffel ist begründet in den Selbstkosten des Eisenbahntransports, welche für Transporte auf lange Entfernungen verhältnissmässig geringer sind, als für Transporte auf kurze Entfernungen.

Dies ergibt sich aus Folgendem[*]): Die Selbstkosten des Eisenbahntransports zerfallen ihrer Natur nach in veränderliche und unveränderliche oder feste Selbstkosten, je nachdem ihre Höhe durch den Umfang des Verkehrs beeinflusst wird oder nicht. Zu den festen Selbstkosten, die unabhängig von dem Umfang des Verkehrs sind, gehören die Kosten der

Entfernung ab und nur für diese berechnet werden. Es ist also bei diesen schon durch die Tarifbildung ausgeschlossen, dass längere Entfernungen niedrigere Frachten haben als kürzere, wie der Abgeordnete Eckels (Stenographische Berichte des preussischen Abgeordnetenhauses 1893, 82. Sitzung S. 2404) behauptete und auch in einzelnen Eingaben gegen die Getreidestaffeltarife ausgeführt ist.

[*]) Vgl. Ulrich, Eisenbahntarifwesen § 16.

Verzinsung und Tilgung des Anlagekapitals ganz und wie auf
Grund von Erfahrungen und Berechnungen angenommen wird,
etwa die Hälfte der sogenannten Betriebskosten, d. h. desjenigen
Aufwands an Arbeit und Kapital, welcher durch den Betrieb
der Eisenbahn veranlasst wird. Letzteres findet darin seine
Begründung, dass die Abnutzung der Eisenbahnanlage zwar
wesentlich von der Grösse des Verkehrs beeinflusst wird, zum
Theil aber auch davon unabhängig ist. Denn der Unter- und
Oberbau der Eisenbahn, ihre Gebäude, Wagen u. s. w. werden
in einem gewissen Umfang auch abgenutzt ohne jede Benutzung,
durch die Einwirkungen der Naturkräfte, von Wind und Wetter,
Frost und Hitze. Ausserdem ist der Einfluss des Verkehrs auf
die Abnutzung der verschiedenen Theile der Eisenbahnanlage
ein sehr verschiedener: während beim Fahrmaterial und Oberbau die Abnutzung sehr wesentlich abhängt von der Stärke
des Verkehrs, hat dieser Umstand auf die Gebäude und den
Unterbau eine weit geringere Wirkung. Ebenso werden die
zum Betrieb nöthigen Material- und Arbeitskosten durch den
Umfang des Verkehrs wohl wesentlich beeinflusst, aber sie
wachsen nicht alle gleichmässig mit dem Verkehr. Ein ge-
wisses Maass sowohl von Arbeits- als von Materialverbrauch ist
nöthig als Mindestbetrag, um überhaupt eine Eisenbahnlinie
zu betreiben, und dasselbe steigert sich nicht in allen seinen
Theilen und nicht immer mit jedem Wachsen des Verkehrs.
So muss zur Ermöglichung des Betriebes auf einer Linie dieselbe mit dem nöthigsten Personal für die Bahnbewachung und
den Stationsdienst versehen sein. Ob nun täglich 2 oder 20 Züge
über dieselbe laufen, macht k e i n e n Mehraufwand an dem
Bahnbewachungspersonal nöthig. Und wenn auch bei erheblicher Verkehrszunahme ein gewisser Mehrbedarf für das Stations-
personal hervortritt, so steht er doch in keinem Verhältniss zu
der Zunahme des Verkehrs. Der Stationsdienst wird ebenso
wie der Bahnbewachungsdienst erst dann einen erheblichen
Mehraufwand erfordern, wenn der Verkehr so wächst, dass er
bei Tage nicht mehr bewältigt werden kann und Nachtdienst
eingerichtet werden muss, während die Kosten der Betriebs-

leitung und allgemeinen Verwaltung auch hiervon noch nicht mit Nothwendigkeit gesteigert werden. Ebenso ist es mit einem Eisenbahnzug. Wird derselbe einmal gefahren, so kostet er ziemlich dasselbe an Personal, an Schmiermaterial und an Brennstoff, ob er halb oder ganz belastet ist.

Hieraus ergibt sich, dass innerhalb eines gewissen Verkehrsumfangs ein grosser Theil der Betriebskosten ganz gleich bleibt oder wenigstens nicht entsprechend der Verkehrszunahme wächst, und nur ein Theil entsprechend dem Wachsthum des Verkehrs sich vermehrt; und auch dies nur in erkennbarem Umfange, sobald die Verkehrszunahme so erheblich ist, dass ein Zug mehr eingelegt werden muss. Mit jeder Einlegung eines neuen Zuges müssen gewisse Kosten, die sogenannten Zugkosten, entsprechend wachsen, es sind dies vor allen die Materialkosten, Brennstoff-, Schmier- und Beleuchtungskosten, dann die Kosten der Abnutzung des Fahrmaterials und des Oberbaus, endlich die Gehalte und Löhne des Zugpersonals. Diese Zugkosten insbesondere sind also die sogenannten veränderlichen Selbstkosten, welche mit der Zunahme des Verkehrs wachsen.

Beide Theile der Selbstkosten, die festen wie die veränderlichen, sind bei Transporten auf lange Entfernungen verhältnissmässig geringer, als bei Transporten auf kurze Entfernungen. Bezüglich der festen Selbstkosten ergibt sich dies aus folgenden Erwägungen.

Den auf eine gewisse Transportleistung, z. B. auf ein Tonnenkilometer, d. h. auf eine ein Kilometer beförderte Tonne, entfallenden Antheil an den festen Selbstkosten erhält man, indem man mit der Gesammtsumme der geleisteten Tonnenkilometer in den Betrag der festen Selbstkosten dividirt. Demgemäss wird der aus den festen Selbstkosten sich ergebende Antheil für ein Tonnenkilometer nach dem Umfang des Verkehrs sich verändern, je grösser der Verkehr und hiernach der Divisor ist, um so kleiner wird der Quotient, der Antheil der einzelnen Transportleistung an den festen Selbstkosten sein. Aus den festen Selbstkosten ergiebt sich also ein je nach dem Umfang des Verkehrs sich verschieden hoch stellender Betrag für die einzelne Transportleistung. Hieraus erklärt es sich, weshalb die festen Selbstkosten einer Transporteinheit, eines Tonnenkilometers oder Zugkilometers, ausserordentlich bei den verschiedenen Eisenbahnen verschieden sind, und weshalb in der Regel die Bahnen mit starkem Verkehr geringere Selbstkosten für die Transporteinheit aufweisen, als die Bahnen mit schwachem Verkehr. Die Vermehrung der Transportleistungen bzw. die Entwickelung des Verkehrs hängt aber sehr wesentlich wieder ab von der Höhe der Transportpreise. Insbesondere ist bei geringwerthigen Massengütern erfahrungsmässig ein Verkehr auf längere Strecken nur möglich bei niedrigen Transportpreisen, d. h. wenn man nicht schon bei kurzen Entfernungen niedrige Transportpreise anwenden will, bei einem Tarif mit fallender Staffel. Und indem wieder dieser Tarif den Verkehr auf längere Strecken ermöglicht und so die Zahl der Tonnenkilometer vermehrt, verringert er die festen Selbstkosten für das einzelne Tonnenkilometer.

Zu demselben Ergebniss kommt man auch durch folgende Betrachtung: Der Umstand, ob eine Tonne Gut 30 oder 300 Kilometer befördert wird, hat auf die Verzinsung des Anlagekapitals und die sonstigen festen Selbstkosten keinen oder sehr geringen Einfluss, sondern im Wesentlichen nur auf die Höhe der veränderlichen Selbstkosten. Es erscheint deshalb an sich richtig, die festen Selbstkosten nicht nach der Zahl der gefahrenen Tonnenkilometer, sondern nach der Zahl der gefahrenen Tonnen zu vertheilen. Thut man dies und nimmt dann nachträglich die Vertheilung nach Tonnenkilometern vor, so wird der Antheil an den festen Selbstkosten, welcher auf jedes von einer Tonne Gut durchlaufene Kilometer entfällt, bei längeren Transportstrecken erheblich niedriger sein als bei kurzen. Beträgt z. B. die Zahl der transportirten Tonnen bei zwei verschiedenen Bahnen je eine Million, die festen Selbstkosten aber je 200 000 M., so entfallen auf die Tonne bei beiden Bahnen 20 Pf. feste Selbstkosten. Ist nun bei der einen Bahn eine Tonne 100 km durchschnittlich gelaufen, bei der andern aber nur 50 km, so ergiebt das an·festen Selbstkosten für das Tonnenkilometer bei der ersten Bahn 0,2 Pf., bei der andern Bahn 0,4 Pf. Auch hieraus ergiebt sich, dass es richtig und nach den Selbstkosten möglich ist, für weitere Entfernungen niedrigere Einheitssätze zu gewähren als auf kürzere Entfernungen.

Auch die veränderlichen Selbstkosten, welche mit jedem Zugkilometer wachsen, sind nicht die gleichen für kurze und lange Entfernungen. Sie stehen zu der Transportlänge d. h. der Entfernung, auf die ein Zug gefahren wird, insofern in einem verschiedenen Verhältniss, als sie bei weiteren Entfernungen sich zwar höher stellen als bei kürzeren, aber doch nicht entsprechend höher. Denn wenn eine Maschine einmal angeheizt, wenn ein Wagen geschmiert ist, so wird der Brennstoff- und Schmiermaterialverbrauch durch einige Kilometer Fahrt mehr nicht entsprechend erhöht, ebensowenig wie die Kosten des Personals. Auch hier gibt es wieder gewisse Höchstleistungen, innerhalb deren sich die Kosten nicht entsprechend erhöhen durch Mehrleistung, z. B. so weit der Zug mit einer Maschine und einem Personal gefahren werden kann, während, sobald die Dienstzeit für eine Maschine und ein Personal zu lang und eine Ablösung durch eine andere Maschine und anderes Personal erforderlich wird, die Kosten beträchtlich wachsen. Besonders wichtig wird hier die Frage der Ausnutzung des Betriebsmaterials. Diese ist bei Transporten auf kurze Entfernungen sehr viel schlechter, als bei Transporten auf längere Entfernungen, weil bei ersteren die Zeit für Rangiren und Ent- und Beladung der Güterwagen weit mehr in das Gewicht fällt.

Bräsicke, die Reform der Eisenbahn-Gütertarife S. 19, 28 und Beilage D gibt an, dass die Dauer der Beförderung für 10 km 2 Tage, für 100 km 3 Tage, für 400 km 5 Tage und für 1000 km 8 Tage durchschnittlich betrage und berechnet hiernach die baaren Auslagen bei Wagenladungen von 10 Tonnen für das Tonnenkilometer bei einer Beförderungslänge

von   10 km auf 0,071 M.
von   100 km auf 0,017 M.
von 1000 km auf 0,0116 M.*).

Im Allgemeinen sind also die veränderlichen Selbstkosten für längere Transporte deshalb verhältnissmässig geringer als für kürzere, weil bei längeren Strecken eine bessere Ausnutzung der Maschinen, der Wagen und des Personals erfolgen kann.

2. Wenn im Vorstehenden dargelegt ist, dass die Selbstkosten der Eisenbahnen für Transporte auf weitere Entfernungen geringer sind als auf kurze Entfernungen, so kann hieraus zunächst nur geschlossen werden, dass die Eisenbahnen

---

*) Nach Bräsicke's Rechnung sollen allerdings die veränderlichen Selbstkosten 50 Prozent der gesammten Selbstkosten betragen, während ich hierfür nur 50 Prozent der Betriebskosten, also 25 Prozent der gesammten Selbstkosten annehme. Br. bestreitet meine Annahme als irrig, weil (auch nach Sax, Verkehrsmittel) von den Betriebskosten die Hälfte nicht feste Selbstkosten, sondern Generalkosten seien, und hiervon noch ein Theil auf die veränderlichen Selbstkosten entfalle. Letzteres ist zwar richtig. Aber dieser Theil ist so gering bei stärkerem Verkehr, dass er vernachlässigt werden kann. Und wenn man im Gegensatz zu den Generalkosten unter Spezialkosten diejenigen Selbstkosten versteht, die ausschliesslich von dem Wachsen des Verkehrs abhängen, so sind eben dies die veränderlichen Selbstkosten, wie ich sie verstehe, und diese betragen 25 Prozent der gesammten Selbstkosten. Auch v. Nördling, die Selbstkosten des Eisenbahntransportes und die Wasserstrassenfrage, kommt S. 19 bei der Berechnung der Selbstkosten der österreichisch-ungarischen Bahnen ungefähr zu demselben Ergebniss, nämlich dass 52,2 Prozent der Betriebskosten veränderliche Selbstkosten sind.

Ich halte diese Rechnung praktisch für richtiger als die von Bräsicke aufgestellte, welcher auch selbst zugibt, dass sein Ansatz der veränderlichen Selbstkosten zu hoch sei.

Die Bräsicke'sche Berechnung beruht wohl auch auf den Bemängelungen meiner Selbstkostenberechnung, welche v. Schübler im Archiv für Eisenbahnwesen, Jahrg. 1887 S. 252 ff. veröffentlicht hat. v. Sch. rechnet unter die veränderlichen Selbstkosten ausser einem Theil der allgemeinen Verwaltungs- und Centralleitungskosten auch noch die Verzinsung des für Betriebsmittel und deren Unterbringung,

in der Lage sind, für Transporte auf längere Entfernungen billigere Frachten zu gewähren als für Transporte auf kurze Entfernungen. Es bleibt aber noch zweifelhaft, ob es für sie zweckmässig ist, dies zu thun und ob die Eisenbahnen sich nicht besser stehen, wenn sie die höheren Tarife, welche sie für kurze Transporte erheben, auch für längere Transporte beibehalten, oder wenn sie die niedrigen Tarife für längere Entfernungen auch für kürzere Entfernungen annehmen. In dieser Beziehung ist Folgendes zu bemerken:

Im Allgemeinen sind die Güter insoweit transportfähig, als sie absatzfähig sind. Ihre Absatzmöglichkeit wird aber durch den Preis am Verwendungsorte bedingt; derselbe darf

---

sowie für Reparaturwerkstätten verwendeten Anlagekapitals mit der Begründung, dass bei starkem Wachsen des Verkehrs nicht nur die Betriebsmittel vermehrt, sondern auch Werkstätten und Lokomotivschuppen erweitert werden müssten, und kommt so zu dem Ergebniss, dass die veränderlichen und festen Selbstkosten annähernd gleich seien. Er übersieht dabei, dass das Anlagekapital (wozu auch die Betriebsmittel und die Werkstätten u. s. w. gehören) bezw. dessen Verzinsung begrifflich stets nur unter die festen Selbstkosten fallen kann; wollte man es insoweit unter die veränderlichen Selbstkosten rechnen, als es durch das Wachsen des Verkehrs vermehrt werden kann, so würde noch viel mehr unter dieselben fallen. Denn die Steigerung des Verkehrs hat bekanntlich auch eine fortwährende Vergrösserung der Bahnhöfe sowohl der Gleise, als der Gebäude, ferner die Legung zweiter Gleise u. s. w. zur Folge. Folgerichtig müsste also auch die Verzinsung dieser Anlagen zu den veränderlichen Selbstkosten gerechnet werden und wäre der Ansatz für dieselben auch von v. Sch. noch zu gering bemessen. Ebensowenig scheint es mir richtig, einen Theil der allgemeinen Verwaltungskosten und Kosten der Centralleitung zu den veränderlichen Selbstkosten zu zählen, weil dieselben nicht nothwendig und stets mit dem Wachsen des Verkehrs sich vermehren, sondern nur ausnahmsweise.

Bei der Schwierigkeit der Berechnung der Selbstkosten werden naturgemäss die Meinungen hierüber stets verschieden sein; indess bleibt es für die vorliegende Frage gleich, ob man die veränderlichen Selbstkosten höher oder niedriger annimmt, weil ebenso wie die veränderlichen auch die festen Selbstkosten bei langen Transportstrecken geringer sind als bei kurzen.

eine gewisse Höhe nicht überschreiten, einmal nicht die Preishöhe gleichartiger Güter, welche von einem andern Ort dahin gebracht werden, und zweitens, wenn ein solcher direkter Wettbewerb auch nicht besteht, so darf der Preis nicht über einen Betrag hinausgehen, welcher den Tauschwerth des Gutes übersteigt und daher eine Verwendung desselben ausschliesst bezw. unvortheilhaft macht*). Beispielsweise darf der Preis westfälischer Hausbrandkohle an der deutschen Nordseeküste nicht nur den Preis gleichwerthiger englischer Kohle nicht überschreiten, sondern er muss auch so gering sein, dass ihr Verbrauch gegenüber dem dort vorkommenden billigen Torf noch vortheilhaft erscheint. Ebenso darf der Preis für Kainit zur Düngung nicht einen gewissen Betrag überschreiten, nicht nur weil sonst es vortheilhafter sein würde, andere Düngemittel zu verwenden, sondern weil auch der Nutzen, den die Kainitdüngung gewährt, ein auf einen gewissen Betrag für den Morgen beschränkter ist, und wenn der Preis des Kainits diesem Nutzen gleichkommt oder ihn gar übersteigt, der Landwirth keine Veranlassung hat, die Kainitdüngung anzuwenden. Nun ist aber insbesondere bei geringwerthigen Massengütern der Preis am Verwendungsort sehr wesentlich bedingt durch die Transportkosten, und da diese mit der Entfernung wachsen, so ist ihre Höhe bei grösseren Entfernungen oft massgebend für die Absatz- bezw. Transportmöglichkeit. Die Eisenbahnverwaltung steht also häufig vor der Wahl, für Transporte auf weitere Entfernungen die Frachten herabzusetzen oder auf diese Transporte ganz zu verzichten. Da aber, wie wir oben gesehen haben, die festen Selbstkosten der Eisenbahnen sich unter allen Umständen gleich bleiben und sich um so niedriger für die Transporteinheit stellen, je grösser der Verkehr ist, so ist für die Eisenbahnen die Gewinnung neuen Verkehrs stets vortheilhaft, vorausgesetzt, dass die Einnahmen aus demselben die veränderlichen Selbstkosten und einen, wenn auch geringen Theil der festen Selbstkosten decken. Denn dann

---

*) Vgl. hierüber auch Sax, Verkehrsmittel Bd. I, S. 24—25.

werden die letzteren für die schon vorhandenen Transporte
geringer und der Ueberschuss entsprechend grösser. Es liegt
also unter dieser Voraussetzung im Interesse der Eisenbahnen
die Transporte auf weitere Entfernungen durch Herabsetzung
der Frachten zu ermöglichen. Diese kann aber auf zweierlei
Weise erfolgen, einmal, indem man den Einheitssatz für alle
Entfernungen so weit ermässigt, dass die Transporte auf
weitere Entfernungen stattfinden können, oder, indem man
den Einheitssatz nur für die weiteren Entfernungen ermässigt. Im ersten Fall behält man gleiche Einheitssätze auf
alle Entfernungen, im letzteren Fall erhält man einen Staffeltarif. Im ersten Fall ermässigt man alle bisherigen Transporte
mit und kann nur einen Vortheil haben, wenn der Ueberschuss aus dem neuen Verkehr, welchen man durch die Ermässigung gewinnt, grösser ist als die Ausfälle bei dem
schon vorhandenen Verkehr. Dies ist aber, da der Verkehr
auf kürzere Entfernungen in der Regel weit stärker ist als
der auf längere Entfernungen, nicht sehr häufig, und wenn
man nicht Einnahmeausfälle erleiden will, bleibt nur übrig, auf
die Einführung der Ermässigung und Gewinnung der Transporte auf längere Entfernungen zu verzichten. Im andern
Fall, wenn man die Ermässigung nur für die weiteren Entfernungen gewährt, bleiben die Frachtsätze für die kurzen
Entfernungen dieselben, es entsteht also kein Einnahmeausfall
bei den schon vorhandenen Transporten auf kürzere Entfernung, und die Einnahmen aus den neuen Transporten auf
weitere Entfernungen sind, soweit sie die veränderlichen Selbstkosten überschreiten, reiner Gewinn für die Eisenbahn.

Hieraus ergibt sich also, dass die Eisenbahn die Tarife
auf weitere Entfernungen in der Regel mit Vortheil nur ermässigen kann, wenn sie Tarife mit fallender Staffel bildet.
Denn hierdurch erhält sie die Möglichkeit, für Transporte auf
kurze Entfernungen, welche höhere Selbstkosten veranlassen
und auch höhere Frachten vertragen können, solche auch
zu erheben, ohne zugleich, wie dies bei auf alle Entfernungen gleichen Einheitssätzen der Fall ist, die Transporte

auf längere Entfernungen so zu belasten, dass sie unmöglich werden*).

3. Thatsächlich sind alle diejenigen Gütertarife, welche ausser einem Streckensatz eine Abfertigungsgebühr (Expeditionsgebühr) einrechnen, Staffeltarife, weil durch Hinzurechnung der einmaligen festen Abfertigungsgebühr zu dem mit der Ent-

---

*) Vergl. hierüber Launhard, die Theorie der Tarifbildung der Eisenbahnen im Archiv für Eisenbahnwesen 1890 S. 161 ff., insbesondere S. 178 ff. Launhard berechnet, dass der Betriebsüberschuss bei einem mit der Entfernung fallenden Streckensatz um $11\frac{1}{2}$ bis 35 Prozent höher ist als bei für alle Entfernungen gleichem Streckensatz, und dass insbesondere für Güter, deren Versendungsgebiet (Absatzmöglichkeit) nur eine geringe Einschränkung hat, also für Massengüter des nothwendigen Verbrauchs, dieser Ueberschuss ein besonders hoher ist. Ebenso spricht sich v. Schübler „über Selbstkosten und Tarifbildung" S. 65 ff. und in seinen Aufsätzen im Archiv für Eisenbahnwesen 1887, „über neuere Schriften und Anschauungen betr. die Bestimmung der Gütertarife" und im Jahrgang 1889 „zu der Launhard'schen Theorie des Trassirens" für Staffeltarife aus. In dem letzteren Aufsatz S. 100 bemerkt v. Schübler:

„Das Verhältniss zwischen Ausgaben und Einnahmen ist in der Regel weniger von der Sparsamkeit der Verwaltung, als von den Tarifeinrichtungen abhängig.

Hauptsache ist, dass durch die allmähliche Abnahme des anfänglichen, für die kürzeren Entfernungen gültigen Streckensatzes die noch mögliche Transportweite erhöht und dadurch die Transportmenge vermehrt wird. Die Staffeltarife wirken so ähnlich, wie andere Tarifermässigungen, mit dem Unterschied jedoch, dass der finanzielle Vortheil dieser letzteren bei einem sich gleich bleibenden Streckensatze nach Umständen durch Einbussen bei den keiner Ausdehnung fähigen Transporten aufgehoben oder gar in einen Nachtheil verwandelt werden kann, während bei den Staffeltarifen die Frachten für die kürzeren Entfernungen nur wenig verändert werden und so der Vortheil der Erweiterung des Marktgebietes nahezu vollständig erhalten bleibt."

Ferner Seite 101: „Es wirken somit bei einem richtig ausgebildeten Staffeltarifsystem verschiedene Umstände dahin zusammen, dass auf eine Vermehrung des Betriebsüberschusses mit ziemlicher Sicherheit gerechnet werden darf."

Sehr warm tritt auch für Staffeltarife ein Schöller, Erörterungen über die Gütertarife in Preussen, 1890.

fernung wachsenden Streckensatz, auch wenn dieser auf alle
Entfernungen der gleiche und nicht staffelförmig ist, die Einheitssätze nach den verschiedenen Transportlängen sich verschieden hoch stellen. Beispielsweise betragen die kilometrischen Einheitssätze aus dem Gesammttarifsatze, welcher durch
Einrechnung von 0,45 Pf. für 100 Kilogramm und 1 Kilometer
und einer Abfertigungsgebühr von 12 Pf. gebildet ist, bei einer
Entfernung von

10	Kilometern	1,70	Pf.
50	„	0,70	„
100	„	0,57	„
200	„	0,51	„
300	„	0,49	„
500	„	0,47	„
1000	„	0,465	„
1500	„	0,46	„
2000	„	0,455	„

Dies ist also eine stark fallende Staffel für die geringen,
eine schwach fallende Staffel für die weiteren Entfernungen.
Zwar kann man dagegen anführen, dass die Abfertigungsgebühr
für besondere Kosten, die Abfertigungs- und Stationskosten,
erhoben und nur der Bequemlichkeit halber in den Tarifsatz
eingerechnet wird, und deshalb zählt man auch die so gebildeten
Tarife nicht unter die eigentlichen Staffeltarife.

In Wirklichkeit sind es aber doch Staffeltarife, d. h. Tarife
mit nach der Entfernung fallenden Einheitssätzen. Wie sich
diese fallende Staffel bildet, ob durch Einrechnung der Abfertigungsgebühr oder durch Einrechnung eines mit der Entfernung abnehmenden Streckensatzes, ist für ihre Wirkung
gleichgültig. Es besteht die Thatsache, dass wir bei Einrechnung einer Abfertigungsgebühr und gleicher Einheitssätze für
die geringen Entfernungen bereits eine sehr stark fallende
Staffel haben, für die weiteren Entfernungen, wo eine solche
Staffel für die Transportfähigkeit der Güter besonders nöthig
wäre, aber nur eine sehr schwach fallende Staffel. Diese
Tarifbildung ist aber offenbar unrichtig, weil gerade für die

weiteren Entfernungen das Bedürfniss einer stark fallenden Staffel besteht. Indem man deshalb für weitere Entfernungen einen fallenden Streckensatz einrechnet und so das oben dargelegte Bedürfniss nach Verbilligung der Transporte auf weitere Entfernungen befriedigt, thut man nichts Anderes, als dass man diejenige Tarifbildung fortsetzt, welche für die geringeren Entfernungen bereits besteht. Es ergibt sich hieraus auch die völlige Grundlosigkeit der Behauptungen von der Unnatürlichkeit des Staffeltarifs, sowie, dass derselbe die Transporte auf kürzere Entfernungen schädige zu Gunsten der Transporte auf weitere Entfernungen. Im Gegentheil erweist sich der Staffeltarif als eine natürlichere und mehr gleichmässige Tarifbildung, als die nach gleichen Streckensätzen. Dies ergiebt sich auch, wenn man die auf der vorigen Seite aufgeführten Einheitssätze des Spezialtarifs I, des normalen Tarifs für Getreide und Mehl, vergleicht mit den nachfolgenden Einheitssätzen des Getreidestaffeltarifs. Dieselben stellen sich unter Einrechnung der Abfertigungsgebühr von 12 M. folgendermaassen für 100 kg und 1 km:

bei 10 km	1,70 Pfg.	bei 500 km	0,34 Pfg.
„ 50 „	0,70 „	„ 600 „	0,32 „
„ 100 „	0,57 „	„ 700 „	0,30 „
„ 200 „	0,51 „	„ 800 „	0,29 „
„ 300 „	0,44 „	„ 900 „	0,28 „
„ 400 „	0,38 „	„ 1000 „	0,27 „
		„ 1500 „	0,25 „

Trotz der stark fallenden Staffel des Getreidestaffeltarifs fallen die Frachteinheitssätze bei den kürzeren Entfernungen weit stärker als bei den weiteren Entfernungen.

4. Endlich hat der Staffeltarif vom Standpunkt der Eisenbahnen noch einen nicht zu unterschätzenden Vortheil für den Wettkampf, welchen dieselben theils mit anderen Verkehrsmitteln, z. B. dem Wasserweg theils mit ausländischen, die Grenzen des Landes flankirenden Eisenbahnen zu führen haben. Ueber den ersteren werden wir noch später ausführlich handeln. Der letztere dreht sich in der Regel darum, ob gewisse

Transporte der Aus- und Einfuhr die inländischen oder ausländischen Eisenbahnen auf längere Strecken benutzen sollen.
Nun ist der Staffeltarif, da er auf kurzen Strecken höhere
Einheitssätze hat als auf langen, vermöge dieser Zusammensetzung geeigneter als ein Tarif mit gleichen Einheitssätzen,
diejenigen Transporte, welchen mehrere Eisenbahnwege offen
stehen, über die günstigste d. h. längste Linie eines Eisenbahnnetzes zu ziehen, weil er auf dieser die vortheilhaftesten Einheitssätze gewährt. Der Staffeltarif bietet also beim Wettbewerb eine vorzügliche Waffe bezw. eine nach allen Seiten gesicherte Vertheidigungsstellung, indem er entweder den Verkehr auf den günstigsten Weg leitet oder aber auf dem kürzeren
Weg mindestens höhere Einheitssätze sichert. Deshalb kann derselbe für ein grösseres Land angewendet insbesondere im internationalen Verkehr den inländischen Eisenbahnen namhafte
Transporte und Einnahmen sichern, welche ihnen sonst verloren gehen. Insbesondere aber, wenn die konkurrirenden ausländischen Eisenbahnen Staffeltarife haben, sind die inländischen Eisenbahnen im Nachtheil, wenn sie nicht auch ihrerseits Staffeltarife zur Anwendung bringen. In diesem Falle
befinden sich jetzt die deutschen Eisenbahnen, da die niederländischen, belgischen und französischen Eisenbahnen, welche
im Westen, und die österreichischen und russischen Eisenbahnen, welche im Süden und Osten die deutschen Bahnen
flankiren, sämmtlich Staffeltarife haben.

Dritter Abschnitt.

Die Anwendung der Staffeltarife in den ausserdeutschen Ländern und die dabei gemachten Erfahrungen.

Aus dem Vorstehenden dürfte zur Genüge erhellen, dass und aus welchen Gründen die Anwendung der Staffeltarife im Interesse der Eisenbahnen liegt. Dass dies auch Seitens der Eisenbahnfachleute erkannt und anerkannt ist, dafür spricht die weitgehende Verbreitung, welche die Staffeltarife in den Haupteisenbahnländern gefunden haben.

Das erste Land, welches Staffeltarife in grösserem Umfange einführte, war Belgien. Bis zum Jahr 1860 galten bei den belgischen Staatsbahnen für alle Entfernungen gleiche Streckensätze, nämlich für die tonne-lieue, d. h. für den Transport einer Tonne auf eine lieue (5 km):

für die Klasse   I   50 cent
„   „   „   II   40   „
„   „   „   III   30   „

Dazu eine Abfertigungsgebühr von 0,50 fr. für die Tonne. Durch Ministerialerlass vom 25. Dezember 1860 wurde ein Versuch mit einer fallenden Staffel angeordnet. Man hatte festgestellt, dass die Massengüter der dritten Klasse, insbesondere Kohlen, Roheisen u. s. w. durchschnittlich nicht über 15 lieues (75 km) gefahren wurden. Um dieselben weiter transportfähig zu machen, führte man, unter Belassung des bisherigen Einheitssatzes für die ersten 15 lieues, eine zunächst sehr stark fallende, dann aber wieder steigende Staffel für die weiteren Entfernungen ein, so dass sich der Tarif folgendermaassen bildete:

1—15 lieues 30 Cts. für die tonne-lieue
16—32 „ 5 „ „ „ „ „
für die 32ᵗᵉ „ 10 „ „ „ „ „
über 32 „ 20 „ „ „ „ „

nebst einer Abfertigungsgebühr von 1 fr. für die Tonne.

Dieser Tarif, der Anfangs nur für Kohlen, Kokes, Bricketts, Roheisen und Steine galt, wurde 1861 auf die ganze dritte Klasse ausgedehnt. Die ausgezeichneten Erfolge dieser Maassregel veranlassten dazu, Staffeltarife im Jahre 1862 auch für die zweite und 1865 für die erste Klasse, sowie in den Tarifen für Fahrzeuge, Pferde und Vieh einzuführen. Im Jahre 1864 wurde den bestehenden drei Tarifklassen sodann eine vierte hinzugefügt mit sehr ermässigten Staffelsätzen, in welche die geringwerthigsten Massengüter der dritten Klasse aufgenommen waren.

Als Erfolg dieses Vorgehens wurde im Jahre 1865 folgendes amtlich festgestellt:

1. Der Gütertarif ist durchschnittlich um 28 Prozent ermässigt worden.

2. Es sind 2 706 000 Tonnen mehr verfrachtet und von den Verkehrsinteressenten an Frachten, im Vergleich zu den früheren 20 Millionen fr. gespart worden.

3. Es sind, nach Abzug der Betriebskosten und der Verzinsung des Anlagekapitals, also reiner Ueberschuss 5 981 000 fr. mehr verblieben.

Die Zahl der beförderten Tonnen und die Einnahmen auf das Bahnkilometer betrugen:

	Tonnen	fr.
1856	3580	34 650
1857	3740	34 360
1858	4280	36 700
1859	4440	37 770
1860	4920	39 740
1861	5480	45 040
1862	5710	43 610

	Tonnen	fr.
1863	5980	45 390
1864	7020	48 480
1865	7875	51 300

Das war für das damalige kleine Netz der belgischen Staatsbahnen (die Länge betrug von 1860—65 nur 749 km) ein grosser Erfolg.

Man ist denn auch dem Staffelsystem in Belgien treu geblieben und auch die belgischen Privatbahnen haben es eingeführt*).

Nur hat man seit 1868 die Staffel zu einer gleichmässig fallenden umgestaltet und die Einheitssätze mehrfach ermässigt. Gegenwärtig liegen den Klassen I, II, III und IV folgende Einheitstaxen zu Grunde:

für 1000 kg

Abfertigungsgebühr (frais fixes) . . . . fr. 1,00

Streckensatz:

I. Klasse

von 1—5 km (gleichmässig) . . . . fr. 1,00

von 6—75 km für das Kilometer . . . . „ 0,10

von 76—150 km der Satz für 75 km, erhöht für das
Kilometer um . . . . „ 0,08

von 151—200 km der Satz für 150 km, erhöht für
das Kilometer um . . . . „ 0,06

über 200 km der Satz für 200 km, erhöht für das
Kilometer um . . . . „ 0,04

II. Klasse

von 1—5 km (gleichmässig) . . . . „ 0,40

von 6—75 km für das Kilometer . . . . „ 0,08

von 76—125 km der Satz für 75 km, erhöht für das
Kilometer um . . . . „ 0,04

über 125 km der Satz für 125 km, erhöht für das
Kilometer um . . . . „ 0,02

---

*) Vergl. Picard, traité des chemins de fer Bd. IV S. 501.

<table>
<tr><td>III. Klasse</td><td>für 1000 kg</td></tr>
</table>

von 1—5 km (gleichmässig)	fr. 0,30
von 6—75 km für das Kilometer	„ 0,06
von 76—100 km der Satz für 75 km, erhöht für	
das Kilometer um	„ 0,03
von 101—125 km der Satz für 100 km, erhöht für	
das Kilometer um	„ 0,02
über 125 km der Satz für 125 km, erhöht für das	
Kilometer um	„ 0,01

IV. Klasse.

von 1—24 km für das Kilometer	„ 0,06
von 25—75 km für das Kilometer	„ 0,04
von 76—100 km der Satz für 75 km, erhöht für	
das Kilometer um	„ 0,02
von 101—350 km der Satz für 100 km, erhöht für	
das Kilometer um	„ 0,01
über 300 km der Satz für 350 km, erhöht für das	
Kilometer um	„ 0,02

Für Entfernungen von 1—24 km betragen die Abfertigungs-
gebühren bei der IV. Klasse nur 0,50 fr. für die Tonne.

In Frankreich waren in die älteren Konzessionen Höchst-
tarife mit gleichen Streckensätzen aufgenommen, aber seit 1863
wurde in den Konzessionen den bisherigen 3 Güterklassen eine
vierte Klasse, enthaltend die geringwerthigsten Massengüter,
zugesetzt mit staffelförmigen Höchstsätzen, nämlich für das
Tonnenkilometer

von	1—100 km	8 cent.
von	101—300 „	5 „
über	301 „	4 „

Seitdem wurden von allen Hauptbahnen die Tarife der
vierten Klasse staffelförmig gebildet. Am 15. Juli bezw. 26. Oktober 1880 führte sodann die französische Staatsbahn einen allgemeinen Staffeltarif für alle Klassen ein. Derselbe beginnt für

die 6 Klassen mit den Einheitssätzen von 16, 14, 12, 10, 9 und 8 cent. für das Tonnenkilometer, ermässigt sich für die 4 ersten Klassen von 50 km, für die zwei letzten Klassen von 25 km ab und beträgt von 301 km ab 13, 11, 10, 8, 5, 4 cent. Es war hiermit eine Ermässigung von über 30 Prozent gegen die bisherigen Tarife verbunden. Das Ergebniss war folgendes:

Die Zahl der beförderten Tonnen vermehrte sich gegen das Jahr 1879

auf der Staatsbahn	auf den übrigen französischen Hauptbahnen
1881 um 40 Prozent	um 12 Prozent
1882 „ 78 „	„ 11 „
1883 „ 87 „	„ 8 „

Die Roheinnahmen vermehrten sich gegen 1879

1881 um 11 Prozent	um 12 Prozent
1882 „ 19 „	„ 11 „
1883 „ 28 „	„ 5 „

Die Reineinnahmen der Staatsbahnen waren in 1881 und 1882 etwas geringer als 1879, in 1883 aber um 11 Prozent höher, während bei den übrigen französischen Hauptbahnen die Reineinnahmen von 1883 um 3 Prozent geringer waren als 1879*).

In den bekannten Verträgen von 1883, wodurch das Schuld- und Garantieverhältniss des Staates zu den französischen Privatbahnen neu geordnet wurde, verpflichtete sodann die französische Regierung die französischen Privatbahnen, die allgemeinen Tarife in 6 Klassen mit staffelförmig ermässigten Einheitssätzen zu bilden.

Dies ist inzwischen allmälig geschehen und sind die folgenden Sätze zur Einführung gelangt:

---

*) Vgl. Picard, traité des chemins de fer Bd. IV S. 503 und 504.

	Serie					
	1	2	3	4	5	6
	Centimes für 1 Tonnenkilom.					
1. Ostbahn.						
Bis 25 km	16	14	11	10	8	8
von 26—100 km	16	14	11	10	8	4
„ 101—150 „	15	13	10	9	8	3,5
„ 151—200 „	15	13	10	9	7	3,5
„ 201—300 „	15	13	10	9	4	3,5
über 300 km	14	12	9	8	4	3
2. Nordbahn.						
Bis 25 km	16	14	12	10	8	8
von 26—100 km	16	14	12	10	8	4
„ 101—200 „	15	13	11	9	7	3,5
„ 201—300 „	15	12	10	8	6	3,5
3. Orléansbahn u. Westbahn.						
Bis 25 km	16	14	12	10	8	8
von 26— 100 km	16	14	12	10	8	4
„ 101— 300 „	15	13	11	9	7	3,5
„ 301— 500 „	14	12	10	8	6	3
„ 501— 600 „	13	11	9	7	5	3
„ 601— 700 „	12	10	8	6	4	2,5
„ 701— 800 „	11	9	7	5	3	2,5
„ 801— 900 „	10	8	6	4	3	2,5
„ 901—1000 „	9	7	5	4	3	2,5
„ 1001—1100 „	8	6	5	4	3	2,5
über 1100 km	7	6	5	4	3	2,5
4. Paris-Lyon-Mittelmeerbahn.						
Bis 25 km	16	14	12	10	8	8
von 26— 100 km	16	14	12	10	8	4
„ 101— 150 „	15	13	11	9	8	3,5
„ 151— 200 „	15	13	11	9	7	3,5
„ 201— 300 „	15	13	11	9	4	3,5
„ 301— 500 „	14	12	10	8	4	3
„ 501— 600 „	13	11	9	7	4	3
„ 601— 700 „	12	10	8	6	4	2,5
„ 701— 800 „	11	9	7	5	4	2,5
„ 801— 900 „	10	8	6	4	4	2,5
„ 901—1000 „	9	7	5	4	4	2
über 1000 km	8	6	5	4	4	2

	Serie					
	1	2	3	4	5	6
	Centimes für 1 Tonnenkilom.					
5. Südbahn.						
Bis 25 km	16	14	13	12	10	8
von 26—100 km	16	14	13	12	10	4
„ 101—200 „	16	14	13	12	10	3,5
„ 201—250 „	16	14	13	11	8	3,5
„ 251—300 „	16	14	12	11	8	3,5
„ 301—350 „	16	13	12	9	7	3
„ 351—400 „	15	13	11	9	6	3
„ 401—450 „	15	12	11	7	6	3
„ 451—500 „	14	12	9	7	5	3
„ 501—550 „	14	11	9	6	5	3
„ 551—600 „	13	11	7	6	4	3
„ 601—650 „	13	10	7	6	4	2,5
„ 651—700 „	12	10	6	6	4	2,5
„ 701—750 „	12	9	6	5,5	4	2,5
über 750 km	11	9	6	5,5	4	2,5

Diese Tarife sind zum Theil erst in den letzten Jahren eingeführt und ist über das Ergebniss derselben nichts Genaueres bekannt. Vermuthlich werden die Erfolge nicht sehr günstig sein, weil die französischen Privatbahnen von Ermässigungen soweit als möglich sich zurückgehalten, ja zum Theil sogar die früheren Tarife erhöht haben *).

In Oesterreich-Ungarn sind die Gütertarife seit langem durchweg nach dem Staffelsystem gebildet. Beispielsweise betragen die Einheitssätze der österreichischen Staatsbahnen in Kreuzern für 100 kg und 1 km:

---

*) Vgl. meinen Aufsatz: „Die Verhandlungen der französischen Kammer über die neuen Tarife der Paris-Lyon-Mittelmeerbahn", Archiv für Eisenbahnwesen 1886 S. 725 ff.

	Ge-wöhn-liches	Er-mäs-sigtes	Stück-gut-klasse		Wagenladungs-klassen			Spezialtarife			Aus-nahme-tarif
	Eilgut		I	II	A	B	C	1	2	3	11
Von 1— 50 km	1,20	0,60	0,60	0,50	0,37	0,26	0,21	0,28	0,21	0,18	0,12
„ 51—150 „	1,16	0,58	0,58	0,46	0,29	0,21	0,15	0,22	0,15	0,13	0,10
„ 151—300 „	1,12	0,56	0,56	0,42	0,24	0,18	0,11	0,20	0,11	0,09	0,09
für jedes weitere Kilometer	1,00	0,50	0,50	0,30	0,20	0,12	0,10	0,16	0,10	0,08	0,08

Abfertigungsgebühr für 100 kg in Kreuzern.

Von 1—80 km	6	3	3	3	3	3	3	3	3	3	3
über 80 km	8	4	4	4	4	4	4	4	4	4	2

Die Einheitssätze der ungarischen Staatsbahnen betragen in Kreuzern für 100 kg und 1 km:

	Ge-wöhn-liches	Er-mäs-sigtes	I	II	Sperrgüter	A	B	C und Spe-zialtarif II	Spezial-tarif I (Ge-treide)	Spezial-tarif III und Aus-nahme-tarif I	Ausnahme-tarif II
	Eilgut										
Von 1—200 km	1,3	0,6	0,72	0,52	0,9	0,32	0,21	0,16	0,27	0,13	0,11
„ 201—400 „	1	0,5	0,52	0,42	0,8	0,24	0,17	0,13	0,15	0,10	0,09
über 400 km	1	0,5	0,52	0,42	0,8	0,16	0,10	0,09	0,10	0,07	0,06

Abfertigungsgebühr für 100 kg in Kreuzern.

10	10	10	10	10	6	4	4	5	3	3

In Russland sind die Gütertarife allgemein Staffeltarife, indem nach den Konzessionen bei Entfernungen von 201—500 Werst 10 Prozent, bei Entfernungen von 500—1000 Werst 15 Prozent und über 1000 Werst 20 Prozent des nach den festgesetzten Einheitssätzen gebildeten Frachtsatzes in Abzug kommen mit der Maassgabe, dass die Fracht für eine weitere Entfernung sich nicht niedriger stellen darf, als die Frachtsätze für eine geringere Entfernung. Bei den neuen Normaltarifen von 1893 treten noch zwei neue Staffeln hinzu, nämlich von 1500—2000 Werst eine Ermässigung von 25 Prozent und über 2000 Werst eine Ermässigung von 30 Prozent. Bei vielen Sondertarifen fällt aber die Staffel weit stärker, beispielsweise werden bei dem Getreidetarif vom 1. August 1893 berechnet für eine Wagenladung von 10 000 kg auf 1 Werst

bis 180	Werst	25 Kopeken
von 181—980	„	9 „
über 980	„	5 „

In Grossbritannien sind die auf Grund des Eisenbahn- und Kanalverkehrsgesetzes vom 10. August 1888 in den Jahren 1891/92 im Wege der Gesetzgebung neu festgesetzten Höchstsätze für die Gütertarife durchweg Staffeltarife und haben von 1—20, 20—50, 50—100 und über 100 Meilen mit jeder Entfernungsstufe fallende Sätze. Auch die Gütertarife der britischen Bahnen sind, soweit bei ihnen von regelmässig gebildeten Frachtsätzen überhaupt die Rede sein kann, grossentheils staffelförmig gebildet.

Es sind ferner die Gütertarife der niederländischen und schwedischen Bahnen Staffeltarife, bei den italienischen Bahnen wenigstens die Spezialtarife, auf Grund deren der grösste Theil der Gütertransporte abgefertigt wird.

Vierter Abschnitt.

Die bisherige Anwendung der Staffeltarife in Deutschland und die damit gemachten Erfahrungen.

In Deutschland finden wir schon ziemlich früh bei einzelnen Bahnen Staffeltarife in Anwendung, so Anfang der fünfziger Jahre bei der Niederschlesisch-Märkischen Bahn und bei der Aachen-Düsseldorf-Ruhrorter Bahn. Auch wurden bei vielen Bahnen ermässigte Frachtsätze nur unter der Bedingung gewährt, dass das Gut über die ganze Länge der Bahn befördert wurde, während für kürzere Strecken höhere Frachten galten*). Indess eine weitere Ausdehnung erlangten die Staffeltarife damals nicht. Auch die auf Staffeltarife hinweisende Bestimmung in Artikel 45, No. 2 der Reichsverfassung, dass das Reich dahin wirken solle, dass bei grösseren Entfernungen für den Transport von Kohlen, Kokes, Holz, Erzen, Steinen, Salz, Roheisen, Düngungsmitteln und ähnlichen Gegenständen ein dem Bedürfniss der Landwirthschaft und Industrie entsprechender ermässigter Tarif und zwar thunlichst der Einpfennig-Tarif eingeführt werde, hat nur den Erfolg gehabt, dass bei den preussischen Staatsbahnen und im Anschluss an sie bei den meisten übrigen deutschen Bahnen für Spezialtarif III ein einstufiger Staffeltarif eingeführt wurde, indem der Streckensatz für die ersten 100 km auf 2,6 Pf., darüber auf 2,2 Pf. festgesetzt ist. Erst nach Einführung des noch jetzt geltenden einheitlichen Gütertarifs im Jahr 1877 wurde auf Veranlassung des Verfassers, welcher damals Tarifdezernent bei der Generaldirektion der Elsass-Lothringischen Eisenbahnen in Strassburg war, ein Staffel-

---

*) Vergl. meinen Aufsatz „zur Geschichte des deutschen Eisenbahntarifwesens" im Archiv für Eisenbahnwesen 1885 S. 282.

tarif für alle Klassen eingeführt, indem von der genannten
Generaldirektion für ihren Lokaltarif folgende Streckensätze für
das Tonnenkilometer in Pfennigen festgesetzt wurden:

	Eil-stückgut	Stück-gut	A 1.	B u. A 2.	Sp.-T. I.	II.	III.
bis 100 km	23	11,5	7,1	5,5	4,5	3,5	2,7
von 101—250 km	21	10,5	6,9	5,3	4,3	3,3	2,5
über 250 „	20	10	6,6	5	4	3	2,3

Ferner erhielt die Generaldirektion von ihrer Aufsichtsbehörde die Ermächtigung, für den Fall, dass von den anderen
Verwaltungen des südwestdeutschen Verbandes die gleichen
Sätze angenommen würden, diese Streckensätze ohne Rücksicht
auf die Länge des auf den Reichsbahnen zurückgelegten Weges
einzurechnen, sobald die Gesammtlänge der Beförderungsstrecke
innerhalb des Verbandes der betr. grösseren Entfernung gleich-
komme. Zu dem südwestdeutschen Verbande gehörten damals
ausser den Elsass-Lothringischen Eisenbahnen (der geschäfts-
führenden Verwaltung) noch die Badischen, Saarbrücker und
· Nassauischen Staatsbahnen, sowie die Pfälzischen Bahnen, die
Hessische Ludwigsbahn und Main-Neckarbahn, er umfasste also
ganz Südwestdeutschland.

Dieser Verband entschied sich für Annahme des elsass-lothringischen Staffeltarifs mit der Abänderung, dass die erste Staffel
bis 200 km, die zweite bis 400 km und die dritte über 400 km hin-
ausgeschoben wurde. Die Streckensätze für die weiteren Entfernungen der zweiten und dritten Staffel wurden nicht an die Frachten der ersten Staffel angestossen, sondern es wurde nach den niedrigeren Sätzen für die ganze Entfernung durchgerechnet mit der
Maassgabe, dass die Frachtsätze der höchsten Entfernung der
vorhergehenden Staffel so lange auf die folgenden Entfernungen
übertragen wurden, bis die regelmässig gebildeten Frachtsätze
sich höher stellten. Um die Gleichmässigkeit zu wahren, ent-
schlossen die Elsass-Lothringischen Eisenbahnen sich, ihren Lokaltarif gleichfalls nach der südwestdeutschen Staffel aufzu-
stellen. Dieser Staffeltarif bewährte sich nicht nur für die betheiligten Eisenbahnen, sondern wurde auch von den Verkehrs-

interessenten in Elsass-Lothringen und Südwestdeutschland als vortheilhaft anerkannt. Auch fand er Ausdehnung auf weitere deutsche Verbände. Der Mitteldeutsche Verband, der den Verkehr zwischen den Südwestdeutschen, Mitteldeutschen und Nordostdeutschen Eisenbahnen umfasste, rechnete seine Tarife auf Grund der zweiten südwestdeutschen Staffel um, während im Verkehr mit den Rheinisch-westfälischen Bahnen und mit den deutschen Nordseehäfen eine Durchrechnung der Staffel nur für einzelne Klassen bezw. wichtige Artikel erfolgte.

Als wenige Jahre später die Verwaltung der Reichsbahnen dem preussischen Minister der öffentlichen Arbeiten unterstellt wurde, erfolgte im Jahre 1881 zum Bedauern der elsass-lothringischen Verkehrsinteressenten die Beseitigung des Lokaltarifs der Reichsbahnen, und es wurden der Gleichmässigkeit wegen an seiner Stelle die Einheitssätze der preussischen Staatsbahnen zur Einführung gebracht. Infolge dessen musste auch der südwestdeutsche Zonentarif*) zur Aufhebung gelangen.

Dass indess das Prinzip der Staffeltarife schon damals von der Verwaltung der preussischen Staatsbahnen als richtig anerkannt war, zeigt die Begründung des preussischen Gesetzentwurfs vom 29. Oktober 1879 betreffend den Erwerb mehrerer Privateisenbahnen für den Staat. Es heisst hier nämlich S. 59—60:

„Die raumausgleichende Funktion aller Kommunikationsmittel, durch welche die Produktions- und Konsumtionsgebiete einander näher gerückt werden, gewinnt bei der Transportleistung der Eisenbahnen eine erhöhte Bedeutung durch den Umstand, dass für die Frequenz der Eisenbahnen, von welcher die Festsetzung der Transportpreise in erster Linie abhängig ist, neben der Menge der Transporte zugleich die Länge des Transportweges einen wesentlichen Faktor bildet. Nicht in

---

*) So wurde der Tarif damals genannt, während gegenwärtig der Ausdruck Zonentarif eine andere Bedeutung hat, und diese Tarife richtiger als Staffeltarife bezeichnet werden. Ueber den Begriff des Zonentarifs vgl. Ulrich, Personentarifreform und Zonentarif S. 9 ff.

der Menge des beförderten Tonnengewichts, sondern in der Zahl der gefahrenen Tonnenkilometer findet die Güterfrequenz der Eisenbahnen ihren richtigen Ausdruck. Ebenso wie die Ermässigung der Tarife für die Massengüter, deren Transport vorzugsweise die volle Ausnutzung der Wagen und der Zugkraft ermöglicht, ist daher auch die Ermässigung der Tarife für weite Entfernungen dem Interesse der Eisenbahnen entsprechend."

Man darf die Aufhebung der südwestdeutschen Staffeltarife insofern mit Fug bedauern, sowohl vom Standpunkt der Eisenbahnen als vom allgemeinen Verkehrs- und wirthschaftlichen Standpunkt, als dadurch verhindert wurde, weitere Erfahrungen über die Wirkungen der Staffeltarife zu sammeln, und eine nicht unwahrscheinliche weitere Ausdehnung derselben abgeschnitten wurde. Der Uebergang zu den Staffeltarifen hätte sich damals unzweifelhaft leichter für die Eisenbahnen wie für das wirthschaftliche Leben vollzogen als heute*).

Nachdem seit diesen Vorgängen mehr als 10 Jahre hingegangen und bis auf die neueste Zeit die Tarife der deutschen Bahnen fast ausschliesslich auf Grundlage gleicher Einheitssätze für alle Entfernungen gebildet sind, scheint ein Umschwung sich vorzubereiten, und in weiten Kreisen auch der Eisenbahnverwaltungen die Ueberzeugung von der Noth-

---

*) Angriffe gegen die damaligen Staffeltarife von Verkehrsinteressenten sind mir nicht bekannt geworden, wohl aber von Seiten einzelner Eisenbahnfachmänner, welche hauptsächlich in der Befürchtung, dass die Staffeltarife durch ihre Ermässigungen die Eisenbahneinnahmen verringern würden, sie bekämpften. Eine in der Zeitung des Vereins deutscher Eisenbahnen Jahrgang 1878 in den Nummern 42, 51, 54, 57 und 72 enthaltene Polemik hierüber füge ich in der Anl. A bei, weil sie nicht nur für die Entwickelung des deutschen Tarifwesens von Interesse ist, sondern in derselben auch manche Gründe für und gegen Staffeltarife erörtert werden, welche noch heute von Wichtigkeit sind. Die beiden Artikel für den südwestdeutschen Zonentarif in No. 51 und 72 sind von mir geschrieben, wer die Verfasser der andern Artikel waren, ist mir nicht bekannt geworden.

wendigkeit durchzudringen, die Gütertarife staffelförmig zu
bilden. Ausschlaggebend hierfür ist nicht in erster Linie das
Interesse der Eisenbahnen, welches, wie oben bereits ausgeführt, auf eine Tarifbildung in Staffelform hinweist, sondern die
Erkenntniss, dass auch im Interesse einer gleichmässigen und
fruchtbaren Weiterentwickelung des Eisenbahngüterverkehrs
und des gesammten wirthschaftlichen Lebens die Einführung
von Staffeltarifen geboten ist. Dass letzteres sich so verhält,
wird später noch ausführlich darzulegen versucht werden.

Insbesondere sind die preussischen Staatsbahnen seit einigen
Jahren mit Einführung zahlreicher Staffeltarife vorgegangen.
In der Anlage B ist ein Verzeichniss derselben beigefügt. Die
damit gemachten Erfahrungen sind im Grossen und Ganzen
günstig gewesen und ermuthigen zur allgemeinen Einführung
der Staffeltarife für die regelmässigen Gütertarife. Erhebliche
wirthschaftliche Bedenken sind gegen keinen der eingeführten
Staffeltarife mit Ausnahme des Getreidestaffeltarifs geltend gemacht, vielmehr sind die durch dieselben gewährten Ermässigungen vielfach als vortheilhaft begrüsst und anerkannt.
Ebensowenig sind erhebliche finanzielle Ausfälle für die Eisenbahnverwaltung aus denselben entstanden, vielmehr haben dieselben in vielen Fällen bedeutende Mehreinnahmen herbeigeführt, wie aus der Tabelle S. 32 u. 33 sich ergibt. Die in
derselben enthaltenen Zahlen beruhen auf amtlichen Ermittelungen, welche über die Ergebnisse der für die betreffenden
Artikel eingeführten Staffeltarife angestellt sind.

Wenn den erheblichen Mehreinnahmen, welche in den aufgeführten 5 Fällen einer staffelförmigen Tarifermässigung
entstanden sind, selbstverständlich auch Mehrkosten für den
Transport des hinzugekommenen Verkehrs gegenüberstehen,
so kann doch angenommen werden, dass ein nicht unerheb-
licher Reinertrag übrig geblieben ist, da, wie die genaueren
Ermittelungen bei dem Getreidestaffeltarif ergeben haben, der
Mehrverkehr hauptsächlich in Transporten auf längere Entfernungen besteht, und hierfür nach den früheren Darlegungen
die Selbstkosten verhältnissmässig niedrig sind.

No.	Fracht-gegen-stand	Geltungs-bereich	Einheitssätze für die t und das km Abfertigungs-gebühr für 100 kg in Pf.	Ein-führungs-zeitpunkt	In dem Jahre vor der Tarifermässigung	
					Beför-derungs-menge t	Ein-nahme M.
1.	Braun-kohlen-Darrsteine in Mengen von min-destens 20 t	Von sächsisch-thüringi-schen, mär-kischen und lausitzer Braunkoh-lengruben nach deut-schen Ha-fenplätzen	bis 100 km 2,2; von 101 km ab Anstoss von 1,4 ⎵ + 7	1. 4. 90	1889 (Kein Verkehr)	
2.	Wegebau-materialien	Im Staats-bahn-verkehr		1. 1. 89	1888 548074	1316603
3.	Düngekalk (Staubkalk, Kalkasche), Mergel zum Düngen	Im Staats-bahnver-kehr und im Verkehr mit Privat-bahnen, welche die-selben Ein-heitssätze annehmen, — von den Haupt-erzeugungs-stätten —	2,6 bis 50 km unter An-stoss von 1 Pf. für jedes wei-tere km bis zu 200 km; über 200 km 1,4 ⎵ + 6	1. 3. 89	(Vergleichsfähige	

4.	Getreide aller Art, sowie Mühlen-fabrikate:
	a) Getreide
	b) Mühlen-fabrikate
		Im Lokal- und direk-ten Verkehr der Staats-bahnen	An den regel-rechten Fracht-satz des Spezial-tarifs I für 200 km sind von 201—300 km 3 Pf., von 301 km ab 2 Pf. ohne Abfertigungs-gebühr ange-stossen	v. 1. 9. 90 — 31. 8. 91
				
				a {
				1. 9. 91 b {
					t 283968
					tkm 85596360
					t 131973
					tkm 40438610
						3916362
						
						1811905

5.	Wichtigere, dem Wett-bewerb anderer Länder unter-liegende Ausfuhr-artikel	Von deutschen Stationen nach den Hafen-plätzen der Levante über Hamburg	Neben den er-mässigten See-frachten der deutschen Le-vantelinie sind für d. deutschen Eisenbahn-strecken er-mässigte, mit der wachsenden Entfernung bis Hamburg fallende Ein-heitssätze zuge-standen. Die Er-mässigungen be-tragen für Stück-gut bis zu 48%, f. Wagenladun-gen schwanken dieselben je nach Entfer-nung und Klasse zwischen 57% und 23%.	15. 6. 90		

Im ersten Geltungsjahr		Im zweiten Geltungsjahr		Im dritten Geltungsjahr		Im vierten Geltungsjahr	
Beför-derungs-menge	Ein-nahme	Beför-derungs-menge	Ein-nahme	Beför-derungs-menge	Ein-nahme	Beför-derungs-menge	Ein-nahme
t	M.	t	M.	t	M.	t	M.
1890		1891		1892			
8520	59 984	34 190	199 197	39 933	232 540		
1889		1890		1891		1892	
610 237	1 148 293	688 243	1 315 384	803 491	1 576 176	1 017 722	1 930 096
Zahlen fehlen)		1890		1891		1892	
		53 705	141 164	76 378	188 190	122 452	314 418
v. 1. 9. 91—31. 8. 92		v. 1. 9. 92—31. 8. 93					
t		t					
379 876	5 186 893	580 094	8 414 190				
tkm		tkm					
131 245 520		225 782 930					
t		t					
129 336	1 711 991	182 351	2 433 130				
tkm		tkm					
44 060 020		64 272 020					
v. 15. 6. 90—31. 12. 90		1891		1892			
1 603	20 300	5 603	71 665	11 657	153 718		
Stückgut:		Stückgut:		Stückgut:			
704		1795		2645			
Wagen-ladungen		Wagen-ladungen:		Wagen-ladungen:			
899		3808		9012			

Fünfter Abschnitt.

Die wirthschaftlichen Gründe für und gegen die Staffeltarife.

Im Vorstehenden ist versucht worden darzulegen, dass die Staffeltarife sowohl nach eisenbahntechnischen Grundsätzen richtig, als für die Eisenbahneinnahmen vortheilhaft sind. Es erübrigt, den Nachweis zu führen, dass sie auch vom allgemein volkswirthschaftlichen Standpunkt richtig und nützlich sind.

Der grosse Nutzen und der gewaltige Fortschritt, den die Eisenbahnen für den Güterverkehr gebracht haben, beruht im Wesentlichen darauf, dass sie die Beförderung der schweren und weniger werthvollen Güter, welche auf den Landwegen wegen der hohen Kosten des Transports mittelst thierischer Kraft früher nur auf kurze Entfernungen möglich war, wesentlich verbilligt und so deren Absatzfähigkeit, d. h. die wirthschaftliche Möglichkeit, ein Gut nach einem anderen Orte zu verkaufen, erheblich vergrössert haben. Die Absatzfähigkeit eines Gutes hängt, wie schon früher dargelegt, von der Preisstellung des Gutes an dem Verkaufsorte insofern ab, als dieselbe nicht höher sein darf als der Werth, welchen das Gut an diesem Orte für den Käufer hat. Wird deshalb durch eine Ermässigung der Beförderungskosten eine Herabsetzung des Verkaufspreises ermöglicht, so wird das Gut über die bisherigen Grenzen hinaus absatzfähig, und zwar um so weiter, je grösser die Preisermässigung im Verhältniss zu dem Verkaufspreise war. Letzteres hängt aber ab einmal von dem Maass der Transportermässigung und zweitens von dem Werthe, welchen das Gut am Erzeugungsorte hat. Ist letzterer ein hoher, so bilden die Beförderungskosten natürlich einen verhältnissmässig kleinen Theil des Verkaufspreises, und eine Ermässigung derselben wird nur eine prozentual geringfügige Preisermässigung und deshalb auch nur eine geringe Erweiterung der Absatzfähigkeit des Gutes bewirken. Ist dagegen der Werth des Gutes ein niedriger, so werden die Beförderungskosten einen um so erheblicheren Prozentsatz des Verkaufspreises ausmachen, je weiter das Absatzgebiet entfernt ist, und ihre Ermässigung muss auf die Höhe des Verkaufspreises und die Erweiterung des Absatzgebietes einen grossen Einfluss ausüben. Kosten z. B. am Produktionsort 10 000 kg eines Gutes 100 M. und beträgt die Fracht hierfür auf 100 km 34 M., auf 200 km 56 M., auf 400 km 100 M. (Sätze des Spezialtarifs III), so wird der Verkaufspreis des Gutes durch die Fracht auf 100 km um 34 Prozent, auf 200 km um 56 Prozent und auf 400 km um volle 100 Prozent vertheuert. Diese Erhöhung des Verkaufspreises wird auf die Absatzfähigkeit des Gutes einen bedeutenden Einfluss üben, bei 200 km wird sie schon beschränkt, bei 400 km oft ausgeschlossen sein. Werden diese Frachten um 50 Prozent ermässigt, so kann der Verkaufspreis des Gutes bei einer Entfernung von 100 km um 12 Prozent, bei 200 km um 18 Prozent, bei 400 km um 25 Prozent herabgesetzt werden. Hieraus wird für das Gut ein vermehrter Absatz nicht nur in dem bisherigen Absatzgebiet, sondern auch insofern entstehen, als es nun über die bisherige Absatzgrenze hinaus verkäuflich wird.

Zutreffend bemerkt in dieser Beziehung Todt in seinem Aufsatz „Der Güterverkehr der deutschen Wasserstrassen"*) folgendes: „Die Transportkosten stellen einen wichtigen Theil der Preisbildung dar. Für die Industrie kommen sie sowohl bei der Herstellung als bei dem Absatz, vorwiegend bei ersterer, für die Land- und Forstwirthschaft besonders bei dem Absatz in Betracht. Eines der wichtigsten Materialien, das Roheisen, beansprucht in Deutschland 20 bis 30 Prozent seiner Herstellungskosten für die Heranschaffung der Kohle, der Erze, des Kalksteins, obwohl diese Industrien nur in der Nachbarschaft von Steinkohlenlagern oder von Erzfeldern gedeihen können. Die Kohle, das wichtigste und unentbehr-

---

*) Archiv für Eisenbahnwesen 1887 S. 189.

lichste Hülfsmittel der gesammten gewerblichen Thätigkeit, muss häufig auf Entfernungen verschickt werden, welche ihren Werth an der Fundstätte um das zwei- bis dreifache übersteigen. Dieser Werth, für die Tonne deutscher Steinkohle im Durchschnitt mit 5 M. angenommen, wird durch die Eisenbahnfrachtkosten bereits bei einer Beförderungsstrecke von 175 km erreicht; bei 300 km betragen die normalen Tarife 7,8 M., bei 500 km 12,2 M. Strecken von 500 bis 600 km hat die Steinkohle in Deutschland häufig zurückzulegen; Berlin ist sowohl von Oberschlesien als von dem Ruhrgebiet weit entfernt; der grösste Theil des Absatzes der oberschlesischen Kohle hat mit Entfernungen zu rechnen, auf welchen die Beförderungskosten höher sind als der Grubenwerth der Kohle. Da die Gesammtproduktion Deutschlands an Stein- und Braunkohlen gegen 72 Millionen Tonnen beträgt, die Fund- und Verbrauchsstätten aber häufig weit von einander entfernt sind, so ist klar, dass die Beförderung dieser Erzeugnisse eine ebenso wichtige und umfassende wie dankbare und schwierige Aufgabe bildet — schwierig wegen der richtigen Anpassung der Beförderungspreise an den Werth des Gegenstandes und wegen des Wettbewerbs des Auslandes, namentlich Englands für die Stein- und Böhmens für die Braunkohlen. — Getreide erzeugt der dünn bevölkerte Osten von Deutschland mehr, als er gebraucht, der dicht bevölkerte Westen und Süden dagegen weniger als den Bedarf. Hier würde also die natürliche Gelegenheit zu einem lebhaften Güteraustausch gegeben sein. Der Hauptkonsument, der Niederrhein, hat bis zu den Getreide spendenden Provinzen Entfernungen von 500 bis 1000 km, im Durchschnitt 700—800 km zurückzulegen. Die Eisenbahntarifsätze betragen für diese Strecken 43 bis 50 M. für die Tonne, der durchschnittliche Werth von Brotgetreide am Erzeugungsort 150 M.; die Transportpreise würden diesen hochwerthigen Artikel auf jene Entfernungen mithin um etwa 30 Prozent erhöhen. Bei den Gütern der allgemeinen Wagenladungsklassen sinken diese Prozentsätze, bleiben für weitere Entfernungen aber noch erheblich genug. Für einen Artikel, welcher einen Versendungswerth von 300 M. für die Tonne hat, würde die Wagenladungsfracht auf 600 km Entfernung 48 M. gleich 16 Prozent betragen."

Dies Verhältniss zwischen dem Werth der Güter und den Beförderungskosten bezw. die verschiedene Einwirkung, welche die Transportkosten auf die Preise der Güter üben je nach der Verschiedenheit ihres Werthes, ist auch die Ursache, weshalb bei unvollkommenen und kostspieligen Beförderungsmitteln nur sehr werthvolle Güter auf weite Entfernungen versandt werden können, und die Beförderung geringwerthiger Massengüter auf weitere Entfernungen erst möglich wird bei niedrigen Frachten, welche im angemessenen Verhältniss zu dem geringen Werth dieser Güter am Verwendungsort stehen. Infolge dessen haben aber auch Ermässigungen der Transportkosten die Wirkung, neue wirthschaftliche Güter und neuen Verkehr zu schaffen, sie bringen Güter, die bisher nicht verwerthbar waren wegen der hohen Beförderungskosten, in den Verkehr, sie entfesseln, wie man es wohl ausgedrückt hat, den bisher latenten Verkehr.

In dieser Richtung haben die Eisenbahnen eine ungeheure Wirkung ausgeübt, den ganzen Verkehr unserer geringwerthigen Massengüter über ihre nächste Umgebung hinaus, insbesondere den Verkehr von Kohlen, Erzen, Steinen, Holz, Roheisen u. s. w., haben im Wesentlichen die Eisenbahnen erst geschaffen. Es ist kein Zufall, dass der Kohlenbergbau gewissermassen die Veranlassung gegeben hat zur Erfindung der Eisenbahnen: derselbe hat sich hierdurch selbst das Mittel geschaffen, wodurch er zu einer früher nie geahnten Bedeutung in der Volkswirthschaft gelangt ist. Wie die Entwickelung der Eisenbahnen und des Kohlenverkehrs parallel gegangen ist, das ist für ein kleineres Gebiet, das Königreich Sachsen, in dem Jahresbericht der Sächsischen Staatsbahnen für 1887 in interessanter Weise veranschaulicht. Danach betrug das gesammte Ausbringen von Kohlen im Königreich Sachsen im Jahr 1845 vor Verbindung der Eisenbahnen mit den Kohlenrevieren nur 427 089 t. Ende 1845 wurde das erste sächsische Kohlenrevier bei Zwickau durch eine Zweigbahn an die sächsisch-bayerische

Bahn angeschlossen, 1855 — 1857 wurden die Gruben des Dresdener Reviers mit der Eisenbahn, 1858 das Lugauer Revier mit der Chemnitz-Zwickauer Linie verbunden und 1879 erhielten die Gruben bei Oelsnitz Bahnanschluss. Das Ausbringen an Kohlen betrug 1855 bereits 1 051 538 t, hatte sich also in den ersten 10 Jahren bereits mehr als verdoppelt, 1865 2 412 576 t, also wieder mehr als das Doppelte von 1855, 1875 3 061 275 t, 1887 4 293 417 t. Wenn in den Jahren seit 1865 die Vermehrung der sächsischen Kohlenproduktion nicht gleich stark, wie früher erfolgte, so lag das theils in der mangelnden Leistungsfähigkeit der sächsischen Gruben, theils in dem auswärtigen Wettbewerb. Der Gesammtkohlenverkehr der Sächsischen Staatsbahnen war weit stärker, wie aus der nachfolgenden Tabelle erhellt, welche ausser dem Wachsen des Kohlenverkehrs seit 1869 die Zunahme der Bahnlänge und den auf 1 km entfallenden Kohlenverkehr enthält.

J a h r	Gesammt-Kohlenverkehr	Bahnlänge im mittleren Jahresdurchschnitt für Güterverkehr	Durchschnittlich auf 1 km Bahnlänge
	t	km	t
1869	2 367 275	1138	2080
1870	2 427 662	1146	2118
1871	2 683 486	1153	2327
1872	2 937 207	1252	2346
1873	3 843 835	1309	2936
1874	4 440 868	1356	3275
1875	4 670 325	1357	3039
1876	4 650 131	1849	2515
1877	4 448 947	1927	2309
1878	4 550 710	1994	2282
1879	4 876 228	2019	2415
1880	5 198 041	2069	2512
1881	5 321 812	2094	2541
1882	5 233 808	2098	2495
1883	5 807 620	2137	2718
1884	5 862 793	2196	2670
1885	6 339 624	2276	2785
1886	6 643 640	2293	2897
1887	7 149 783	2361	3028

Interessant ist auch die Zunahme des Verbrauchs an Kohlen auf den Kopf der Bevölkerung in Sachsen. Derselbe betrug:

1853	467 kg
1863	888 „
1879	1624 „
1890	2297 „

obwohl auch die Bevölkerung sich in diesem Zeitraum nahezu verdoppelt hatte.

Diese Wirkungen der Verbilligung der Transportpreise durch die Eisenbahnen dauern noch fort, weil auch die Eisenbahnfrachten noch in fortschreitendem Sinken begriffen sind. In einer früheren Arbeit*) habe ich dies nachzuweisen versucht und gezeigt, wie sich seit der Zeit der ersten Eisenbahnen die Transportpreise einzelner wichtiger Güter allmälig ermässigt haben. Beispielsweise ergibt sich für Kohlen folgende Ermässigung der Frachten. Es wurden gezahlt an Fracht für das Tonnenkilometer:

vor der Eisenbahnzeit bei Beförderung durch thierische Kraft	40 Pfg.
im Anfang der Eisenbahnzeit auf den Eisenbahnen	13—14 „
heutiger regelmässiger Satz	2,2 „
Satz der Ausnahmetarife bis zu	1,25 „

So förderlich und gewinnbringend für die Volkswirthschaft wie für die Eisenbahnen diese Frachtermässigungen gewesen sind, so ist doch die hierdurch herbeigeführte Erweiterung der Beförderungsmöglichkeit und der Absatzgebiete namentlich bei den schweren und geringwerthigen Massengütern im Durchschnitt noch auf verhältnissmässig kurze Entfernungen beschränkt geblieben, wie auch die nachfolgende Tabelle erweist.

---

*) Vgl. meinen Aufsatz „Die fortschreitende Ermässigung der Eisenbahngütertarife" in den Conrad'schen Jahrbüchern für Nationalökonomie und Statistik, Jahrg. 1891 S. 53 ff.

1. Ton

km		Eilgut		Stückgut		A¹		B	
von	bis	%	t	%	t	%	t	%	t
1	50	34	117385	37	1522802	26	321756	21	407567
51	100	25	86313	25	1028920	25	309381	18	349343
1	100	59	203698	62	2551722	51	631137	39	756910
101	200	19	65598	20	823136	28	346506	25	485200
1	200	78	269296	82	3374858	79	977643	64	1242110
201	300	9,5	32798	8	329254	9	111377	15	291120
301	400	5,5	18988	4,5	185206	6	74251	9	174672
1	400	93	321082	94,5	3889318	94	1163271	88	1707902
401	500	2,8	9667	2,8	115239	2,7	33413	5	97040
501	600	2,7	9322	0,7	28810	2,2	27225	4,1	79573
601	800	1,1	3798	1,2	49388	0,9	11138	2,4	46579
801	1000	0,3	1036	0,5	20578	0,1	1238	0,4	7763
1001	1200	0,06	207	0,2	8231	0,1	1237	0,1	1941
1201	1500	0,04	138	0,1	4116	—	—	—	—
1	1500	100	345250	100	4115680	100	1237522	100	1940798
100	1500	41	141552	38	1563958	49	606385	61	1183888
200	1500	22	75954	18	740822	21	259879	36	698688
400	1500	7	24168	5,5	226362	6	74251	12	232896

2. Tonnen

km			tkm		tkm		tkm		tkm
von	bis	%	t	%	t	%	t	%	t
1	50	7,7	4043128	9,1	50114147	5,4	11536599	2,7	11111198
51	100	13,3	6983584	15,3	84257852	11,9	25423246	6,6	27160706
1	100	21,0	11026712	24,4	134371999	17,3	36959845	9,3	38271904
101	200	19,2	10081565	23,4	128864949	23,5	50205569	19,3	79424489
1	200	40,2	21108277	47,8	263236948	40,8	87165414	28,6	117696393
201	300	17,3	9083910	16,3	89764901	15,3	32687030	19,1	78601437
301	400	14	7351141	12,9	71040934	13,9	29696060	17,0	69959395
1	400	71,5	37543328	77,0	424042783	70,0	149548504	64,7	266257225
401	500	9,1	4778242	9	49563442	10,25	21898174	11,7	48148524
501	600	10,9	5723389	6,4	35245114	10,3	22004994	12,2	50206154
601	800	5,6	2940457	5,2	28636655	6,6	14100288	8,6	35391223
801	1000	2,1	1102671	1,7	9361984	2,2	4700096	2,2	9053569
1001	1200	0,4	210033	0,6	3304229	0,36	769107	0,6	2469155
1201	1500	0,4	210032	0,1	550705	0,29	619558	—	—
1	1500	100	52508152	100	550704912	100	213640721	100	411525850
100	1500	79	41481440	75,6	416332913	82,7	176680876	90,7	373253946
200	1500	59,8	31399875	52,2	287467964	59,2	126475307	71,4	293829457
400	1500	28,5	14964824	23	126662129	30	64092217	35,3	145268625

nen.

A²		Spezialtarif I		Spezialtarif II		Spezialtarif III		km	
%	t	%	t	%	t	%	t	von	bis
46	1127982	42	2584887	39	1992996	56	21226588	1	50
23	563991	25	1538624	22	1124255	18	6822832	51	100
69	1691973	67	4123511	61	3117251	74	28049420	1	100
17	416863	17	1046264	19	970947	13	4927601	101	200
86	2108836	84	5169775	80	4088198	87	32977021	1	200
6	147128	8	492359	9	459922	6	2274277	201	300
3,5	85825	5	307725	5	255512	4	1516185	301	400
95,5	2341789	97	5969859	94	4803632	97	36767483	1	400
2,0	49043	1,85	113858	3,2	163528	1,55	587522	401	500
1,2	29426	0,67	41235	0,6	30662	0,77	291866	501	600
1,0	24521	0,26	16002	1,6	81764	0,60	227428	601	800
0,2	4904	0,14	8616	0,5	25551	0,06	22743	801	1000
0,1	2452	0,06	3693	0,1	5110	0,01	3790	1001	1200
—	—	0,02	1231	—	—	0,01	3790	1201	1500
100	2452135	100	6154494	100	5110247	100	37904622	1	1500
31	760162	33	2030983	39	1992996	26	9855202	100	1500
14	343299	16	984719	20	1022049	13	4927601	200	1500
4,5	110346	3	184635	6	306615	3	1137139	400	1500

kilometer.

A²		Spezialtarif I		Spezialtarif II		Spezialtarif III		km	
	tkm		tkm		tkm		tkm	von	bis
12,4	36838356	11,3	83430793	8,4	57608071	16,2	717782705	1	50
15,9	47236279	16,2	119608747	13,3	91212780	10,2	451937259	51	100
28,3	84074635	27,5	203039540	21,7	148820851	26,4	1169719964	1	100
23,1	68626292	23,9	176459818	23,4	160479627	20,2	895013002	101	200
51,4	152700927	51,4	379499358	45,1	309300478	46,6	2064732966	1	200
14,2	42185859	18,0	132898608	18,2	124817488	17,1	757659522	201	300
11,8	35055854	15,5	114440468	13,9	95327642	17,1	757659522	301	400
77,4	229942640	84,9	626838434	77,2	529445608	80,8	3580052010	1	400
8,4	24955015	7,7	56851071	8,2	56236451	9,5	420921957	401	500
5,9	17527927	3,3	24364745	5,8	39777002	4,6	203814842	501	600
5,8	17230844	2,1	15504838	5,2	35662139	4,0	177230298	601	800
1,7	5050420	1,2	8859907	3,1	21260121	0,9	39876817	801	1000
0,8	2376668	0,6	4429954	0,5	3429052	0,1	4430757	1001	1200
—	—	0,2	1476651	—	—	0,1	4430757	1201	1500
100	297083514	100	738325600	100	685810373	100	4430757438	1	1500
71,7	213008879	72,5	535286060	78,3	536989522	73,6	3261037474	100	1500
48,6	144382587	48,6	358826242	54,9	376509895	53,4	2366024472	200	1500
22,6	67140874	15,1	111487166	22,8	156364765	19,2	850705428	400	1500

In derselben ist auf Grund amtlicher Ermittelungen für den Monat Oktober 1889 und auf Grund des Betriebsberichts für das Etatsjahr 1889/90 die Vertheilung der in diesem Jahr auf den preussischen Staatsbahnen gefahrenen Tonnen und Tonnenkilometer auf die verschiedenen Entfernungen für die verschiedenen Güterklassen dargestellt. Es ergibt sich aus dieser Tabelle, dass die grosse Masse der Güter auf Entfernungen unter 100 km befördert wird (bei Spezialtarif III 74 Prozent der Tonnen) und dass auf grössere Entfernungen nur noch ganz unerhebliche Mengen gefahren werden, z. B. bei Spezialtarif III nur 3 Prozent der Tonnen auf Entfernungen über 400 km. Etwas anders stellt sich natürlich das Verhältniss bei den Tonnenkilometern, weil hier die Länge der Beförderungsstrecke bei den grösseren Entfernungen die Zahl der Tonnenkilometer vermehrt, indess entfallen auch hier etwa 80 Prozent der Tonnenkilometer auf Entfernungen unter 400 km.

Es lässt sich aber die Beförderungsmöglichkeit bezw. die Absatzfähigkeit der Massengüter, wie die Erfahrungen bei den mit billigen Frachten arbeitenden Wasserstrassen und bei den Staffeltarifen, insbesondere bei dem Getreidestaffeltarif beweisen, noch erheblich ausdehnen. Dass hierzu auch ein wirthschaftliches Bedürfniss vorliegt, das beweisen nicht nur die wachsende Zunahme des Verkehrs auf den Wasserstrassen und die auf den Bau neuer und den Ausbau vorhandener natürlicher Wasserwege gerichteten Bestrebungen, sondern auch die zahlreichen Anträge, welche bei der Eisenbahnverwaltung auf Gewährung ermässigter Tarife für Transporte auf längere Entfernungen eingehen und bereits zur Einführung einer so grossen Anzahl von Ausnahmetarifen geführt haben, dass etwa die Hälfte aller Transporte auf den preussischen Staatsbahnen jetzt zu Ausnahmetarifsätzen gefahren wird. Keines der beiden zur Befriedigung des unleugbar bestehenden Bedürfnisses der Verwohlfeilerung der Transporte auf weite Entfernungen angewendeten Mittel, weder der Ausbau der Wasserstrassen noch die Gewährung von Ausnahmetarifen auf den Eisenbahnen, kann aber vom allgemeineren Standpunkte aus für eine befriedigende Lösung der Aufgabe, die Transporte auf weitere Entfernungen zu verbilligen, angesehen werden, weil beide Mittel nicht gleichmässig für alle Landestheile und Verkehrsinteressenten diese Vortheile schaffen, sondern nur für einzelne Landestheile und Orte und zwar in der Regel schon für die an sich begünstigteren. Bei den Ausnahmetarifen kommt hinzu, dass sie vielfach nur für einzelne Artikel, Industrien und Handelszweige gewährt werden und hierdurch oft mittelbar eine Schädigung anderer im Wettbewerb stehender Industrien u. s. w. herbeigeführt wird. Dagegen würde die Einführung von Staffeltarifen für alle Güterklassen gleiche Vortheile für alle Landestheile und Interessenten herbeiführen, indem durch dieselben für alle Artikel von und nach jeder Station auf grössere Entfernungen Ermässigungen gewährt werden. Dies ist sehr wichtig; denn auf diese Weise können, da bereits jetzt das Eisenbahnnetz auf das ganze Land ausgedehnt ist und durch Ausbau der Neben- und Kleinbahnen allmälig auch die noch abseits liegenden Gegenden und Ortschaften angeschlossen werden, die Vortheile, welche jetzt nur die an Wasserstrassen gelegenen Orte und die Eisenbahnknotenpunkte, die grossen Städte, die bedeutenden industriellen und Handelsplätze infolge ihres überwiegenden Einflusses auf die Tarifgestaltung der Eisenbahnen sowie infolge des Wettbewerbes zwischen Wasserweg und Eisenbahn und zwischen den verschiedenen Eisenbahnlinien geniessen, auf das ganze Land ausgedehnt werden. Die Einführung von Staffeltarifen für die regelmässigen Tarifklassen und die damit verbundenen Ermässigungen auf weitere Entfernungen werden ferner dazu beitragen, eine wünschenswerthe Dezentralisation der Industrie zu ermöglichen, welche sich seither wegen der vorerwähnten Vortheile immer mehr in die grossen Städte zusammengedrängt hat. Für die kleineren Orte und das platte Land, welche von den Eisenbahnen bisher nicht entfernt solche Vortheile wie die grossen Städte gehabt, vielmehr nachweisbar seit der Eisenbahnzeit zu Gunsten der grösseren Städte an Be-

völkerungszahl verloren haben*), endlich für die Landwirthschaft, welche ihre Güter naturgemäss meist auf kleineren
Stationen aufgibt und bezieht, müssen die allgemein eingeführten Staffeltarife von günstigster Wirkung sein. Sie werden
auch, indem sie allgemein auf weitere Entfernungen ermässigte
Frachten gewähren, einen grossen Theil der jetzt unumgäng-
lichen Ausnahmetarife überflüssig machen; die durch dieselben
geschaffenen Ungleichheiten in den Transportpreisen werden
beseitigt, die Tarife vereinfacht werden, was ebenfalls wirthschaftlich nur günstig wirken kann. Die für gewisse Verkehrsverhältnisse auch dann noch erforderlichen Ausnahmetarife, z. B. für den Verkehr der Seehäfen wird man in Zukunft zweckmässigerweise ebenfalls zu Staffeltarifen ausbilden.
Denn gerade dadurch ist der Staffeltarif denjenigen Ausnahmetarifen, welche lediglich für bestimmte Verkehrsbeziehungen
feste ermässigte Sätze gewähren, überlegen, dass er die gerechte gleichmässige Tarifirung, welche bei dem Wettbewerb
verschiedener Handelsplätze oder Erzeugungsgebiete so schwer
festzustellen ist, gleichsam in sich selbst trägt, und deshalb
empfiehlt es sich auch, gerade bei solchen Ausnahmetarifen eine
fallende Staffel anzuwenden. Solche Fälle liegen z. B. vor bei
dem Wettbewerb verschiedener Häfen mit ungleichen Entfernungen von dem Hinterlande, bei dem Wettbewerb verschiedener Kohlenbecken, bei dem Wettbewerb derselben Industrien mit verschiedenen Standorten u. s. w. Erscheint es in

---

*) Nach den von dem deutschen statistischen Amt angestellten
Untersuchungen „zur Eisenbahn- und Bevölkerungsstatistik der deutschen Städte 1867—1880" ergibt sich ein ausserordentliches Anwachsen
der Gross- und Mittelstädte, während die Klein- und Landstädte,
welche Eisenbahnverbindung haben, im Allgemeinen hierdurch keine
Bevölkerungszunahme erfahren haben. Dieselbe betrug kaum soviel,
als allein auf Grund des Geburten-Ueberschusses für diese Städte
angenommen werden kann und war nicht erheblich höher, als die
Zunahme derjenigen Klein- und Landstädte, welche keine Eisenbahnen
haben. Dass noch mehr das platte Land an Bevölkerungszahl zu
Gunsten der Grossstädte verloren hat, ist eine notorische, oft beklagte
Thatsache.

solchen Fällen nothwendig, Ausnahmetarife einzuführen, so
bietet es stets die grösste Schwierigkeit, diese Tarife so festzusetzen, dass der Wettbewerb der verschiedenen Handelsplätze
und Standorte der Industrie dadurch nicht beschränkt, der eine
gegen den anderen nicht begünstigt oder benachtheiligt wird;
und noch schwieriger ist es bei der Eifersucht und den eigen-
süchtigen Interessen der verschiedenen Wettbewerber, diese zufrieden zu stellen und dem fortwährenden Drängen auf weitere
Ermässigungen zu Gunsten einzelner Interessen zu widerstehen.
Alles dies wird durch den Staffeltarif sehr erleichtert; in der
Form der Staffel wird eine gerechte, gleichmässige und
für die Interessenten unanfechtbare Grundlage für
die Tariffestsetzung geschaffen und dem Drängen auf weitere
Begünstigungen einzelner Interessenten ein Ziel gesetzt, weil
Ermässigungen nur allgemein und gleichmässig für Alle möglich
sind und dadurch vielfach für den Einzelnen das Interesse
verlieren.

Zu allen diesen Gründen für den Staffeltarif kommen noch
zwei wichtige Erwägungen. Einmal, dass, wie schon oben nachgewiesen, alle unsere Nachbarländer Staffeltarife haben und
dass dadurch ihrem wirthschaftlichen Leben und ihrem Verkehr
bei Verfrachtungen auf grössere Entfernungen Vortheile geboten sind, welche die vielfach im Wettbewerb mit dem Auslande stehenden landwirthschaftlichen, industriellen und Han-
dels-Unternehmungen Deutschlands zu ihrem Nachtheil bisher
entbehren. Die Einführung allgemeiner Staffeltarife auf den
deutschen Eisenbahnen würde den Bezug und Versand sowohl
der Rohstoffe, als der fertigen Fabrikate auf weitere Entfernungen wesentlich verbilligen und den Wettbewerb Deutschlands auf dem Weltmarkt erleichtern.

Endlich last not least liegen gegenwärtig die Tarifverhältnisse der deutschen Eisenbahnen so, dass erheblichere allgemeine Ermässigungen der bestehenden Tarife nur noch in
Form von Staffeltarifen gewährt werden können. Eine weitere
erhebliche Ermässigung der regelmässigen Tarife in der bisherigen Weise, dass die Ermässigung für alle Entfernungen

erfolgt, ist aus zwei Gründen kaum mehr durchführbar: einmal, weil die Tarife für kürzere Entfernungen, wenigstens für die Massengüter, bereits vielfach an den Punkt gelangt sind, wo es zweifelhaft erscheint, ob sie mit Rücksicht auf die für kurze Entfernungen besonders hohen Selbstkosten noch einer erheblichen Ermässigung fähig sind, und zweitens, weil die Transportmengen der kürzeren Entfernungen so gross sind, dass die Ausfälle, welche durch eine erhebliche Ermässigung ihrer Frachten entstehen, durch den Verkehrszuwachs nicht wieder eingebracht werden können. Ein Blick auf die Tabelle S. 40 und 41 zeigt die Richtigkeit der letzteren Behauptung. Dagegen sind die deutschen Eisenbahnen bei den verhältnissmässig geringen Transportmengen, welche auf längere Entfernungen befördert werden, sehr wohl in der Lage, für die weiteren Entfernungen noch erhebliche Tarifermässigungen zu gewähren. Die dadurch entstehenden Ausfälle werden verhältnissmässig nicht sehr bedeutend sein und durch den Verkehrszuwachs voraussichtlich nicht nur gedeckt werden, sondern noch Ueberschüsse bringen. Die S. 32 und 33 aufgeführten Ergebnisse der bisherigen Staffeltarife machen dies höchst wahrscheinlich.

Die Sachlage ist also so, dass die deutschen Verkehrsinteressenten entweder für die Zukunft auf erheblichere Tarifermässigungen der Eisenbahnen verzichten oder aber dieselben in Form von Staffeltarifen annehmen müssen.

Es erübrigt noch, einige Worte zu sagen über die Nachtheile, welche in der Regel den Staffeltarifen vorgeworfen werden. Es wird behauptet:

1. dass sie die Transporte auf grosse Entfernungen und insbesondere die ausländische Einfuhr begünstigen zum Schaden der Transporte auf kürzere Entfernungen und der inländischen Produktion;

2. dass sie den Zwischenhandel schädigen;

3. dass sie in den bestehenden wirthschaftlichen Verhältnissen Verschiebungen veranlassen.

Zu 1 kann natürlich nicht bestritten werden, dass die

Staffeltarife die Transporte auf weitere Entfernungen mehr begünstigen, als die Tarife mit auf alle Entfernungen gleichen Streckensätzen. Aber es ist auch oben bereits gezeigt worden, dass dies nur ein Ausgleich ist gegenüber der bei Transporten auf kürzere Entfernungen durch die Abfertigungsgebühr gebildeten Staffel und keineswegs eine ungerechte Begünstigung der Transporte auf weitere Entfernungen. Es ist ferner oben bereits dargelegt, dass für weitere Entfernungen im allgemeinen wirthschaftlichen Interesse Ermässigungen der Transportpreise gewährt werden müssen, weil insbesondere die geringwerthigen Massengüter nur hiedurch auf weitere Entfernungen transport- und absatzfähig werden, ohne diese Frachtermässigungen aber vielfach gar nicht zu verwerthen sein würden.

Es ist aber ein Irrthum, wenn vielfach angenommen wird, dass die Staffeltarife, weil sie auf die weitesten Entfernungen, 1000 km und mehr, die grössten Ermässigungen gewähren, nur denjenigen Landestheilen nützten, welche nach ihrer geographischen Lage auf solche Entfernungen ihre Güter versenden können, und dass sie denjenigen Landestheilen nachtheilig seien, welche nur auf mittlere Entfernungen, höchstens auf 400 bis 600 km, zu versenden in der Lage seien. Solche Behauptungen sind namentlich auch bezüglich der Getreidestaffeltarife hervorgetreten, und vielfach ist die Schädlichkeit derselben lediglich auf diese Erwägungen hin angenommen worden. Diese Annahmen stehen aber sowohl mit der Theorie wie mit den thatsächlichen Erfahrungen in Widerspruch. Der wirthschaftliche Nutzen des Staffeltarifs besteht in der Frachtermässigung, welche er gewährt. Von der Entfernung an, wo die Ermässigung gewährt wird, muss deshalb auch der wirthschaftliche Nutzen der Staffeltarife beginnen, und wenn nicht etwa ein Staffeltarif so gebildet wird, dass er erst von 500 oder 600 km ab Ermässigungen gewährt, so tritt also der Nutzen bereits auf mittlere Entfernungen ein. Allerdings wird die Ermässigung, welche er bietet, bei 1000 km grösser sein als bei 400 km. Dies ist aber keine Eigenthümlichkeit der Staffeltarifermässigung, sondern ist bei jeder Ermässigung der Fall; auch bei einer auf alle Entfernungen gewährten Tarifermässigung ist die Ermässigung bei 1000 km dem Betrag nach eine weit grössere als bei 400 km. Aber hierauf kommt es in der Praxis gar nicht an, sondern auf die Wirkung, welche die Ermässigung auf die Transport- und Absatzfähigkeit des Gutes ausübt, und in dieser Beziehung wird sehr oft der Fall eintreten, dass die Wirkung der Frachtermässigung auf 400 km eine grosse, auf 1000 km aber gleich Null ist. Es kommen hiebei eine Menge Umstände in Betracht; beispielsweise ist die Gefahr, dass durch Wettbewerb eines andern Produktionsgebiets die Absatzmöglichkeit für ein Gut verhindert wird, naturgemäss um so grösser, je weiter die Entfernung des Absatzgebiets ist. Vor Allem aber sind die meisten Güter, insbesondere die schweren, geringwerthigen Massengüter, überhaupt nur auf gewisse beschränkte Entfernungen absatzfähig, weil die Frachten, selbst wenn sie sehr ermässigt sind, auf weitere Entfernungen doch so hoch werden, dass sie das Gut nicht tragen kann, dass es dabei nicht absatzfähig bleibt. Die Tabelle S. 40 und 41 zeigt klar, dass für die grosse Menge der auf der Eisenbahn versendeten Güter die Grenze ihres Absatzgebietes schon auf ganz kurzen Entfernungen liegt. Ist es nun wahrscheinlich, dass Güter, welche bisher nur bis zu 100 oder 200 km absatzfähig sind, infolge einer von dieser Entfernung ab gewährten Frachtermässigung plötzlich bis zu 1000 km absatzfähig werden? Oder entspricht es nicht vielmehr der Natur der Sache, dass dieselben ihr Absatzgebiet vorerst auf diejenigen Entfernungen ausdehnen, welche zunächst jenseit der Grenze ihres bisherigen Absatzgebiets liegen?

Dass nicht das Erstere, sondern das Letztere eintritt, das liegt nicht nur in der Natur der Sache, sondern wird auch durch die Erfahrung bewiesen. Insbesondere beweisen es die Ergebnisse des Getreidestaffeltarifs. Nach den in Anlage C zu Frage 1 abgegebenen Erklärungen der Staatsregierung in der Budgetkommission des Abgeordnetenhauses der Session von 1893 haben sich die Hauptwirkungen dieses Tarifs auf mittlere Entfernungen gezeigt, bei Getreide zwischen 300 und

550 km bei Mühlenfabrikaten zwischen 300 und 600 km, und es haben auch die mittleren Provinzen in erheblichem Umfange von dem Staffeltarif Gebrauch gemacht.

Die Abneigung der mittleren Landestheile gegen Staffeltarife ist also eine unbegründete, sie haben, da die Staffeltarife gerade auf die mittleren Entfernungen am stärksten wirken, vollkommen Gelegenheit, sich derselben zu bedienen und die durch sie gewährten Tarifermässigungen auszunutzen. Ja, in gewisser Beziehung sogar mehr als die an der Peripherie gelegenen Landestheile, indem sie nach allen Seiten die Staffeltarife ausnutzen können, die letzteren dagegen nur nach einer Seite, weil auf der anderen Seite, an der Landesgrenze, die Wirksamkeit der Staffeltarife aufhört, ganz abgesehen von anderen Beschränkungen der Absatzmöglichkeit, insbesondere den Zollverhältnissen. Es ist gewiss auch interessant, dass in der Polemik Anlage A gerade im Gegensatz zu den heute vielfach aufgestellten Behauptungen die Ansicht verfochten wird, dass nur die Mitte des Landes von den Staffeltarifen Nutzen habe, die an der Peripherie liegenden Landestheile dagegen Schaden, weil sie durch den Staffeltarif an die Wand gedrückt würden.

Was sodann die behauptete Begünstigung der Einfuhr durch die Staffeltarife angeht, so kann die Möglichkeit nicht geleugnet werden, dass die Einfuhr unter Umständen durch die Staffeltarife begünstigt werden kann, nämlich dann, wenn das ausländische Gut im Inland noch eine längere Transportstrecke zu durchlaufen hat. Andererseits hat dasselbe aber auch bei kürzeren Entfernungen im Inland die höheren Sätze der ersten Staffel zu zahlen, und da erfahrungsgemäss die grösste Menge der eingeführten Massengüter in den Grenzländern verbleibt und bei den Transporten nach diesen aus dem Inland in der Regel längere Transportstrecken in Frage kommen als bei der Einfuhr aus dem Ausland, so ist nicht zu bestreiten, dass der Staffeltarif insofern auch zu Gunsten des inländischen Absatzes in den Grenzprovinzen und zur Bekämpfung der ausländischen Einfuhr wirkt. Ebenso begünstigt

der Staffeltarif die Ausfuhr, insoweit sie über längere Inland-
strecken nach den Seehäfen und der trockenen Grenze zu
laufen hat, und im Ganzen genommen kann man um so eher
annehmen, dass dieser Nutzen des Staffeltarifs den Schaden,
dass er hier und da die Einfuhr erleichtert, überwiegt, als in
Deutschland ohnedies die Einfuhr durch die Wasserwege bereits derartig begünstigt ist, dass die Staffeltarife für dieselbe
wenig oder gar nicht in Betracht kommen. Es hat sich dies
z. B. bei den Getreidestaffeltarifen auf das Klarste ergeben,
indem die Befürchtungen, dass durch dieselben die Einfuhr
ausländischen Getreides und Mehls in das Innere in erheblichem
Umfange herbeigeführt werden würde, als irrthümlich sich
herausgestellt haben. In der in der Budgetkommission des
Abgeordnetenhauses von der Staatsregierung gegebenen Beantwortung der Fragen 3, 4 und 5 der Anlage C ist ziffern-
mässig dargelegt, dass die Einfuhr ausländischen Getreides
und Mehls trotz der Staffeltarife fast ausschliesslich auf dem
Wasserwege erfolgt. Es sind die Rheinhäfen, insbesondere
Duisburg und Mannheim, welche den Westen und Süden
Deutschlands mit ausländischem Getreide überschwemmen,
welches sie auf dem billigen Wasserwege beziehen. Duisburg
erhielt zu Wasser 1891 295 420 Tonnen, 1892 239 152 Tonnen
Getreide, Mannheim 1891 361 884 Tonnen, 1892 379 578 Tonnen
Getreide. Ueber die grosse Rolle, welche Mannheim in der Ge-
treideeinfuhr spielt, macht der Syndikus der dortigen Handels-
kammer Dr. Landgraf in seiner Schrift „Die verkehrspolitische
Mission Mannheims" folgende interessante Mittheilungen:

„Wir gedenken zunächst des Getreideverkehrs. Zu Wasser
und zu Bahn sind in den hauptsächlichsten Getreidearten
Weizen, Roggen, Gerste, Hafer und Mais angekommen in dem
Jahrzehnt 1873—1882 durchschnittlich im Jahre 118 000 Tonnen;
im Jahrfünft 1883—1887 durchschnittlich im Jahre 284 000
Tonnen; im Jahrfünft 1888—1892 durchschnittlich im Jahr
341 000 Tonnen. Diese Anfuhr hat sich also in zwei Jahrzehnten verdreifacht und zwar in fortgesetzter Steigerung.
Weitaus den erheblichsten Antheil an dieser Einfuhr nimmt

Weizen, für welchen Mannheim unbestritten der bedeutendste
Handelsplatz in Deutschland überhaupt ist; sogar so grosse
Konsumplätze wie Berlin, und Getreidehandelsemporien wie
Bremen, Hamburg, Königsberg, Duisburg, Stettin, Cöln, stehen
darin weit hinter Mannheim zurück. Von der gesammten Zufuhr an Weizen nach Deutschland auf dem Rhein kommt fast
die Hälfte auf unseren Platz, von wo aus ganz Süddeutschland (Baden, Bayern und Württemberg) und ein Theil der
Schweiz mit Cerealien versorgt werden. Mannheim besitzt zu
diesem Behufe allein 25 gemischte Getreidetransitläger. Daneben aber noch eine grosse Menge von Privatgetreidespeichern
aller Art. Speziell die Mannheimer Lagerhausgesellschaft
allein verfügt über einen Getreidespeicher mit 114 Silos,
welcher eine Lagerungsfähigkeit von 130 000 Doppelcentnern
besitzt. Ein weiterer Bau derselben Gesellschaft am Mühlen-
hafen enthält nur Schüttböden für Getreide. Ausserdem besitzt dieselbe Gesellschaft noch ein weiteres Lagerhaus für
Getreide mit den neuesten technischen Einrichtungen zum
Ausladen, Umstechen und Umlagern von Getreide mit einem
Fassungsraum von 100 000 Metercentnern. Man darf wohl
sagen, dass, von ähnlichen Unternehmungen in Hamburg abgesehen, grossartigere Lagerhäuser und Speicheranlagen wie
die der oben genannten Gesellschaft in Deutschland nicht bestehen. Niemand wird ernstlich glauben wollen, dass eine
derartige Entwickelung im Getreideverkehr irgendwie mit ausländischen Beziehungen zu thun habe. Gerade in Getreide
besteht nämlich hier ein sehr ausgebreitetes Eigenhandels-
geschäft, welches seine Einkäufe direkt in den Produktions-
ländern Russland, Vereinigten Staaten von Amerika, am La-
plata, in Ostindien bethätigt. Die Lagerfähigkeit des Platzes
wird am besten damit dokumentirt, dass bei Beginn des Jahres
1892 ein Lagerbestand von sage einer Million Doppelcentnern
Weizen hier vorhanden war. Trotzdem wurden in demselben
Jahre noch 3¼ Millionen Doppelcentner Weizen zumeist
rheinaufwärts hierher verbracht und zwar zum grössten
Theil im ersten Quartal des Jahres; es war dieses diejenige

Zeit, welche an die Vorrathskammern des Platzes, der dieses Mal natürlich auch auswärts sich Lager suchen musste, die grössten Ansprüche bisher gestellt hat."

Diese Angaben sind · besonders lehrreich und werfen ein helles Licht auf die auch von der Handelskammer Mannheim betriebene Agitation gegen die Getreide- und Mehlstaffeltarife, auf Grund deren in den letzten Jahren wenige tausend Tonnen Getreide nach Süddeutschland verfrachtet sind, die man aber trotzdem für die Ueberschwemmung des süddeutschen Marktes mit diesen Artikeln und für den Nothstand der süddeutschen Landwirthschaft verantwortlich macht. Nach der amtlichen Statistik steht sogar fest, dass die preussischen Staatsbahnen in der Zeit vom 1. Oktober 1891 bis 30. September 1893, also seit Einführung der Staffeltarife, mehr Getreide von Süddeutschland empfangen, als dorthin versandt haben. Es betrug Tonnen Getreide (Weizen, Roggen, Gerste, Hafer, Malz, Mais, Hülsenfrüchte)

	der Versand		der Empfang	
	der preussischen Staatsbahnen			
	nach		von	
	Elsass-Lothr. und Pfalz	Baden (ohne Mannheim)	Elsass-Lothr. und Pfalz	Baden (ohne Mannh.)
v. 1. 10. 91 — 30. 9. 92	7190	2238¹/₂	29 212	1908
v. 1. 10. 92 — 30. 9. 93	12 010	9132¹/₂	22 002	1998¹/₂
	Mannheim-Ludwigshafen	Grossh. Hessen (ohne O.-Hess.)	Mannheim-Ludwigsh.	Grossh. Hessen (ohne O.-Hess.)
v. 1. 10. 91 — 30. 9. 92	401¹/₂	13 731	9478	37 304
v. 1. 10. 92 — 30. 9. 93	1305	16 051¹/₂	2079	31 139¹/₂
	Württemberg	Bayern (ohne Pfalz)	Württemberg	Bayern (ohne Pfalz)
v. 1. 10. 91 — 30. 9. 92	847	13 478	2070	80 074¹/₂
v. 1. 10. 92 — 30. 9. 93	1677	25 443	2079	51 148

An Mehl und Mühlenfabrikaten betrug in Tonnen

	der Versand		der Empfang	
	der preussischen Staatsbahnen			
	nach		von	
	Elsass-Lothr. und Pfalz	Baden (ohne Mannheim)	Elsass-Lothr. und Pfalz	Baden (ohne Mannh.)
v. 1. 10. 91 — 30. 9. 92	8303	714¹/₂	13 659¹/₂	6222¹/₂
v. 1. 10. 92 — 30. 9. 93	11 874¹/₂	1246¹/₂	12 671	6538

	der Versand		der Empfang	
	der preussischen Staatsbahnen			
	nach		von	
	Mannheim-Ludwigshafen	Grossh. Hessen (ohne O.-Hess.)	Mannheim-Ludwigsh.	Grossh. Hessen (ohne O.-Hess.)
v. 1. 10. 91 — 30. 9. 92	540$\frac{1}{2}$	7971	3826	14268
v. 1. 10. 92 — 30. 9. 93	650	7634	3741$\frac{1}{2}$	12096
	Württemberg	Bayern (ohne Pfalz)	Württemberg	Bayern (ohne Pfalz)
v. 1. 10. 91 — 30. 9. 92	2477	23237	3569$\frac{1}{2}$	10234$\frac{1}{2}$
v. 1. 10. 92 — 30. 9. 93	5821$\frac{1}{2}$	37427$\frac{1}{2}$	2334$\frac{1}{2}$	15967

Der Versand und Empfang von Mehl bleibt sich hiernach im Ganzen ziemlich gleich, nur Bayern hat einen nicht unerheblichen Mehrempfang. Dies ist aber durchaus nicht auffallend, da Bayern auch in früheren Jahren einen ähnlichen, eher grösseren Mehrempfang ausweist, nämlich 1886/87 41160, 1887/88 47547, 1888/89 49984, 1889/90 44751 Tonnen*). Auch steht ihm der Mehrversand an Getreide gegenüber.

Sind nun die Klagen der süddeutschen Landwirthschaft und Müllerei deshalb unbegründet? Gewiss nicht, aber sie sind an die falsche Adresse gegangen oder geleitet worden. Nicht die Staffeltarife der preussischen Staatsbahnen, nicht das inländische Getreide und Mehl waren es, die diese Ueberschwemmung des Marktes und den weitgehenden Preisdruck verursachten, sondern das ausländische Getreide und Mehl, welche zu weit billigeren Frachten, als die Staffeltarife sie boten, auf den Wasserstrassen in ungeheuren Mengen eingeführt wurden. Ich werde diese Frage noch später eingehender zu erörtern haben und den Nachweis ziffermässig erbringen, wie sehr die Wasserfrachten die Eisenbahnfrachten unterbieten und wie die ausländische Einfuhr durch die Wasserstrassen begünstigt wird. Die Staffeltarife aber dienen im Gegensatz hiezu gerade den inländischen Erzeugnissen in ihrem Wettkampf mit der die Wasserstrassen benutzenden ausländischen Einfuhr.

Aehnlich wie mit Getreide und Mehl verhält es sich mit

---

*) Vgl. Archiv für Eisenbahnwesen, Jahrg. 1891 S. 485. Es handelt sich hier um den Mehrempfang im Ganzen, nicht blos von preussischen Staatsbahnstationen.

den sonstigen Haupteinfuhrartikeln. Der Rhein mit seinen zahlreichen Häfen von Emmerich bis Mannheim, woran sich über kurz oder lang Strassburg mit dem gesammten elsass-lothringischen und französisch-belgischen Kanalnetz anschliessen wird, beherrscht schon jetzt die gesammte Einfuhr von West- und und einem grossen Theile Süddeutschlands. Der Süden wird ausserdem durch die fortschreitende Kanalisirung des Mains an die Rheinstrasse angeschlossen und auf der anderen Seite bildet jetzt schon der Donauumschlag in Passau die Einfallspforte für Oesterreich-Ungarn und den Orient. Ist erst der Dortmund-Ems-Kanal vollendet und bis zum Rhein durchgeführt, so wird die Einfuhr auch nach dem Nordwesten noch erheblich erleichtert und falls der sogenannte Mittellandkanal gebaut werden sollte, auch für die mittleren preussischen Provinzen vom Rhein, der Weser und Elbe her ermöglicht werden. Ausserdem wird für diese die Weser nach Verbesserung ihrer Fahrtiefe und nach Kanalisirung der Fulda bis Kassel immer mehr an Wichtigkeit gewinnen, während die grosse Wasserstrasse der Elbe in wirksamster Weise die Einfuhr sowohl von Süden aus Oesterreich-Ungarn, als von Norden von der See aus durch den grössten deutschen Hafen Hamburg vermittelt. An die Elbe schliessen sich bereits Havel, Spree und Oder nebst den sie verbindenden und ergänzenden Kanälen an, welche Berlin, Stettin und Schlesien beherrschen, während im äussersten Osten die Weichsel und einige kleinere Fluss- und Kanalsysteme die ausländische Einfuhr ermöglichen. Was ist da noch von den Staffeltarifen für die Einfuhr zu fürchten, zumal dieselben mit ihren niedrigsten Sätzen noch erheblich über den Frachten bleiben, welche auf den Wasserstrassen geboten werden?

Zu 2. Wenn nun ferner den Staffeltarifen vorgeworfen wird, dass sie den Zwischenhandel schädigen, so ist dies insofern richtig, als sie bei Unterbrechung des Transportes auf einem Zwischenplatz höhere Frachten ergeben, als wenn der Transport von der Anfangs- bis zur Endstation durchläuft. Allein die Beschränkung des Zwischenhandels und die Er-

sparung der Kosten desselben liegt in der ganzen wirthschaftlichen Entwickelung der Neuzeit, wie sie durch die raumausgleichende Wirkung der Eisenbahnen und Dampfschifffahrt
hervorgerufen ist, und kann als ein Nachtheil für die Volkswirthschaft nicht angesehen werden. Im Gegentheil, mit je
weniger Kapital, Arbeit und Zeitverlust der Austausch der
wirthschaftlichen Güter vollzogen wird, desto vortheilhafter für
die Volkswirthschaft. Wohl ist die Uebergangsperiode bis-
weilen für einzelne Orte und Individuen mit Verlusten verbunden, allein nach und nach zieht sich das überflüssige Kapital aus dem Zwischenhandel zurück und wird in anderen
nutzbringenden Unternehmungen angelegt. Gerade hierfür aber
bieten die Staffeltarife eine gute Förderung, weil sie nicht
einen Ort gegen den anderen begünstigen, und so das
Kapital zur Auswanderung an die begünstigten Orte zwingen,
wie es die Ausnahmetarife thun, sondern allen Stationen auf
bestimmte Entfernungen ihre billigeren Sätze gewähren.

Es muss dabei auch beachtet werden, dass sehr häufig
die Zwischenhandelsplätze die Vortheile, welche sie geniessen,
lediglich Begünstigungen durch Ausnahmetarife u. s. w. ver-
danken, auf welche sie kein Recht haben, welche vielmehr
im Interesse einer gleichmässigen und gerechten Tariffest-
stellung beseitigt werden müssen. Wenn z. B. Berliner Interessenten gegen die Getreide-, Vieh- und sonstigen Staffeltarife
agitiren, weil sie befürchten, dass ein Theil des lohnenden
Zwischenhandels ihnen durch dieselben entzogen werde, und
der östliche Getreide- und Viehproduzent künftig ohne Ver-
mittelung Berliner Händler nach Mittel- und West-Deutschland
verkaufen könne, so ist das zwar von ihrem Interessen-Stand-
punkte aus ganz natürlich, es kann aber auf der andern Seite
ihnen mit Recht entgegengehalten werden, dass dieser lohnende
Zwischenhandel zum grossen Theil nur dadurch ermöglicht
worden ist, dass bereits seit langem Staffeltarife für Getreide
und Vieh von der Ostgrenze bis Berlin bestanden haben, und
dass die weitere Ausdehnung und Verallgemeinerung der Vortheile dieser Staffeltarife nur dem Grundsatze der Gerechtigkeit

entspricht und Berlin kein Recht auf die Fortdauer des ihm lange genug gewährten Privilegiums hat.

Zu 3. Was endlich den dritten Vorwurf, die Verschiebung der wirthschaftlichen Verhältnisse durch die Staffeltarife betrifft, so ist auch diesem eine gewisse Berechtigung nicht abzustreiten. Eine solche Verschiebung wird unzweifelhaft insofern eintreten, als, wie oben dargelegt, die Güter auf weitere Entfernungen als bisher transport- und absatzfähig gemacht werden, und infolge dessen in den einzelnen Absatzgebieten neue Mitbewerber auftreten können. Allein den durch diesen Mitbewerb Geschädigten wird zugleich die Möglichkeit eröffnet, in anderen bisher verschlossenen Absatzgebieten ihrerseits als Mitbewerber aufzutreten und dadurch sich schadlos zu halten. Es ist dies übrigens, wenn es als ein Nachtheil betrachtet wird, jedenfalls kein lediglich den Staffeltarifen zur Last zu schreibender Nachtheil. Denn dasselbe tritt bei jeder Tarifermässigung ein, auch wenn sie nicht in Form eines Staffeltarifs, sondern gleichmässig für alle Entfernungen gewährt wird. Will man also wirthschaftliche Verschiebungen ausschliessen, so darf man überhaupt keine Tarifermässigungen mehr gewähren. Es wiederholt sich bei Tarifermässigungen eben in kleinerem Maassstabe derselbe Vorgang, welcher bei dem Ausbau des Eisenbahnnetzes in grossem Maassstabe stattgefunden hat und noch jetzt bei Eröffnung einer jeden neuen Eisenbahnlinie, eines jeden neuen Wasserweges für die betreffende Gegend eintritt: die Absatzgebiete werden erweitert und ausgedehnt. Und doch wer wollte die Eisenbahnen, die Wasserwege wegen dieser durch sie herbeigeführten wirthschaftlichen Verschiebungen und der hier und da diesem und jenem entstehenden wirthschaftlichen Nachtheile entbehren? Bemühen sich nicht im Gegentheil alle Orte und Landestheile, welche noch keine Eisenbahnen besitzen, um Anschluss an das grosse Eisenbahnnetz ohne Rücksicht auf die hierdurch eintretenden wirthschaftlichen Verschiebungen, in der richtigen Erkenntniss, dass die Vortheile der Transportverbilligung ihre Nachtheile bei weitem überwiegen? Es ist auch ganz unrichtig und zeugt von kleinmüthiger Gesinnung, immer nur an den entstehenden Mitbewerb zu denken und nicht an die grossen Vortheile, welche eine jede Transportverbilligung nicht nur für den Absatz der fertigen Fabrikate, sondern vor Allem für den Bezug und Absatz der schweren, massenhaften Rohprodukte, vieler bisher brach liegender Naturschätze gewährt. Ohne wirthschaftliche Verschiebungen gibt es eben keinen wirthschaftlichen Fortschritt, und es ist hohe Zeit, dass die greisenhafte Furcht vor wirthschaftlichen Verschiebungen, welche leider in den Eisenbahnräthen eine so grosse Rolle spielt und auch auf unsere Eisenbahntarifpolitik schon seit langem lähmend einwirkt, ein Ende nimmt. Wirthschaftliche Verschiebungen gibt es fortwährend im wirthschaftlichen Leben, ohne dieselben wäre das wirthschaftliche Leben todt und würde in Erstarrung fallen. Jede Gründung einer neuen Fabrik, jede Eröffnung eines neuen Bergwerks, jeder neue Verkehrsweg, jede neue Erfindung schafft unzählige wirthschaftliche Verschiebungen, und nicht nur etwa dann, wenn sich diese Ereignisse im Inland vollziehen, sondern nicht minder wichtige Verschiebungen werden durch ähnliche Vorkommnisse im Ausland, in fernen Ländern herbeigeführt. Die Erschliessung eines grossen neuen Getreide bauenden Territoriums in den Vereinigten Staaten oder Ostindien durch eine Eisenbahn drückt auf den Weltmarktpreis für Getreide und hierdurch mittelbar auf den inländischen Getreidepreis, die Eröffnung eines neuen Kupfer- oder Silberbergwerks in Amerika hat Einfluss auf die Erträge der deutschen Silber- und Kupferbergwerke und den Preis dieser Metalle in Deutschland. Die Erfindung des Thomasverfahrens hat eine noch im Gang befindliche ungeheure Umwälzung in unserer Eisenindustrie hervorgerufen, wichtige Sitze einer alten Eisenindustrie in ihrer Bedeutung tief herabgedrückt, andere bisher weniger begünstigte Industriereviere hoher Blüthe entgegengeführt. Und so berechtigt Schutzzölle zum Schutze der inländischen Industrie und Landwirtschaft sein mögen, so können wir uns doch im Zeitalter der Eisenbahnen und Dampfschiffe nicht mit einer chinesischen Mauer umgeben, und wenn wir es thäten, würde es nicht verhindern, dass trotzdem fortwährend derartige wirthschaftliche Umwälzungen und Verschiebungen sich fühlbar machten. Nur darauf kommt es an, und das muss mit aller Macht erstrebt werden, dass wir in unserer wirthschaftlichen Entwickelung nicht hinter dem Auslande zurückbleiben, dass wir die wirthschaftlichen Kräfte unseres Vaterlandes möglichst ausnutzen und entfesseln, damit wir den Wettbewerb im Inland und Ausland siegreich bestehen können. Und hierzu werden allgemeine Staffeltarife, welche bei dem weitgehenden Ausbau unseres Eisenbahnnetzes dem ganzen Lande eine wesentliche Transportverbilligung auf weitere Entfernungen gewähren können, in nicht unerheblichem Maasse beitragen. Es werden dadurch eine Menge Güter, welche bisher nicht absatzfähig und deshalb ohne Nutzen waren, erst zu wirklichen wirthschaftlichen Gütern umgewandelt, es wird ein lebhafterer Austausch der nutzbaren inländischen Rohprodukte und der daraus gefertigten Fabrikate ermöglicht werden, zum Vortheil und zum Besten der gesammten inländischen Erzeugung und des inländischen Verbrauchs. Wenn dadurch das im Nordosten Deutschlands im Ueberschuss gebaute Getreide einen leichteren Absatz in den mittleren Landestheilen, im Süden und Westen Deutschlands findet, so wird dies im Wesentlichen nur die Folge haben, die Einfuhr ausländischen Getreides dorthin zu vermindern. Dagegen wird der Süden für sein Holz und seine Steine, welche bisher wegen der hohen Transportkosten an die norddeutschen grossen Verbrauchsstätten gar nicht oder in geringem Maasse gelangen konnten, neue Absatzgebiete finden und auch die hochwerthigen süddeutschen Fabrikate, z. B. die süddeutschen Baumwollengewebe, das bayrische Bier u. s. w., werden eine Verbilligung der Transportkosten nach Norddeutschland und nach den deutschen Seehäfen angenehm empfinden. Das industriell und landwirthschaftlich so stark producirende Mitteldeutschland wird für seine Erzeugnisse nach allen Seiten billigere Frachten erhalten, und dem Westen werden für seine reichen Kohlenschätze, seine entwickelte Eisen-

und Textilindustrie nach Mitteldeutschland, Süddeutschland und dem Osten werthvolle Frachtermässigungen gewährt werden. Gewiss werden hierdurch manche wirthschaftliche Verschiebungen entstehen, aber ein möglichst freier und erleichterter Austausch im Inland, die Verschmelzung Deutschlands zu einem möglichst einheitlichen Wirthschaftsgebiet ist das nothwendige Gegengewicht der Schutzzölle, womit wir uns nach Aussen hin umgeben haben. Will man auch noch im Inland derartige wirthschaftliche Schranken um jeden einzelnen Landestheil ziehen und aus Furcht vor Wettbewerb und wirthschaftlichen Verschiebungen jede Transportverbilligung hintanhalten, so ist dies derselbe kleinliche Standpunkt, auf welchem die Gegner des Zollvereins seiner Zeit standen, als sie mit ähnlichen Gründen die Aufrechterhaltung der bestehenden Binnenzölle für jedes kleine Fürstenthum für nothwendig erklärten und die deutsche Zolleinigung bekämpften. Eine derartige Wirthschaftspolitik würde verhängnissvoll für Deutschland werden, sie würde die wirthschaftliche Entwickelung hemmen und die Fortschritte verhindern, welche erfahrungsgemäss der wirthschaftliche Wettbewerb hervorruft; sie würde endlich die wünschenswerthe wirthschaftliche Verschmelzung Nord- und Süddeutschlands hintanhalten, auf welche gerade in den jetzigen Zeiten Werth zu legen wir soviel Ursache haben.

Sechster Abschnitt.

Die Entwickelung der deutschen Binnenschiffahrt in den letzten 20 Jahren im Vergleich mit den Eisenbahnen.

Der Grundsatz der Staffeltarife, dass für längere Transporte niedrigere Frachteinheiten berechnet werden als für kurze, ist durchaus nicht eine Eigenthümlichkeit des Eisenbahntransports. Er findet ebenso im Landtransport mittelst Frachtfuhrwerks Anwendung, ganz besonders aber und in viel weitgehenderem Maasse als im Eisenbahntransport im Wassertransport. Es ist eine bekannte Thatsache, dass der Wassertransport auf kurze Entfernungen verhältnissmässig theuer ist und deshalb dem Eisenbahntransport nur selten Abbruch thut. Um so mehr ist dies aber der Fall, je länger der Transportweg ist. Auf lange Entfernungen unterbieten die Frachten des Wasserwegs vielfach die des Eisenbahnwegs so beträchtlich, dass der Wassertransport trotz oft erheblicher Umwege billiger bleibt als der Eisenbahntransport. Dies gilt sowohl für die Seeschiffahrt, als für die Binnenschiffahrt. Insbesondere ist dies hervorgetreten in Deutschland, wo die Eisenbahnen im Gegensatz zu dem Wasserweg im Allgemeinen festhalten an der Einrechnung von gleichen Einheitssätzen auf alle Entfernungen. Hier hat sich der Verkehr auf den Binnenwasserstrassen in den letzten 20 Jahren in überraschender Weise entwickelt, und zwar insbesondere der Verkehr auf weite Entfernungen.

Einen Ueberblick über die Entwickelung des Verkehrs auf den wichtigsten deutschen Wasserstrassen geben folgende Zahlen, welche den Vierteljahrsheften zur Statistik des deutschen Reichs, Jahrgang 1893, zweites Heft, entnommen sind. Es betrug der Verkehr in 1000 Tonnen:

	1873 *)	1883 **)	1891
auf dem Rhein			
bei Emmerich (durchgegangen)	2372	4320	6164
bei Mannheim	430	1115	2305
auf der Elbe			
bei Hamburg-Entenwärder (durch-gegangen)	694	2274	3298
bei Schandau (durchgegangen)	460	1617	2738
auf der Spree			
bei Berlin (angekommen)	2750	2959	4777
auf der Oder		1888 ***)	
bei Breslau		756	1272

Die Gesammtzahl der in der oben genannten Statistik des Verkehrs auf den deutschen Wasserstrassen aufgezeichneten Tonnen beträgt für 1873 9 541 000, für 1891 30 522 000. Unter Berücksichtigung des Umstands, dass für eine geringe Anzahl Häfen Zahlen für 1873 nicht haben gegeben werden können, kann man die Zunahme des Binnenschiffahrtverkehrs in Deutschland auf 300 Prozent in den letzten 20 Jahren annehmen.

Dagegen betrug die Anzahl der auf den deutschen Eisenbahnen beförderten Tonnen 1873 120 Millionen, 1891 229 Millionen, also eine Zunahme von nur 90 Prozent, obwohl sich in dieser Zeit das deutsche Eisenbahnnetz von 23 890 km auf 42 269 km, also um 77 Prozent vergrössert hat, während das Wasserstrassennetz in derselben Zeit nur eine unbedeutende Zunahme erfahren hat.

Sehr interessant in vieler Beziehung sind die Zahlen, welche Sympher in seiner Schrift „der Verkehr auf deutschen Wasserstrassen in den Jahren 1875 und 1885" veröffentlicht hat. Diese Schrift ist besonders auch dadurch werthvoll, dass sie die Fortschritte der deutschen Binnenschiffahrt in den Jahren 1875 bis 1885 gegenüber der Güterbewegung auf den

---

*) Durchschnitt von 1872—1875.

**) Durchschnitt von 1881—1885.

***) Die Nachweisungen über den Wasserverkehr von Breslau liegen erst seit 1888 vor.

deutschen Eisenbahnen darstellt. Die Länge der deutschen Wasserstrassen war in den Jahren 1875 und 1885 die gleiche, rund 10 000 km, in diese Zeit fallen jedoch die grossen Verbesserungen in der Schiffbarkeit der deutschen, insbesondere der preussischen Wasserstrassen.

„Im Jahr 1875, sagt Symypher, wurden auf 26 500 km Eisenbahnen 10 900 000 000 tkm im Güterverkehr bewegt, auf den 10 000 km Wasserwegen 2900 000 000 tkm, demnach entfielen von dem Gesammtverkehr

21 Prozent, etwa ein Fünftel, auf die Wasserstrassen,

79 Prozent oder etwa vier Fünftel auf die Eisenbahnen.

Der kilometrische Verkehr, der zutreffendste Maassstab für die Beurtheilung des Werthes eines Transportwegs, stellte sich auf den Wasserstrassen zu 290 000 t, auf den Eisenbahnen zu 410 000 t. Der durchschnittliche Umlauf auf den Wasserstrassen war demnach ebenfalls ein erheblicher, aber doch geringer als bei den Eisenbahnen, und zwar nach dem ungefähren Verhältniss 10 : 14.

Im Jahr 1885 dagegen wurden auf den um 40 Prozent d. h. auf 37 000 km vermehrten Eisenbahnen 16 600 000 000 tkm geleistet, auf den unverändert 10 000 km langen Wasserstrassen 4800 000 000 tkm. Demnach entfallen von dem Gesammtverkehr

23 Prozent oder etwa ein Viertel auf die Wasserstrassen,

77 Prozent oder etwa drei Viertel auf die Eisenbahnen.

Der kilometrische Verkehr stellte sich auf den Wasserstrassen zu 480 000 t, auf den Eisenbahnen zu 450 000 t. Aus der Vergleichung der Jahre 1875 und 1885 ist ersichtlich, dass trotz der starken Vermehrung der Eisenbahnen der Antheil der Wasserwege an der Güterbewegung Deutschlands im Steigen begriffen ist. Derselbe ist von 21 auf 23 Prozent gestiegen, und während die Verkehrszunahme auf den Eisenbahnen 52 Prozent betrug, erreichte diejenige auf den Flüssen und Kanälen 66 Prozent. Am ausgesprochensten zeigt sich das Anwachsen des Wassertransports aus der Steigerung des kilometrischen Verkehrs, welcher im Jahr 1885 denjenigen der Eisenbahnen um 30 000 t übertraf.“

Nach den weiteren Mittheilungen Sympher's entfielen von dem gesammten Verkehr auf den Wasserstrassen im Jahr 1885 fast drei Viertel des Verkehrs auf die 3000 km langen sieben grossen Ströme: Memel, Weichsel, Oder, Elbe, Weser, Rhein, Donau. Der Verkehr derselben ist von 1875 mit 1750 000 000 tkm auf 3535 000 000 tkm in 1885, also um mehr als das Doppelte gestiegen, der kilometrische Verkehr von 590 000 t in 1875 auf 1200 000 t in 1885. Der Verkehr auf der Elbe hat sich in diesen 10 Jahren verdreifacht von 435 000 000 tkm auf rund 1300 000 000 tkm, derjenige auf der Oder sich weit mehr als verdoppelt, von 154 000 000 tkm auf 366 000 000 tkm und derjenige vom Rhein sich ebenfalls fast verdoppelt von 882 000 000 tkm auf rund 1600 000 000 tkm. Auf Rhein und Elbe zusammen entfallen fast zwei Drittel des gesammten Wasserstrassenverkehrs Deutschlands.

Vergleicht man ferner die durchschnittliche Transportlänge auf den deutschen Eisenbahnen und Wasserstrassen, so fällt auch dieser Vergleich zu Ungunsten der ersteren aus. Nach Sympher betrug die durchschnittliche Transportlänge

	1875	1885
auf den deutschen Eisenbahnen	125 km	166 km
auf den deutschen Binnen-Wasserstrassen	280 „	350 „

war also auf den letzteren mehr als doppelt so gross.

Zu gleichen Ergebnissen gelangt Todt*) in seinen Berechnungen für das Jahr 1884. Nach denselben hat die grosse Masse der Güter auf dem Rhein Transportstrecken von 200 bis 560 km, im Durchschnitt sicherlich über 300 km zurückgelegt, während die Durchschnittsbeförderung auf der Elbe, Spree, Havel und Oder mindestens 200 km beträgt, unter Berücksichtigung des Umstands, dass der Empfang Berlins namentlich an Baumaterialien sich zum grossen Theil auf geringe Entfernungen, 40—140 km, bewegt. Diese grossen Mengen drücken den Durchschnitt der Transportlänge herab, während für die

---

*) Der Güterverkehr der deutschen Wasserstrassen, im Archiv für Eisenbahnwesen, Jahrg. 1887 S. 153 ff.

Elbe allein die Durchschnittsbeförderung auf mindestens 300 km zu schätzen ist. „Für den Wasserverkehr, sagt Todt, wird daher eine mindestens doppelt so grosse Durchschnittstransportlänge der Güter in Anspruch zu nehmen sein als für den Eisenbahnverkehr, wobei noch auf die Eigenthümlichkeit des ersteren hinzuweisen ist, dass die grösseren Längen vorzugsweise der Beförderung höherwerthiger Güter zu Gute kommen. Für den Stückgutverkehr auf dem Rhein und der Elbe, für die Beförderung von Getreide, Petroleum, Oelen und Fetten, Zucker zur Ausfuhr trifft dies in vollem Maasse zu. Von den geringwerthigen Gütern legen hauptsächlich Steine und Braunkohlen grössere Längen auf den Wasserstrassen zurück, wogegen Artikel wie Sand, Erde, Kies, Kalksteine, Mauer- und Bruchsteine, Brennholz, Torf, meist kürzere Strecken gefahren werden.“

Diese Thatsache, dass die Wasserstrassen die doppelte durchschnittliche Transportlänge haben als die Eisenbahnen, ist in erster Linie die Folge der schon oben erwähnten weitgehenden Anwendung des Prinzips, auf weite Entfernungen zu niedrigeren Sätzen zu befördern als auf kurze, und sie hat unzweifelhaft wesentlich mit zu der grossartigen Entwickelung der Binnenschiffahrt beigetragen, weil sie einem wirthschaftlichen Bedürfniss entgegenkam, gegen welches die deutschen Eisenbahnen bis auf die neueste Zeit sich ablehnend verhalten haben.

Daneben sind indess noch andere Gründe für die auffällige Zunahme des Verkehrs der Wasserstrassen maassgebend gewesen; man kann sie dahin zusammenfassen, dass der Wassertransport in den letzten 20 Jahren sich ausserordentlich verbessert und vervollkommnet hat in Bezug auf Billigkeit, Schnelligkeit, Sicherheit und Regelmässigkeit. Es handelt sich dabei, wie schon aus dem Vorhergehenden sich ergibt, im Wesentlichen um die natürlichen Wasserwege, da die künstlichen bis auf die neueste Zeit in Deutschland noch zu wenig in Betracht kommen.

Die Verbilligung der Wasserfrachten sowohl, als die Schnelligkeit, Sicherheit und Regelmässigkeit des Wassertransports ist hauptsächlich ermöglicht worden durch die Verbesserungen des Fahrwassers, die Herstellung neuer und den Ausbau bestehender Flusshäfen, sowie der damit verbundenen Umladevorrichtungen, Lagerhäuser und Speicher, welche in den letzten 20 Jahren theils von den deutschen Staaten, theils von Eisenbahnen, von Gemeinden und Interessenten mit grossen Kosten erfolgt ist. Der Rhein, wie die Elbe haben hierdurch in ihrer Schiffbarkeit und Leistungsfähigkeit ausserordentlich gewonnen, die Oder ist erst durch ihre Regulirung zu einem für den regelmässigen Verkehr brauchbaren Wasserweg geworden. Es ist insbesondere durch die Vertiefung des Fahrwassers*) auch die Möglichkeit gegeben worden, grössere Schiffsgefässe zur Anwendung zu bringen, wodurch eine erhebliche Verbilligung der Frachten herbeigeführt wurde.

Nach der Reichsstatistik **) betrug die Zahl und Gesammttragfähigkeit der Fluss-, Kanal-, Haff- und Küstenschiffe:

	Zahl	Tragfähigkeit***)
1877	17 653	1 377 222 Tonnen
1887	20 390	2 100 705 „

Es waren vorhanden Schiffe mit einer Tragfähigkeit:

			1877	1887
unter	20	Tonnen	2348	2551
von	20—50	„	5063	4956
„	50—100	„	5681	3774
„	100—150	„	2281	5460
„	150—300	„	1556	2136
über	300	„	411	1112

---

*) Nach der amtlichen Denkschrift für die preussischen Hauptströme, Berlin 1888, sollen durch die im Gange befindlichen Bauausführungen zunächst folgende Mindestwassertiefen erreicht werden: für die Memel 1,40 Meter, für die Weichsel 1,37 Meter, für die Oder 1—1,50 Meter, für die Elbe 0,94 Meter, für den Rhein 2—3 Meter.

**) Statistisches Jahrbuch für das deutsche Reich 1893.

***) Insoweit sie nachgewiesen ist. Bei einer kleinen Zahl von Schiffen vorwiegend mit ganz geringer Tragfähigkeit war dies nicht der Fall.

Während auf der Elbe die grössten Schiffsgefässe, die aber nur vereinzelt vorkommen, 16 000 Centner tragen, schwimmen auf dem Rhein heute schon solche mit über 30 000 Centner Tragfähigkeit. Mit eisenbahnlichen Begriffen gemessen: ein einziges solches Schiff enthält 150 Eisenbahnwaggons zu 10 Tonnen oder vier schwere Güterzüge. Fasst man einen ganzen Schiffs-zug in das Auge, wie sie zu hunderten auf dem Rhein ver-kehren, so vermag ein guter Schleppdampfer 90 000 Centner zu Berg zu schleppen, d. h. soviel wie 12 grosse Eisenbahn-züge. Auch die Kosten des Güterraums der Schiffahrt und Eisenbahn stellen sich bei ersterer wesentlich geringer: ein gut gebauter Zehntonnenwagen kostet durchschnittlich nicht unter 2500 M., 10 Tonnen Schiffsraum dagegen kommen nur auf 600 M. zu stehen, denn ein eiserner Schleppkahn von 20 000 Centner Tragfähigkeit kostet nur 60 000 M.

Ganz besonders beigetragen zu dem Aufschwung der Binnenschiffahrt hat ferner die vermehrte Benutzung des Dampfes zum Wassertransport. „Nicht allein an Schnelligkeit, Regelmässigkeit und Stetigkeit hat aber die Schiffahrt durch den Dampfbetrieb gewonnen, sondern auch an Billigkeit. Die sehr viel grösseren Kosten, welche dieser sowohl für die erste Anlage als für die laufende Unterhaltung, Zinsen, Tilgung er-fordert, vertheilen sich auf eine ungleich grössere Leistung, so dass das beförderte Dampfschiffs-Tonnenkilometer weniger Aufwand beansprucht als das Segelschiffs-Tonnenkilometer. Bei der Benutzung der Dampfkraft kann das Fahrzeug die doppelte bis dreifache Zahl von Fahrten zurücklegen und be-deutend grösser gebaut werden. Die gesteigerte Leistungs-fähigkeit in Verbindung mit der beschleunigten Be- und Ent-ladung hat die Beförderungskosten auf die Hälfte bis ein Viertel gegen früher ermässigt*).“

Die Verwendung der Dampfschiffe erfolgt theils zum Trans-port der eine schleunige Beförderung bedürfenden Güter, ins-

---

*) Todt, in dem mehr erwähnten Aufsatze „der Güterverkehr der deutschen Wasserstrassen“, Archiv für Eisenbahnwesen 1887 S. 179.

besondere der Stückgüter, theils als Schleppdampfer zur Beförderung ganzer Schleppzüge oder besonders grosser Schiffe,
welche mit Massengütern beladen sind. Nach der Reichsstatistik
betrug in der deutschen Binnenschiffahrt

			1877	1887
	die Zahl			
der deutschen	Güterdampfer		62	149
„ „	Schleppdampfer		198	461
	die Tragfähigkeit			
der deutschen	Güterdampfer		12507 Tonnen	20517 Tonnen
„ „	Schleppdampfer		6225 „	12524 „

Dazu kommt noch eine sehr erhebliche Zahl ausländischer
Dampfer, die namentlich auf Rhein und Elbe fahren.

Die natürliche Entwickelung der Binnenschiffahrt wurde
aber noch künstlich gesteigert durch Maassnahmen des Staates,
der Gemeinden und Interessenten. Hierher gehört vor Allem
die Abgaben- und Gebührenfreiheit, welche bei den natürlichen
Wasserstrassen die Regel, bei den künstlichen wenigstens vielfach vorhanden ist. Man hat sich nicht damit begnügt, die
früheren Wasserzölle und Abgaben für die Befahrung der
grossen Ströme durch internationale Verträge zu beseitigen und
auch in Artikel 54 der Reichsverfassung die Erhebung von
Gebühren für die Schiffahrt auf allen natürlichen Wasserstrassen zu verbieten, sondern die Binnenschiffahrt hat vielfach
diese Gebührenfreiheit auch mit Erfolg in Anspruch genommen
und ausgedehnt auf solche Anlagen und Einrichtungen, welche
vom Staat, Gemeinden und Interessenten mit grossen Kosten
zum Besten des Schiffahrtverkehrs angelegt sind, wie Häfen,
Umladevorrichtungen, Schleussen u. s. w., ja sogar auf die
künstlichen Wasserwege, Kanäle und kanalisirten Flüsse. Wo
aber Gebühren erhoben werden, da sind sie meist so gering
bemessen, dass nicht einmal die Unterhaltungskosten gedeckt
werden, von einer Versinzung des Anlagekapitals der in Rede
stehenden Anlagen ist meist keine Rede. Es liegt auf der Hand,
dass hierdurch die Selbstkosten der Binnenschiffahrt erheblich

herabgedrückt werden und sie in eine ungleich günstigere Lage versetzt wird gegenüber anderen Verkehrsmitteln, insbesondere den Eisenbahnen, welche nicht nur ihre Betriebs- und Unterhaltungskosten, sowie die Verzinsung ihres Anlagekapitals aufzubringen haben, sondern auch noch hierüber hinaus erhebliche Beiträge für andere Staatszwecke.

Dies wird bereits anerkannt in dem Jahresbericht der Centralkommission für die Rheinschiffahrt 1867/68. Es heisst hier: „Die Vortheile, deren sich die Rheinschiffahrt infolge gänzlicher Abgabenfreiheit erfreut, dienten ihr in der Konkurrenz mit den Eisenbahnen zu nicht geringer Erleichterung und trugen wesentlich dazu bei, den Wasserverkehr im Grossen und Ganzen wiederum bedeutender als in den vorhergehenden Jahren erscheinen zu lassen."

Alle diese vorerwähnten Umstände haben dahin zusammengewirkt, dass die Binnenschiffahrt, insbesondere auf den natürlichen Wasserstrassen, in Deutschland die Eisenbahnen in Bezug auf die Billigkeit der Beförderung immer mehr unterbietet, ihnen in Bezug auf Schnelligkeit, Regelmässigkeit und Sicherheit des Transportes immer näher kommt.

Bei Bemessung ihrer Frachten nimmt die Schiffahrt im Allgemeinen eine weit geringere Rücksicht auf den Werth der Güter als die Eisenbahn; das maassgebende Moment für sie ist die Zeit, welche zur Beförderung der Güter einschliesslich des Beladens und Entladens der Schiffe nöthig ist, und hiernach regelt sich der Frachtpreis, wobei noch die Aussicht auf Rückfracht insofern eine wesentliche Rolle spielt, als die Zeit der leeren Rückbeförderung der Beförderungszeit hinzugerechnet wird. Hiernach unterscheidet man:

a) Beförderung in besonderen Güterdampfschiffen;
b) Beförderung mittelst Schleppdampfer in Schleppschiffen;
c) Segelschiffbeförderung.

Die erstere ist durchschnittlich zwei- bis viermal so theuer als die zweite; die dritte kann theurer, aber oft auch billiger sein als die zweite. Hierfür ist nicht nur maassgebend die Beförderung zu Thal oder Berg, sondern auch der Gegensatz

zwischen Gross- und Kleinschiffahrt. Der Kleinschiffer, meist
nur im Besitz eines Schiffes, fährt selbst, sucht sich selbst die
Fracht und befördert sie nach Vereinbarung je nach Umständen
(Wettbewerb, Schwierigkeit der Schiffahrt, Rückladung u. s. w.)
zu ganz verschiedenen Preisen. Der Grossschiffer dagegen verfügt über mehrere Schiffe, oft über eine ganze Flotte; vielfach
sind es Aktiengesellschaften, welche im grossen Maassstabe die
Schiffahrt betreiben. Die Frachten der Grossschiffahrt sind im
Ganzen stetiger als die der Kleinschiffahrt und werden in den
verschiedenen Häfen durch Agenten vermittelt. Auch hier,
wie sonst im wirthschaftlichen Leben, zeigt sich vielfach ein
Rückgang der Kleinschiffahrt und Aufsaugung des Kleinbetriebes
durch den Grossbetrieb.

Alle diese und noch andere Umstände, z. B. die Beschaffen-
heit und Grösse der Schiffe, hohes oder niedriges Fahrwasser,
wovon die Möglichkeit, die Schiffe ganz oder nur zum Theil zu
beladen, abhängt, veranlassen ein fortwährendes Schwanken der
Schiffahrtsfrachten selbst auf derselben Wasserstrasse, während
die verschiedenen Verhältnisse der verschiedenen Wasserstrassen
noch grössere Verschiedenheiten in den Frachten herbeiführen.
Wenn man deshalb von Wasserfrachten im Allgemeinen redet,
so kann es sich immer nur um Durchschnittsfrachten auf einzelnen
Wasserstrassen handeln, von denen die wirklichen Frachten
oft sehr erheblich abweichen. Unter diesem Vorbehalt mögen
folgende Angaben dazu dienen, einen ungefähren Anhalt für
die Höhe der Wasserfrachten zu geben.

Nach Todt's Angaben in seinem mehrerwähnten Aufsatz
„Der Güterverkehr der deutschen Wasserstrassen" wurden
Mitte der achtziger Jahre auf dem Rhein und der Elbe durchschnittlich 0,8—1,5 Pf. für das Tonnenkilometer beim Transport von Massengütern in durch Schleppdampfer bewegten
Schleppschiffen bezahlt, für Stückgüter in besonderen Güterdampfern kamen zwei- bis viermal höhere Sätze zur Anwendung. Hierzu trat noch die Versicherungsgebühr. Um
einen Vergleich mit den Frachten der Eisenbahnen zu ermöglichen, müssen ferner noch die oft erheblichen Umwege

in Betracht gezogen werden, welche die Wasserstrassen machen. Beispielsweise betragen die Entfernungen

	zu Wasser	auf der Eisenbahn	erstere mehr
Breslau-Stettin . . .	500 km	350 km	43 %
Hamburg-Berlin . . .	400 „	285 „	44 %
Hamburg-Magdeburg .	300 „	250 „	20 %
Hamburg-Dresden . .	585 „	470 „	24 %
Rotterdam-Mannheim .	560 „	520 „	7 %
Ruhrort-Mannheim . .	350 „	320 „	9 %

Unter Berücksichtigung der Versicherungsgebühren, der Werft- und Liegegelder, der Entfernungsunterschiede berechnet Todt durchschnittlich auf den grossen Strömen:

a) für Massengüter in Schleppzügen 1—1,5 Pf. das Tonnenkilometer,

b) für Stückgüter bei Beiladung in Schleppzügen 1,3 bis 2 Pf. und

c) bei Versendung in besonderen Güterdampfern 2 bis 5 Pf. das Tonnenkilometer.

Die Frachtkosten auf Kanälen veranschlagt er um 20—50 Prozent höher wegen der Kosten der Durchschleusungen, grösseren Zeitverlustes, Kanalgebühren u. s. w.

v. Nördling macht in seinem interessanten Buch „Die Selbstkosten des Eisenbahntransports und die Wasserstrassenfrage" S. 140 folgende Angaben über Frachten auf der Elbe. Der höchste Satz für die Thalfahrt Laube-Hamburg betrug im November 1883 für Raffinade 18,70 M., d. h. für das tkm 2,9 Pf., für Getreide und Mehl 10,80 M., d. h. 1,7 Pf. für das tkm. Die niedrigste Fracht betrug für Getreide und Mehl im Juli 1884 4,20 M., d. h. 0,66 für das tkm, im Durchschnitt aber 5,90 M., d. h. 0,92 Pf. für das tkm. Bei der Bergfahrt Hamburg-Laube wurde der höchste Satz erzielt im September 1883 für Twiste und Garne in Fässern 21,50 M., d. h. 3,36 Pf. für das tkm, die niedrigste Fracht bei Roheisen im April 1884 mit 6,30 M., d. h. 0,98 Pf. für das tkm.

Sehr interessante Mittheilungen über die Entwickelung der Frachten auf der Elbe gibt ferner Schanz in seiner Schrift: „Die Kettenschleppschiffahrt auf dem Main", S. 12—14, auf Grund der Geschäftsberichte der Elbschiffahrtsgesellschaft. Hiernach betrugen die durchschnittlichen Frachtpreise für das Tonnenkilometer von Hamburg nach Dresden auf der Elbe (581 km) in Pfennigen:

	Stück-güter	Kaffee	Farb-hölzer in Stücken	Petro-leum	Harz ordinär	Baum-wolle	Dünge-mittel	Ge-treide	Roh-eisen
1871	2,68	2,58	2,23	2,75	2,40	2,58	2,06	—	1,89
1876	2,06	2,06	1,89	2,16	1,80	2,06	1,46	1,54	1,46
1880	1,80	1,89	1,54	1,80	1,54	1,67	1,27	1,37	1,27
1885	1,35	1,40	1,10	1,20	1,08	1,08	1,05	0,90	0,91
1890	1,15	1,15	0,86	0,81	0,77	0,77	0,77	0,76	0,71
1891	1,05	1,05	0,84	0,76	0,74	0,74	0,74	0,71	0,69
1892	1,10	1,10	0,93	0,95	0,84	0,84	0,84	0,82	0,82

für dieselbe Transportstrecke für 100 kg in Pfennigen:

	Stück-güter	Kaffee	Farb-hölzer in Stücken	Petro-leum	Harz ordinär	Baum-wolle	Dünge-mittel	Ge-treide	Roh-eisen
1872	165	160	140	145	135	140	125	—	125
1873	—	—	—	—	—	—	—	125	—
1892	64	64	54	55	49	49	49	48	48

Die durchschnittlichen Frachten zu Thal betrugen für das Tonnenkilometer in Pfennigen:

	Rohzucker Aussig-Hamburg 671 km	Rohzucker Dresden-Hamburg 581 km	Getreide Dresden-Hamburg 581 km	Braunkohlen Aussig-Magdeburg 371 km	Braunkohlen Aussig-Hamburg 671 km
1872	—	1,31	1,72	1,82	—
1877	1,49	1,46	1,37	1,46	0,90
1882	0,64	0,82	0,74	0,85	0,48
1890	0,70	0,64	0,79	0,74	0,48

für dieselbe Transportstrecke für 100 kg in Pfennigen:

	Rohzucker Aussig-Hamburg 671 km	Rohzucker Dresden-Hamburg 581 km	Getreide Dresden-Hamburg 581 km	Braunkohlen Aussig-Magdeburg 371 km	Braunkohlen Aussig-Hamburg 671 km
1877	100	85	80	—	60
1890	47	37	46		32

Schanz bemerkt dazu: „Die Frachtsätze für die Fahrt zu Berg lassen fünf Entwickelungsperioden ersehen; jede derselben hat ein weiteres Sinken der durchschnittlichen Frachten zu verzeichnen. Gegenüber 1872 sind die Frachten um mehr als die Hälfte gesunken und die Tonnenkilometersätze sind für die Mehrzahl der Waaren so niedrig geworden, dass sie nicht einmal mehr die Kettenschlepplöhne für die Güter erreichen, wie sie auf dem Main und Neckar bestehen; dabei fehlt noch die Entschädigung für das Schleppen der Schiffskörper und der Gewinn des Schiffers."

Dr. van der Borght „Die wirthschaftliche Bedeutung der Rhein-Seeschiffahrt" gibt S. 27—28 die durchschnittliche Fracht für Massengüter auf dem Rhein zu Berg von Rotterdam bis Köln für die Jahre 1880—1889 auf 1,10 Pf. das tkm an, die durchschnittliche Seedampferfracht von Köln nach Bremen auf 90 Pf., nach Hamburg auf 1 M., nach Stettin auf 1,50 M. für 100 kg, was einen Satz von 1,1—1,16 Pf. für das tkm ergibt.

Ueber die Wasserfrachten der letzten Jahre finden sich in Tabelle IV des im preussischen Ministerium der öffentlichen Arbeiten bearbeiteten Führers auf den deutschen Schiffahrtstrassen, Berlin 1893, eingehende Mittheilungen und zwar auch für einzelne Artikel. Hiernach zahlten für das Tonnenkilometer Pfennige

I. Auf dem Rhein

1. Kohlen

	geringster	mittlerer Satz	höchster
von Ruhrort nach Bingen . . .	0,4	0,6	1,0
„ „ „ Coblenz . . .	0,4	0,6	1,1
„ „ „ Mannheim . .		0,9	
„ „ „ Strassburg . .	1,1	1,3	1,4
„ „ „ Frankfurt a. M.		1,0	
„ „ „ Rotterdam . .	0,6	0,8	1,2

2. Getreide

	geringster	mittlerer Satz	höchster
von Rotterdam nach Ruhrort . .	0,8	1,2	1,8
„ „ „ Bingen . .	1,0	1,1	1,2
„ Ruhrort „ Mannheim*)	1,1	1,2	1,4

---

*) Mit Güterdampfer.

3. Stückgut

	geringster	mittlerer	höchster
		Satz	
von Rotterdam nach Coblenz*) .	1,7	2,2	2,5
„ Düsseldorf „ Mannheim .	1,6	2,5	3,8
„ „ „ Rotterdam .	1,2	2,4	4,8
„ Coblenz „ „ **)	1,2	1,5	1,5
„ „ „ „ *)	1,5	2	2,4
„ „ „ „ ***)	2,5	4	5

II. *Auf der Elbe*
und den anschliessenden östlichen Schiffahrtstrassen

1. Kohlen

	geringster	mittlerer	höchster
von Aussig nach Hamburg . .	0,4		0,7
„ „ „ Magdeburg .	0,7	1,0	2,0
„ „ „ Dresden . .	1,8	2,2	2,9
„ „ „ Brandenburg .	0,7	1,2	1,9
„ Hamburg „ Berlin . . .	0,5	1,1	1,9

2. Getreide und Zucker

	geringster	mittlerer	höchster
von Hamburg nach Magdeburg .	0,8	1,3	1,7
„ „ „ Dresden (Getreide)	0,6	0,8	1,2
von Magdeburg nach Hamburg	1,0	1,3	2,1
„ Dresden „ „ (Getreide)	0,7	0,8	0,9
von Dresden nach Hamburg (Zucker)	0,5	0,7	0,9
von Bodenbach nach Hamburg (Getreide)	0,7	0,9	1,3
von Bodenbach nach Hamburg (Zucker)	0,5	0,9	1
von Aussig nach Hamburg (Getreide)	0,8	0,9	1,4

*) Mit Güterdampfer.
**) Mit Schleppkahn.
***) Mit Personendampfer.

	geringster	mittlerer	höchster
		Satz	
von Aussig nach Hamburg (Zucker)	0,6	1,0	1,5
„ „ nach Magdeburg (Ge-treide)	1,2	1,5	2,3
von Hamburg nach Berlin (Ge-treide)	0,5	1,2	2,6
von Hamburg nach Halle (Getreide)	1,5	1,6	1,8
„ Berlin nach Hamburg (Ge-treide und Mehl)	0,5	0,8	1,2

3. Stückgut

	geringster	mittlerer	höchster
von Hamburg nach Magdeburg .	1,2	1,5	2,2
„ „ „ Stettin . . .	1,5	1,9	2,4
„ „ „ Dresden . .	0,8	1,2	1,8
„ „ „ Bodenbach .	1,3	1,7	2,1
„ „ „ Aussig . .	1,4	1,8	2,3
„ „ „ Berlin . . .	1,3	2,2	3,2
„ Magdeburg nach Hamburg .	1,3	1,6	2,5
„ „ „ Dresden*) .	1,3	1,6	2,2
„ Berlin „ Hamburg .	1,3	2,2	3,2

III. Auf der Oder
und den anschliessenden Wasserstrassen

1. Kohlen

	geringster	mittlerer	höchster
von Breslau nach Stettin . . .	0,5		0,7
„ „ „ Frankfurt a. O.	0,7	0,9	1,2
„ „ „ Berlin . . .	0,9	1	1,1
„ Oppeln „ „ . . .	0,7	0,7	0,8
„ Stettin nach Landsberg . .	1,4	1,4	1,6
„ „ „ Berlin	1,1		1,4

2. Getreide und Zucker

	geringster	mittlerer	höchster
von Frankfurt a. O. nach Stettin (Getreide)	1,9	2,2	2,5
von Glogau nach Stettin . . .	1,0	1,1	1,3

*) Mit Güterdampfer.

	geringster	mittlerer	höchster
		Satz	
von Breslau nach Stettin (Zucker)	0,4	0,5	0,6
„ Stettin nach Magdeburg (Getreide)	1,2	1,3	1,8
von Stettin nach Dresden (Getreide)	1,2	1,3	1,6
„ Glogau nach Hamburg . . .	0,9	1,1	1,2
„ Breslau nach Hamburg (Getreide und Mühlenfabrikate) .	1,1	1,2	1,3
von Stettin nach Berlin (Weizen und Roggen)	1,6		2,1
von Stettin nach Berlin (Hafer)	1,8		2,3
„ Glogau „ „ . . .	1,8	2,0	2,1
„ Breslau nach Berlin (Getreide)	1,3	1,4	1,4
„ Posen „ „ „	1,1	1,3	1,5
„ Landsberg nach Berlin (Getreide)	1,4	2,1	2,8
von Landsberg nach Stettin (Getreide)	1,1	1,6	2,4
von Bromberg nach Hamburg (Getreide)	1,3	1,6	1,8
von Bromberg nach Berlin (Getreide)	1,6	2,2	2,6

3. Stückgut

	geringster	mittlerer	höchster
von Stettin nach Breslau und umgekehrt	0,8		1,0
von Stettin nach Hamburg . . .	0,9	1,4	1,8
„ „ „ Posen	2,7	3,2	4,3
„ Breslau nach Berlin . . .	1,8	2,1	2,4

Die Vergleichung dieser in den letzten Jahren gezahlten Frachten mit den von Todt und v. Nördling für die Mitte der 80er Jahre angegebenen zeigt einen weiteren Rückgang der Wasserfrachten, insbesondere in den niedrigsten Sätzen. Nicht nur für geringwerthige Massengüter, wie Kohlen, sind die niedrigsten Frachten auf 0,5 Pf. für das Tonnenkilometer und noch weniger herabgegangen, sondern selbst für höherwerthige Güter, wie Getreide und Zucker, finden wir Frachten bis zu 0,5 Pf. und für Stückgut bis unter 1,0 Pf. herab.

Betrachtet man gegenüber den Frachtsätzen der Wasserstrassen den Tarif der Eisenbahnen, so zeigt sich zunächst, dass derselbe viel verwickelter in seinem Aufbau ist und sehr viel höher in seinen Sätzen heraufgeht. Er enthält ausser den Sätzen für Eilgut und Stückgut zwei allgemeine Wagenladungsklassen für Güter aller Art und vier besondere Wagenladungsklassen für bestimmte Artikel, in welche die Güter nach ihrem verschiedenen Werth vertheilt sind. Dazu kommen noch die grosse Zahl von Ausnahmetarifen. Die Einheitssätze des regelmässigen Tarifs bewegen sich zwischen 2,2 und 22 Pf. für das Tonnenkilometer; die Ausnahmetarife gehen weiter herunter, z. B. für Kohlen bis 1,25 Pf., für Getreide bis 2,5 Pf., für Stückgut bis 3,5 Pf., bleiben also immer noch erheblich über den Sätzen des Wasserwegs. Und zwar ist der Unterschied von den Wasserfrachten am grössten bei den höherwerthigen Gütern, nicht bei den geringwerthigen Massengütern; es ist dies eben darin begründet, dass, wie schon oben erwähnt, die Wasserfrachten auf den verschiedenen Werth der Güter viel weniger Rücksicht nehmen als die Eisenbahnfrachten. Dieser Umstand ist sehr wichtig und werden wir später noch hierauf zurückkommen.

Als Schlussergebniss dieses Abschnittes können wir feststellen, dass sich der Verkehr der deutschen Wasserstrassen, insbesondere der grossen Ströme, in den letzten 20 Jahren in staunenswerther Weise entwickelt hat, weit mehr als der der deutschen Eisenbahnen, und dass diese Entwickelung der Binnenschiffahrt, welche von Jahr zu Jahr zunimmt, im Wesentlichen beruht auf den billigen Frachten, welche sie bei grösseren Entfernungen gewährt, Frachten, welche die der Eisenbahnen um so mehr weit unterbieten, als dieselben in der Regel auf weitere Entfernungen dieselben hohen Streckensätze einrechnen als auf kurze Entfernungen.

Siebenter Abschnitt.

Der Wettbewerb der Binnenwasserstrassen gegen die Eisenbahnen.

Es liegt nunmehr die Frage nahe, ist diese ungeheure Vermehrung des Verkehrs auf den deutschen Binnenwasserstrassen, welche wir im vorigen Abschnitt festgestellt haben, auf Kosten der Eisenbahnen erfolgt oder nicht, mit andern Worten: besteht ein Wettbewerb zwischen Binnenwasserstrassen und Eisenbahnen?

Die Anhänger der Binnenwasserstrassen verneinen diese Frage im Allgemeinen und behaupten, dass ein Wettbewerb zwischen diesen und den Eisenbahnen nicht bestehe, dass sie sich vielmehr auf das Glücklichste ergänzten zum Wohle der nationalen Wirthschaft, indem die Wasserstrassen zu niedrigen Preisen die Beförderung der schweren Massengüter übernähmen, welche die Eisenbahnen überhaupt nicht oder doch nicht mit Vortheil befördern könnten, und letzteren dagegen die Beförderung der hochwerthigen Güter zu lohnenderen Frachten überlassen bliebe. Es wird dann in der Regel noch weiter ausgeführt, dass die Eisenbahnen von dem Zusammenarbeiten mit den Wasserstrassen lediglich Vortheile hätten, dass infolge der Vermehrung des Verkehrs der letzteren auch eine Vermehrung des Eisenbahnverkehrs eintrete, und es wird zum Beweis darauf hingewiesen, dass an solchen Orten, wo Eisenbahnen und Wasserstrassen in Verbindung ständen, auch der Eisenbahnverkehr sehr stark zunähme. Insbesondere in den Versammlungen des Centralvereins für Hebung der deutschen Fluss- und Kanalschiffahrt und den von diesem rührigen Verein ausgehenden Schriften und Pressartikeln wurden diese Behauptungen seit Jahren verfochten und von der in geschickter Weise be-

einflussten öffentlichen Meinung allmälig als ein Dogma angenommen. Auch auf den internationalen Binnenschiffahrts
Kongressen wurde diese Theorie von der Harmonie der Interessen zwischen Wasserstrassen und Eisenbahnen hauptsächlich
von den deutschen Kongressmitgliedern vorgetragen und mehrfach dementsprechende Beschlüsse gefasst. So wurden auf dem
Binnenschiffahrtskongress zu Manchester 1890 folgende Sätze
zum Beschluss erhoben, welche übrigens auch schon im Jahr
1886 auf dem Binnenschiffahrtskongress zu Wien aufgestellt
waren:

„Das Bestehen und die gleichzeitige Entwickelung der
Eisenbahnen und Schiffahrtsstrassen sind wünschenswerth

1. weil sich diese beiden Verkehrsmittel ergänzen und jedes
   von ihnen nach seinen Verdiensten zum allgemeinen
   Wohl beitragen soll,

2. weil vom allgemeinen Standpunkt die industrielle und
   Handelsentwickelung, welche das sichere Ergebniss der
   Vervollkommnung der Transportwege ist, schliesslich
   sowohl den Eisenbahnen als den Wasserstrassen nützen
   muss."

Auch auf dem letzten internationalen Binnenschiffahrtskongress zu Paris ist dieser Beschluss wieder bestätigt worden,
aber wie wir unten sehen werden, unter wesentlich andern
Umständen und nicht so einstimmig als auf den früheren
Binnenschiffahrtskongressen.

Dagegen ist Seitens der Eisenbahnfachleute der Ansicht,
dass die Interessen der Binnenwasserstrassen und Eisenbahnen
überall die gleichen seien, und ein Wettbewerb zwischen ihnen
nicht bestehe, niemals beigestimmt worden. Nicht nur im Ausland, insbesondere in England, Frankreich, den Vereinigten
Staaten u. s. w. haben die Eisenbahnen seit jeher im schärfsten
Wettbewerb mit den Wasserstrassen gestanden, sondern auch die
früheren grösseren Privatbahnen in Deutschland haben, wo sie
in der Lage dazu waren, der Binnenschiffahrt gegenüber den
Wettbewerb stets aufgenommen, oft mit erheblichem Erfolg.
Nach der Verstaatlichung der Privatbahnen ist allerdings von der

preussischen Staatseisenbahnverwaltung im Allgemeinen von einer Aufnahme des Wettbewerbs gegen die Binnenschiffahrt abgesehen worden; in neuerer Zeit mehren sich aber die Stimmen, welche mit Rücksicht auf den immer steigenden Wettbewerb der Binnenschiffahrt eine Aenderung in dieser Tarifpolitik und wenigstens die Ergreifung von Abwehrmaassregeln Seitens der Staatsbahnen für erforderlich erachten. Schon 1886 hat der damalige Eisenbahndirektor, jetzige Geheime Finanzrath Lehmann in einer eingehenden Besprechung des Rheinschiffahrtsverkehrs*) darauf hingewiesen, dass allerdings ein Theil der Verkehrszunahme der Rheinschiffahrt auf neu entstandenen Verkehr zurückzuführen, dass aber unzweifelhaft auch ein guter Theil dieses Verkehrs den Eisenbahnen entzogen und auf die Rheinstrasse abgeleitet sei, und das Verhältniss der Binnenwasserstrassen zu den Eisenbahnen sich gegen früher insofern umgekehrt habe, als die letzteren heute ernstlich darum besorgt sein müssen, sich gegen den Wettbewerb der ersteren gebührend zu behaupten. Lehmann hat ferner die Gründe für diese Erscheinung näher beleuchtet und die Bedenken dargelegt, welche für die Eisenbahnen wie für die Staatsbahnen besitzenden Staaten eine weitere Entwickelung der Verkehrsverhältnisse in dieser Richtung haben müssten.

Zu gleichem Ergebniss ist Oberregierungsrath Todt für den gesammten Güterverkehr der deutschen Binnenwasserstrassen durch ausführliche Untersuchungen in seinem schon oft erwähnten Aufsatze: „der Güterverkehr der deutschen Wasserstrassen" gelangt. Auf Grund der Statistik stellt er unter Anderm den Güterverkehr der deutschen Eisenbahnen und Wasserstrassen im Jahr 1884 sowohl im Ganzen als für die Hauptartikel zusammen und ermittelt, dass auf den ersteren 107, auf den letzteren 19,5 Millionen Tonnen verfrachtet sind, mithin von der Gesammtmenge von 126,5 Millionen Tonnen 84,8 Prozent auf den Eisenbahnen, 15,2 Prozent auf den Wasserstrassen.

---

*) Die Betheiligung der Wasserstrasse des Rheins am Güterverkehr, Archiv für Eisenbahnwesen 1886 S. 188 ff.

Sodann führt er die Hauptartikel der auf beiden Verkehrswegen beförderten Güter in folgender Uebersicht unter Berücksichtigung ihrer Bedeutung für die beiden Verkehrswege auf.

| | Tausend Tonnen | | Es entfallen von der Gesammt-beförderung (126 Millionen t) auf die | | Zu-sammen |
| | Wasser-strassen- | Eisen-bahn- | Wasser- | Eisenbahn- | |
	Beförderung		Beförderung		
1. Steinkohlen, Braun-kohlen und Kokes .	5506	51888	4,35 %	41,18 %	45,53 %
2. Holz	3265	6220	2,59 -	4,93 -	7,52 -
3. Steine	2255	8101	1,79 -	6,43 -	8,22 -
4. Getreide, Hülsen-früchte, Oelsaaten, Kartoffeln	1993	6704	1,58 -	5,32 -	6,90 -
5. Erze	412	4376	0,32 -	3,47 -	3,79 -
6. Eisen, roh und ver-arbeitet, sonstige rohe und verarbeitete Me-talle	635	7058	0,50 -	5,60 -	6,10 -
7. Petroleum, Oele, Fette	381	700	0,30 -	0,55 -	0,85 -
8. Cement, Kalk, Er-den	1065	4085	0,84 -	3,24 -	4,08 -
9. Zucker, Syrup, Melasse	597	1537	0,47 -	1,21 -	1,68 -
	16110	90669	12,74 %	71,93 %	84,67 %

$$= 83,3 \% \qquad 84,7 \%$$
der
Wasser-   Eisenbahn-
Beförderung.

Todt bemerkt dazu Folgendes:

„Die Hauptsummen enthalten eine merkwürdige Ueberein-stimmung der Prozentzahlen. Vorstehende 9 Gruppen von Be-förderungsgegenständen umfassen 83,3 Prozent des Wasser- und 84,7 Prozent des Eisenbahnverkehrs. Diese Uebereinstimmung setzt sich fort bei den Gruppen 1—4 Kohlen, Holz, Steine, Getreide, welche zusammen 86 Millionen Tonnen = 68 Prozent der Beförderung darstellen. Im Eisenbahnverkehr entfallen

davon 72,9 Millionen = 68 Prozent der Eisenbahnbeförderung
überhaupt, im Wasserverkehr 13 Millionen Tonnen = 67,6 Prozent der Wasserbeförderung. — Innerhalb der einzelnen Gruppen
dagegen herrscht eine grosse Verschiedenheit der Verhältniss-
zahlen und eine sehr erhebliche Abweichung von dem Durch-
schnittsverhältniss des Wasser- zum Eisenbahnverkehr (etwa
15 : 85 = 1 : 5,7). Unter Berücksichtigung dieses Verhältnisses
erscheint die Wasserbeförderung stark bei Holz (1 : 2), Steinen
(1 : 2³/₄), Getreide (1 : 3¹/₂), Petroleum u. s. w. (1 : 1,8), Erden,
Kies u. s. w. (1 : 4), Zucker (1 : 2¹/₂); dagegen schwach bei
Kohlen (1 : 9¹/₂), Erzen (1 : 10), Eisen und sonstigen Metallen,
roh und verarbeitet (1 : 11). Von diesen Gegenständen gehören
die Gruppen Holz, Steine, Erden (2, 3, 8) in diejenigen Tarifklassen, welche bei dem Eisenbahnverkehr die niedrigsten
regelmässigen Sätze gewähren, in die Spezialtarife II und III
und in den allgemeinen Ausnahmetarif A (für Holz); Petroleum,
Fette, Oele, welche mit besonderer Vorliebe den Wasserweg
suchen, fallen unter die höchsttarifirten Artikel, die allgemeinen
Wagenladungsklassen A und B, Zucker ebendahin und in den
Spezialtarif I, wenn es sich um Roh- oder Exportzucker handelt,
— was bei den auf dem Wasserwege beförderten Mengen meist
der Fall sein wird, — Getreide in den Spezialtarif I. Von denjenigen Artikeln, in welchen der Eisenbahnverkehr stark überwiegt, tarifiren Kohlen und Erze meist niedriger als die billigste
regelmässige Tarifklasse (Spezialtarif III), von den Eisen-
artikeln gehört die eine Hälfte, Roheisen, dem Spezialtarif III,
die andere den Spezialtarifen I und II, überwiegend aber dem
letzteren an. Ein grosser Theil der Eisenwaaren wird zu Aus-
nahmesätzen befördert, welche nennenswerthe Ermässigungen
enthalten, so dass die sämmtlichen Eisensendungen im Durchschnitt Frachten entrichten, welche sich zwischen den Spezialtarifen II und III halten, aber mehr nach dem letzteren als
nach dem ersteren hinneigen."

Nachdem Todt die Frachsätze der Eisenbahnen mit denen
der Wasserwege verglichen hat, bemerkt er noch Folgendes:
„Rechnet man demgegenüber (den Frachtsätzen der Eisenbahnen)

für Massengüter einschliesslich Stückgut in grösseren Mengen auf Flüssen 1—1,5 Pf., auf Kanälen und kanalisirten Flüssen 1,2 bis 2 Pf., so ist nicht zu verwundern, dass der Verkehr der höherwerthigen Güter auf den Wasserstrassen verhältnissmässig stärker ist als auf den Eisenbahnen. Der Transport der billigen Massengüter ist auf jenen im Durchschnitt höchstens halb so theuer, wie auf den Eisenbahnen, die Beförderung von Gütern dagegen, welche diese zu den Sätzen der allgemeinen Wagenladungsklassen (wie Petroleum, raffinirten Zucker, Stückgut in Sammelladungen) oder des Spezialtarifs I (Getreide) übernehmen, ist auf dem Fluss drei- bis viermal so billig. Die künstliche Wasserstrasse befördert geringwerthige Massengüter etwa zu $^2/_3$, höherwerthige zu $^1/_2$ bis $^1/_3$ der regelmässigen Eisenbahnfrachtsätze. Ueberall, wo die Verhältnisse dem Wasserwege einigermassen günstig sind, wird sich dieser deshalb mit besonderem Erfolge auf die Beförderung der höherwerthigen Güter werfen; der Massenverkehr von Getreide auf dem Rhein, von Blei und Zink auf der Oder, von Petroleum und Zucker auf der Elbe bestätigen dies. Ein Umstand trägt dazu bei, das Uebergewicht der Eisenbahnen in der Bewältigung geringwerthiger Transportmassen, der Wasserstrassen beim Verkehr höherwerthiger Güter noch mehr hervortreten zu lassen. Die zahlreichen Ausnahmetarife, welche im Eisenbahnverkehr bestehen, umfassen ganz überwiegend Güter des Spezialtarifs III, der niedrigsten regelmässigen Tarifklasse, namentlich Kohlen, Erze, Roheisen, Steine; Güter der höheren Klassen werden hauptsächlich nur im Verkehr nach den Seehäfen zu niedrigen Sätzen gefahren. Der Einheitssatz, dem jene Massengüter bei den Eisenbahnen unterliegen, ist der zahlreichen Ausnahmetarifirung wegen mithin niedriger, als der oben angegebene von 2,2 Pf. Der Unterschied der Frachtsätze des Schiffs- und Eisenbahnverkehrs wird hierdurch für die geringwerthigen Güter nicht unerheblich abgeschwächt, während bei den werthvolleren Gütern diese Milderung der Gegensätze nur in sehr geringem Umfange eintritt."

Als Ergebniss seiner Untersuchungen hat Todt festgestellt, dass,

1. die Wasserstrassen im Gegensatz zu der landläufigen Meinung in nicht geringem Umfang an der Beförderung höherwerthiger Güter betheiligt sind;
2. dass die Betheiligung bisher in steigenden Maasse stattgefunden hat;
3. dass sie nicht allein durch die Steigerung des Verkehrs im Allgemeinen, sondern auch durch Verschiebungen desselben auf Kosten der Eisenbahnbeförderung zu erklären ist;
4. dass die auf Kosten der Eisenbahnbeförderung vor sich gehende Verkehrsverschiebung vorwiegend diejenigen Gegenstände betrifft, welche längere Beförderungsstrecken zurückzulegen haben.

Seit den Jahren 1883 und 1884, auf welche sich die Untersuchungen von Lehmann und Todt beziehen, haben sich diese Verhältnisse noch sehr verschärft und es ist durch die Statistik nachgewiesen, dass die Wasserstrassen in immer grösserer Menge hochwerthige Güter an sich ziehen und die Eisenbahnen mehr und mehr im Mitbewerb nicht nur um die Massengüter, sondern besonders auch um die hochwerthigen Güter schlagen. Für den Verkehr bestimmter Gebiete und Artikel ist es festgestellt, dass grosse Transportmengen von der Eisenbahn auf den Wasserweg übergegangen sind, während das Umgekehrte kaum vorkommt.

Dies wachsende Uebergewicht der Wasserstrassen zeigt sich insbesondere bei Transporten, wo Binnen- und Seeschiffahrt sich die Hand reichen und gemeinsam oft trotz doppelter und mehrfacher Entfernungen billiger befördern als die Eisenbahn; der vereinigte See- und Binnenwasserweg hat in der That dem Ueberlandweg auf weitere Entfernungen fast alle Transporte weggenommen. Beispielsweise wird nicht nur das südrussische Getreide nach Deutschland über Odessa nach den niederländischen und deutschen Nordseehäfen und von da den Rhein und die Elbe hinauf befördert, sondern auch das nordrussische Getreide nimmt nicht den näheren und bequemeren Landweg nach Deutschland, sondern geht mit mehrfachen Umladungen

über die russischen Ostseehäfen Libau, Riga und die deutschen
Ostseehäfen Königsberg und Danzig zur See nach den Mün-
dungen der Oder, Elbe und des Rheins und von da flussauf-
wärts. Zwischen Köln und Bremen, Hamburg, Stettin und
Danzig verkehren bereits regelmässig Dampfer, welche den
Verkehr Rheinland-Westfalens mit diesen Seehäfen und deren
Hinterland vermitteln. Auch hat die Ueberschienung des
Gotthard keineswegs die Wirkung gehabt, den italienisch-deut-
schen Güteraustausch auf den Landweg zu ziehen. Trotz sehr
ermässigter Eisenbahntarife geht derselbe zum grössten Theil
über die See und Rhein und Elbe. Nur ein kleiner Theil Nord-
italiens und für das übrige Italien nur die sehr kostbaren oder
schneller Beförderung bedürfenden Güter, insbesondere Lebensmittel, wählen den Ueberlandweg.

Auch in Bezug auf die Schnelligkeit der Beförderung nehmen die Wasserstrassen den Mitbewerb gegen die Eisenbahnen
immer erfolgreicher auf. In dem Jahresbericht der preussischen
Wasserbauverwaltung für 1890 wird allgemein festgestellt, dass
die Binnenschiffahrtsstrassen in einen solchen Zustand gebracht
seien, dass feste Lieferfristen eingehalten und demgemäss auch
hochwerthige Güter von der Schiffahrt übernommen werden
können. Insbesondere der Stückgutverkehr auf dem Rhein und
der Elbe hat seit 10 Jahren einen erheblichen Aufschwung genommen und wird von schnellfahrenden Dampfern mit gleicher,
ja zum Theil grösserer Schnelligkeit und Regelmässigkeit besorgt wie auf den Eisenbahnen. Nach dem Jahresbericht der
Handelskammer Köln von 1890 S. 288 verkehren zwischen
Düsseldorf-Köln-Mannheim im Sommer schnellfahrende Dampfer,
welche von Köln am Morgen abfahren und am folgenden Mit-
tag in Mannheim ankommen. In umgekehrter Richtung fahren
sie von Mannheim am Morgen ab und kommen am Abend desselben Tags in Köln an. Jeder derselben kann 300 Tonnen
laden. Mit einer derartig schnellen Beförderung kann kaum
das Eilgut der Eisenbahnen den Wettbewerb aufnehmen.

Von sonstigen hochwerthigen Gütern, welche neuerdings
in immer steigendem Maasse auf den Wasserweg übergehen,

ist insbesondere der Artikel Petroleum zu erwähnen. Es wurden eingeführt an Petroleum über Emmerich auf dem Rheine:

1888	87 236	Tonnen
1889	99 033	„
1890	102 104	„
1891	148 621	„

Ueber die Umwälzung in dem Petroleumhandel und den Antheil, welchen der Wasserweg, insbesondere der Hafen Mannheim, an demselben gewonnen hat, bemerkt Dr. Landgraf, Syndikus der Handelskammer für den Kreis Mannheim, Folgendes[*]):

„Noch vor 12 bis 15 Jahren konnten sich Antwerpen und Bremen rühmen, die wichtigsten Petroleumhäfen des Kontinents zu sein. Diese Zeiten scheinen vorüber zu sein. Heute ist Mannheim wohl der grösste kontinentale Binnenumschlagsplatz für dieses unentbehrliche Beleuchtungsmittel, und zwar dank dem Umstande, dass an Stelle des Fasstransports der Wassertransport in Kastenschiffen, der Landtransport in Cisternenwagen und vor allem die Lagerung in grossen eisernen Tanks stattfindet.

Während sich in den Jahren 1883 bis 1890 die Zufuhr in Petroleum zwischen 216000 und 365000 Doppelcentnern bezw. zwischen 144000 und 244000 Barrels bewegte, hat sich in den beiden letzten Jahren diese Zufuhr verdoppelt bezw. vervierfacht: sie ist von 355284 Doppelcentnern in 1890 auf 660586 in 1891 und auf 1 138766 Doppelzentner in 1892 gestiegen. Die drei hiesigen Petroleumwerke, an der Spitze derselben das Mannheimer Unternehmen von Philipp Roth, verfügen heute zusammen über 13 Tanks mit einer Gesammtfassungsfähigkeit von 118900 Barrels, über 11 Tankschiffe und über 87 Cisternenwagen. Die hiesigen Firmen verfügen auch über Tankanlagen in Vlissingen, Rotterdam, Mülheim am Rhein, Basel, Bremen, Strassburg, Duisburg u. s. w. Ganz Südwestdeutschland, die Schweiz, aber theilweise auch Mitteldeutschland wird von hier aus alimentirt."

---

[*]) Vgl. Landgraf, die verkehrs-politische Mission Mannheims. 1893.

Aehnlich hat sich die Beförderung des Petroleums in Kastenschiffen auf der Elbe, Havel und den anschliessenden Kanälen, sowie der Oder entwickelt. In allen grossen Verbrauchsplätzen z. B. Berlin sind grossartige Tankanlagen entstanden, wohin das Petroleum in Kastenschiffen gebracht und von wo aus es in Cisternenwagen in der Umgegend vertheilt wird. Die Eisenbahnen haben, soweit die Wasserstrassen reichen, den Petroleumtransport, den sie früher überwiegend hatten, in den letzten 10 Jahren zum grössten Theil verloren und nur noch den Umschlagsverkehr vom Wasser auf kurze Entfernungen behalten*).

Gegenwärtig ist die Thatsache, dass die Wasserwege in weitgehendem Maasse sich auch der hochwerthigen Güter bemächtigen, nicht mehr zu bestreiten und wird in neuerer Zeit selbst von den Anhängern der Wasserstrassen zugestanden. Sie wird z. B. allgemein anerkannt in den Berichten, welche von van der Borght, Landgraf, Pescheck, Pollack, Schromm u. s. w. zu dem fünften internationalen Binnenschiffahrtskongress in Paris 1892 erstattet sind, und in den Verhandlungen dieses Kongresses selbst. So sagt Pescheck: „Indess ist gegenwärtig ein gewisser Wettbewerb zwischen den Schiffahrtsstrassen und Eisenbahnen vorhanden. Sobald die Schiffahrt nach dem Stillliegen im Winter wieder ihren Betrieb aufnimmt auf den Flüssen und Kanälen, kann man in den Einnahmen der Eisenbahnen eine fühlbare Abnahme bemerken, welche aus dem Güterverkehr herrührt."

Ein drastisches Beispiel dafür, wie der Wettbewerb der Schiffahrt den Eisenbahnen Transporte unter Umständen entzieht, unter welchen man dies nicht für möglich halten sollte, wird von Landgraf in seinem Bericht an den erwähnten Kongress über das Verhältniss der Wasserstrassen und Eisenbahnen angeführt: im Jahr 1891 wurden erhebliche Mengen Soda von Heilbronn nach Tetschen befördert nicht auf dem Eisenbahn-

---

*) Ueber diese Umwälzung im Petroleumtransport vgl. auch Thomé, „die Petroleumeinfuhr über die Weserhäfen und die deutschamerikanische Petroleumgesellschaft", Archiv für Eisenbahnwesen, 1892 S. 709 ff,

weg, sondern auf dem Neckar nach Mannheim, von da auf dem Rhein nach Rotterdam, von da nach Hamburg und auf der Elbe nach Tetschen. Trotz viermaliger Umladung war dieser Transport billiger als auf der Eisenbahn.

Besonders interessant waren die Ausführungen, welche Colson, maître des requêtes im französischen Staatsrathe, über diese Fragen bei den Verhandlungen des Pariser Binnenschifffahrtskongresses machte. Er bezog sich allerdings wesentlich auf die französischen Verhältnisse, gab aber sehr beachtenswerthe allgemeine Gesichtspunkte bezüglich des Wettbewerbs von Wasserstrassen und Eisenbahnen. Derselbe führte etwa Folgendes*) aus:

„Es heisst oft, dass der Wasserstrasse die Massengüter, der Eisenbahn die werthvollen Waaren zukommen. Dies ist unzweifelhaft richtig, wenn man nur die Waaren von sehr grossem Werthe, wie Juwelier- oder Seidenwaaren betrachtet; denn für diese Waaren, bei denen der Beförderungspreis nebensächlich ist, besitzt die Eisenbahn fast ein Monopol. Indessen ist auch der Verkehr, den sie bilden, sehr nebensächlich, und betrachtet man die Waaren von geringem oder mittlerem Werthe, die allein einen bedeutenden Verkehr darstellen, so sieht man, dass sie sich in gleichem Verhältniss auf beide Verkehrswege vertheilen. Für den Rhein hat dies Dr. R. van der Borght in Köln festgestellt und auf der Donau machen nach Regierungsrath Schromm in Wien die Manufakturwaaren 49 %, Getreide 42 %, Kohlen aber nur 9 % aus. Auf der Elbe bilden zwar an der Böhmischen Grenze Braunkohlen den grössten Theil des Verkehrs; in Hamburg werden aber 1 475 000 t Zucker, Getreide, Wolle, Petroleum, Mehl und nur 573 000 t Steine, Mauersteine, Holz, Kohlen, Erze, Metalle und Dünger verfrachtet. Auf der Seine machen zwischen Rouen und Oisemündung landwirthschaftliche Erzeugnisse und Lebensmittel (besonders Getreide und Wein) 44 %, gewerbliche Erzeugnisse

---

*) Vgl. Zeitung des Vereins deutscher Eisenbahnverwaltungen, 1893 S. 58—59.

12 %, beides zusammen also mehr als die Hälfte des Gesammtverkehrs aus. Steinkohle, die man gewöhnlich als die Hauptfracht der Flussschiffe betrachtet, betrug 1888 nur 29 % des Gesammtverkehrs der Binnenschiffahrtsstrassen, dagegen 32 % des gesammten Eisenbahnverkehrs. Besonders überraschend ist es, dass, je mehr man die Schiffahrtsstrasse vervollkommnet, der den Eisenbahnen entzogene Verkehr besonders aus jenen werthvollen Waaren besteht und dass die verhältnissmässige Bedeutung dieses Verkehrs viel mehr wächst als diejenige der Massengüter. Auf der Seine beispielsweise, die für alle Güter gleich leichte und schnelle Fahrt bietet, kann die Eisenbahn wohl noch den Wettbewerb um die Massengüter, aber viel schwieriger den um Waaren von mittlerem Werthe aushalten.

Dies erklärt sich leicht dadurch, dass für Kohlen, Erze u. s. w. die Eisenbahntarife denjenigen des Wasserweges weit mehr gleichen als für andere Waaren; denn in den Tarifen zu 3 oder 4 Cts. beträgt das Bahngeld kaum die Hälfte und in denjenigen zu 2 Cts. oder weniger, die aber nur auf den dem Wettbewerb der Schiffahrt ausgesetzten Flachlandstrecken mit guten Krümmungs- und Steigungsverhältnissen möglich sind, noch weniger. In den Tarifen zu 5, 6, 8, 10 und 12 Cts., die von Getreide, Wein, Baumwolle, Wolle, Garn, Geweben bezahlt werden, beträgt das Bahngeld die Hälfte, zwei Drittel, drei Viertel und noch mehr. Daher sind die Eisenbahntarife für Massengüter kaum höher als diejenigen der Wasserstrassen, aber doppelt, dreifach oder vierfach so hoch für werthvolle Waaren; den Eisenbahnen würde demnach, wenn alle Wasserstrassen so vervollkommnet würden, dass sie einen leichten und schnellen Verkehr gestatten, die Beförderung von Wein, Getreide, Baumwolle, Wolle, Zucker in weit höherem Maasse entzogen wie von Kohlen und Erzen. Gegen diese Vertheilung des Verkehrs wäre nichts einzuwenden, wenn der Wasserweg wirklich wirthschaftlicher wäre; aber er verdankt seine Billigkeit nur der gesetzlichen Bevorzugung. Jedermann weiss, dass die Steuerträger ausser den Zinsen für die auf die Schiffahrt verwendeten 1500 Millionen Franken nicht auch noch diejenigen für das Anlagekapital der Eisenbahnen in Höhe von 14 Milliarden Francs tragen können, und man ist auch darüber einverstanden, dass diese Lasten besonders von den werthvollen Waaren zu tragen sind; denn Kohlen, Erze u. s. w., die am Erzeugungsort einige Franken für die Tonne gelten und deren Fracht oft gleich oder höher als dieser Werth ist, deren Ausnutzung also durch die Höhe der Fracht begrenzt wird, müssen im öffentlichen Interesse möglichst billig, also zu den Selbstkosten befördert werden. Dagegen können Wein oder Getreide, die 200 Frcs. die Tonne werth sind, ferner Baumwolle oder Wolle, die 2000 Frcs. die Tonne gelten, mehr bezahlen und diejenigen, welche von der Beförderung dieser Waaren Nutzen ziehen, **können nicht ohne Ungerechtigkeit von jedem Beitrag zu den Anlagekosten des von ihnen benutzten Weges befreit werden.** Ich behaupte nun zwar nicht, dass diese werthvollen Waaren der Eisenbahn zukommen sollten und die anderen dem Wasserwege, sondern dass die ersteren zur Klasse der dem Wegegeld unterliegenden Waaren, jene aber zur Klasse der befreiten Waaren gehören; nachdem einmal dieser Grundsatz aufgestellt ist, kann dem Handel die Sorge überlassen werden, den nach Preislage, Schnelligkeit u. s. w. vortheilhaftesten Weg zu wählen".

Der Redner kommt daher zu folgenden Schlüssen: „a) Ueberall, wo eine Waare den Wasserweg oder die Eisenbahn benutzen kann, ist es wünschenswerth, dass derjenige Weg gewählt wird, auf welchem bei sonst gleicher Sachlage der Selbstkostenpreis am geringsten ist. Dagegen muss man als dem öffentlichen Interesse zuwiderlaufend jede Bestimmung, jeden Tarif oder jedes Wegegeld betrachten, sofern sie eine Waare zur Benutzung eines Weges anlocken, auf dem die zur Beförderung einer Waare zu machende Ausgabe die auf dem anderen Wege erwachsende Ausgabe übersteigt, ohne dass der Unterschied durch vortheilhaftere Bedingungen ausgeglichen würde. b) Die Schaffung einer neuen Schiffahrtsstrasse zwischen zwei bereits durch die Eisenbahn verbundenen Punkten ist im wirthschaftlichen Interesse nur dann gerechtfertigt, 1. wenn sie den bereits vorhandenen Verkehr billiger sichert oder die Beförderung neuer Waaren, die neue Gewerbe entweder schaffen oder besser ausnutzen lassen, gestattet, wenn sie also einen solchen Vortheil bringt, dass sie nicht nur die Unterhaltungs- und Verwaltungskosten sowie die Zinsen des Anlagekapitals, sondern auch die etwa für die andern Verkehrswege durch Schaffung der neuen Schiffahrtsstrasse entstehenden Verluste deckt; 2. wenn die aus der neuen Wasserstrasse zu ziehenden Vortheile auf angemessenere Weise sonst nicht erzielt werden können".

Angesichts dieser und anderer Darlegungen war es schwer, den Wettbewerb der Binnenwasserstrassen gegenüber den Eisenbahnen ferner zu bestreiten. Er wurde von einer grossen Zahl der Anhänger der Wasserstrassen auf dem Pariser Binnenschifffahrtskongress nicht nur nicht geleugnet, sondern sogar als der natürliche Zustand und äusserst erwünscht und nothwendig bezeichnet*). Wenn dennoch der bereits in Manchester gefasste Beschluss bestätigt wurde, so geschah es doch mit dem einschränkenden Zusatz: „die gegenseitige Aufgabe der Schifffahrtsstrassen und Eisenbahnen in einem bestimmten Land hängt besonders von den natürlichen Schiffahrtsbedingungen, sowie von dem Wesen der für den Güterverkehr maassgebenden Wirthschaftspolitik ab".

Wenn hiernach als festgestellt angesehen werden kann, dass die Theorie von der Harmonie der Interessen zwischen Wasserstrassen und Eisenbahnen irrig ist, dass vielmehr ein

---

*) Der Antrag Fleury, welcher allerdings in der Minderheit blieb, lautete: „Der Wettbewerb ist der natürliche und gesetzmässige Zustand der beiden Transportmittel, Schiff und Eisenbahn, wenn sie dieselben Versand- und Empfangsstationen bedienen; es ist zu wünschen, dass die Behörden weder das eine noch das andere Transportmittel begünstigen. In den Ländern, wo die Eisenbahnen Monopole bilden, ist der Wettbewerb, welchen ihnen die Binnenschiffahrt macht, eines der wirksamsten Mittel, um von ihnen ermässigte Tarife zu erhalten; es liegt deshalb im allgemeinen Interesse, nichts zu thun, was die Wirkungen dieses Wettbewerbs verringern könnte."

Wettbewerb zwischen Eisenbahn und Binnenschiffahrt besteht, und ein grosser Theil der Verkehrszunahme der deutschen Wasserstrassen in den letzten 20 Jahren auf Kosten der Eisenbahnen erfolgt ist, so bleibt nur die eine Frage noch zu erörtern, wie es kommt, dass an Orten, wo Eisenbahn und Wasserstrasse in Verbindung stehen, eine Vermehrung des Verkehrs nicht nur auf der Wasserstrasse, sondern auch auf der Eisenbahn sich zeigt. Als redendes Beispiel hierfür sind auf dem vierten Binnenschiffahrtskongress zu Manchester im Jahr 1890 die Wirkungen der Mainkanalisirung auf den Verkehr von Frankfurt a. M. gewählt, und da die Mainkanalisirung und ihre Folgen ein Paradepferd sind, welches von den Anhängern der Binnenschiffahrt bei jeder Gelegenheit vorgeritten wird, so sei es mir gestattet, hierauf etwas näher einzugehen.

Die Schiffbarkeit des Mains von seiner Mündung in den Rhein aufwärts war früher eine sehr unvollkommene und demgemäss der Schiffahrtsverkehr ein sehr geringer. Es war nur natürlich, dass Frankfurt, welches 33 km vom Rhein entfernt an dem Main liegt, wünschte, an den grossen Vortheilen Theil zu nehmen, welche der Rheinstrom mit seinen billigen Schifffahrtsfrachten den an ihm gelegenen Städten bietet, und deshalb auf eine Kanalisation des Mains mit allen Kräften hinarbeitete. Dieselbe wurde denn auch auf Kosten des preussischen Staats mit einem Aufwande von 5 500 000 M. in den Jahren 1884 — 1887 ausgeführt, während die Stadt Frankfurt umfangreiche Hafen- und Lagerhauseinrichtungen in Frankfurt a. M. mit einem Kostenaufwand von etwa 7 000 000 M. herstellte. Nachträglich sind indess nicht unerhebliche weitere Kosten für den Staat entstanden, insbesondere ist ein Betrag von 2 985 000 M. zur Vertiefung der Fahrrinne des kanalisirten Mains und zur Anlegung zweier Unterhäupter bei den dortigen Schleusen bewilligt, welche Arbeiten in den Jahren 1891 — 1895 zur Ausführung gelangen. Der Gesammtkostenaufwand der Kanalisirung abgesehen von den kostspieligen Hafenanlagen in Frankfurt a. M. beträgt also bis jetzt nahezu 9 000 000 M.

Als Ergebniss der Kanalisirung ist folgende Entwickelung des Mainverkehrs zu verzeichnen:

Derselbe ist ohne den Flossverkehr gewachsen*)

von 311 586 tkm im Jahr 1880/82
auf 15 352 452 „ „ „ 1887
„ 20 556 352 „ „ „ 1888
„ 29 159 283 „ „ „ 1889
„ 34 807 411 „ „ „ 1890
„ 30 239 351 „ „ „ 1891
„ 36 863 819 „ „ „ 1892.

Nach einem Vortrag des Eisenbahndirektor a. D. Ströhler vom 17. Dezember 1890 im Centralverein für Hebung der deutschen Fluss- und Kanalschiffahrt betrug die ausgerechnete Frachtersparniss infolge der Kanalisation des Mains für Frankfurt a. M. und die kleineren Mainorte:

1887 1 269 000 M.
1888 1 800 000 „
1889 2 408 000 „

Wenn über diese Ergebnisse von den Anhängern der Binnenwasserstrassen etwas stark in die Lärmtrompete gestossen und vielfach hieraus die allgemeine Ueberlegenheit der Wasserwege gegenüber den Eisenbahnen gefolgert wird, so ist dazu doch zu bemerken:

1. dass die Jahre 1887—1890 bekanntlich die Jahre eines grossen wirthschaftlichen Aufschwungs waren,
2. dass auch abgesehen hievon es durchaus nicht erstaunlich ist, wenn eine so grosse Handels- und Industriestadt, wie Frankfurt a. M., mit einer grossen Wasserstrasse, wie der Rhein, in Verbindung gesetzt wird, dass sich dann ein sehr erheblicher Verkehr entwickelt. Es würde

---

*) Diese Zahlen, ebenso wie die nachfolgenden über den Frankfurter Verkehr, sind aus den Jahresberichten der Handelskammer zu Frankfurt a. M. entnommen.

mindestens derselbe Verkehrsaufschwung wohl eingetreten sein, wenn Frankfurt a. M. keine Eisenbahnverbindung gehabt hätte, sondern mit der nächsten 33 km entfernten Eisenbahn lediglich durch eine Chaussee verbunden gewesen wäre, und nun 1887 eine Eisenbahn nach Frankfurt geführt wäre.

Das Wunderbarste an der Mainkanalisation freilich vergessen die Anhänger der Wasserstrassen regelmässig zu erwähnen, nämlich den Umstand, dass trotz der oben erwähnten bedeutenden Frachtvortheile aus der Kanalisation auf dem kanalisirten Main keinerlei Gebühren erhoben werden und dass der preussische Staat der grossen und reichen Stadt Frankfurt und ihrer wohlhabenden Umgebung nicht nur die Zinsen des Anlagekapitals von nahezu 9 Millionen M., sondern auch die nicht unerheblichen jährlichen Unterhaltungs- und Betriebskosten des kanalisirten Mains schenkt.

Man hat ferner auf dem vierten Binnenschiffahrtskongress zu Manchester hingewiesen auf die Entwickelung des Eisenbahnverkehrs in Frankfurt a. M. seit der Kanalisation des Mains und daraus den schon oben erwähnten Schluss gezogen, dass die Vermehrung des Verkehrs auf den Wasserwegen auch eine wenn auch nicht gleich starke Verkehrsvermehrung auf den damit verbundenen Eisenbahnen herbeiführe. In dieser Beziehung ist Folgendes zu bemerken:

Es betrug der Verkehr von Frankfurt a. M.

		auf der Eisenbahn Tonnen	in Proz. des Gesammtverkehrs	auf dem Wasserweg Tonnen
vor der Kanalisation	1884	864 005	85,1	150 513
	1885	897 040	85,6	150 805
	1886	932 090	85,7	155 956
nach d. Kanalisation	1887	1 013 628	73,8	360 062
	1888	1 231 939	70,4	516 798
	1889	1 334 148	69,8	577 610
	1890	1 465 820	66,9	697 351
	1891	1 468 103	71,9	577 164
	1892	1 502 483	68,0	709 117

Es ergibt sich aus diesen Zahlen, dass der Antheil des Eisenbahnverkehrs am Gesammtverkehr abgenommen, aber dabei doch eine nicht unerhebliche Zunahme erfahren hat. Diese Zunahme betrug durchschnittlich in der Zeit vor der Kanalisation 34 042 Tonnen jährlich, in der Zeit nach der Kanalisation 95 065 Tonnen jährlich. Nun hat unzweifelhaft die Mainkanalisation Handel und Industrie von Frankfurt a. M. mächtig gehoben und es ist gewiss ein Theil des hierdurch entstandenen neuen Verkehrs auch der Eisenbahn zu Gute gekommen. Allein auf der andern Seite ist auch eine wahrscheinlich noch grössere Verkehrsmenge der Eisenbahn von dem Wasserweg entzogen worden. Wenn trotzdem anscheinend eine Vermehrung des Eisenbahnverkehrs eingetreten ist, so rührt dies daher, dass ein sehr grosser Theil des gegenwärtigen Verkehrs der Eisenbahn lediglich durch den Verkehrsaustausch zwischen Wasserweg und Eisenbahn geschaffen ist, indem eine grosse Anzahl Güter nach und aus dem Hinterland von Frankfurt, welche bisher ausschliesslich auf der Eisenbahn befördert wurden und dabei Frankfurt gar nicht oder nur im Durchgang berührten, jetzt in Frankfurt umgeschlagen werden, d. h. von dem Wasserweg auf die Eisenbahn und von der Eisenbahn auf den Wasserweg übergehen. Einen grossen Theil dieser Güter hat früher die Eisenbahn auf sehr lange Strecken befördert, jetzt aber befördert sie dieselben nur auf ganz kurze Strecken. Die Verkehrszunahme der Eisenbahn in Frankfurt ist also insofern nur eine scheinbare, thatsächlich liegt für alle diese Güter eine Verkehrsabnahme vor, weil sich die Entfernung, auf welche sie früher auf der Eisenbahn befördert wurden, sehr erheblich vermindert hat.

Den Beweis für die Richtigkeit dieser Behauptungen liefert eine von der Eisenbahndirektion Frankfurt aufgestellte Statistik über den Verkehr der Ruhrkohlen nach Frankfurt a. M. vor und nach der Kanalisation des Mains. Es wurden befördert auf dem Eisenbahnweg von den Rheinisch-Westfälischen Kohlengruben nach Frankfurt a. M.:

vor der Kanalisation 1886/87   77 340 Tonnen
nach   „   „   1887/88   36 664   „

1888/89	35 800	„
1889/90	44 600	„
1890/91	59 570	„
1891/92	49 480	„
1892/93	43 750	„

Dagegen kamen auf dem Wasserweg an und gingen mit der Eisenbahn weiter

1886/87	37 340	Tonnen
1887/88	71 430	„
1888/89	119 380	„
1889/90	137 520	„
1890/91	111 530	„
1891/92	112 170	„
1892/93	149 911	„

Diese von dem Wasserweg auf den Eisenbahnweg in Frankfurt übergeleiteten Kohlen sind hoch gerechnet vielleicht 30 bis 50 km durchschnittlich gefahren worden und es fragt sich sehr, ob die bei solch kurzen Entfernungen sehr hohen Selbstkosten des Eisenbahntransports bei den niedrigen Kohlenfrachten einen nennenswerthen Reinertrag übrig lassen. Dagegen sind allein nach Frankfurt a. M. 30—40 000 Tonnen Kohlen weniger von der Ruhr auf eine Entfernung von 3—400 km gefahren worden und der erhebliche Gewinn hieraus ist der Eisenbahn entgangen. Dazu kommen noch diejenigen Mengen Kohlen, welche früher auf dieselbe Entfernung von der Ruhr nach dem Hinterland von Frankfurt befördert wurden, jetzt aber bis Frankfurt zu Wasser und von da auf der Eisenbahn gehen. Man wird sie auf mindestens 60—70 000 Tonnen schätzen können. Hiernach hat die Eisenbahn gewonnen den Transport von rund 100 000 t auf etwa 50 km höchstens = 5 000 000 tkm, verloren den Transport von mindestens 100 000 t auf mindestens 300 km = 30 000 000 tkm, also das Sechsfache an Verkehr und Einnahmen verloren, als sie durch die Kanalisirung gewonnen hat. Aehnlich verhält es sich natürlich mit andern Gütern, welche vor und nach der Kanalisation auf der Eisenbahn nach und von Frankfurt und seinem Hinterland befördert worden sind. Hätten wir eine Statistik nicht der Tonnen, sondern der Tonnenkilometer des Frankfurter Eisenbahnverkehrs und des Eisenbahnverkehrs des jetzt vom kanalisirten Main im Wege des Umschlags versorgten Hinterlandes, so würde sich ein ganz anderes Bild ergeben, als die von der Handelskammer Frankfurt aufgeführten Zahlen auf den ersten Blick zeigen. Wir würden dann nicht eine Zunahme, sondern wahrscheinlich eine erhebliche Abnahme des Eisenbahnverkehrs feststellen können, und wenn der Reingewinn aus einer Tonne des Frankfurter Eisenbahnverkehrs vor und nach der Kanalisation des Mains berechnet werden könnte, so würde das Bild noch viel ungünstiger werden.

Eine solche Statistik besitzen wir leider nicht und sie ist auch jetzt nicht mehr zu beschaffen. Dass es sich aber so verhält, das ergibt sich auch aus der Natur der Sache. Da die Frachten auf dem Rhein so erheblich billiger sind als der Eisenbahnweg, wie wir im vorigen Abschnitt gesehen haben, so suchen alle Güter, welche innerhalb eines gewissen Umkreises aus den Hinter- und Seitengebieten des Wasserwegs befördert werden, auf möglichst kurzem d. h. geradem Weg die Wasserstrasse zu erreichen, weil sie hierdurch am meisten an Fracht ersparen. Aus demselben Grunde suchen diejenigen Güter, welche nach den Hinter- und Seitengebieten des Wasserwegs befördert werden, möglichst lange den Wasserweg und möglichst kurz die Eisenbahn zu benutzen*). Dass sich dies auch so in der Praxis verhält und nicht blos theoretische Schlüsse sind, kann man bei jedem Verkehrtreibenden erfahren, und ergibt sich aus der Statistik über den Austausch der Güter zwischen Eisenbahn und Wasserwegen.

Werthvolle Angaben über diesen Uebergang der Güter von der Eisenbahn zum Wasserweg und von dort wieder auf

---

*) Das ist das sogen. Richtungsgesetz des Verkehrs, vgl. hierüber Sax, Verkehrsmittel, Bd. I S. 50 ff.

die Eisenbahn macht Todt in seinem Aufsatz „der Güterverkehr
der deutschen Wasserstrassen", Archiv für Eisenbahnwesen, 1887
S. 166: „Häufig kommt der Fall vor, dass die Wasserbeförderung sich zwischen zwei Eisenbahnbeförderungen befindet: die
Kohle wird auf der Eisenbahn dem nächsten Flusshafen zugeführt, in das Schiff übergeladen, eine Flussstrecke befördert
und wieder der Eisenbahn zur Weiterbeförderung übergeben.
Im Verkehr vom Ruhrreviere nach Süddeutschland ist diese
umständliche Beförderungsweise nicht selten und wird namentlich Seitens derjenigen Versender gewählt, welche Kohlengrubenbesitzer und Rheder in einer Person sind. Der Verkehr
der Rheinhäfen bietet eine grosse Zahl von Beispielen für den
lebhaften Umschlag zwischen Eisenbahn und Schiffahrt. Ruhrort und Duisburg haben im Jahre 1884 gegen 250 000 Tonnen
Getreide, Hülsenfrüchte und Oelsaaten zu Wasser und nur
4000 Tonnen mit der Eisenbahn empfangen, dagegen 236 000
bahnwärts versandt. Dieselben Häfen und Hochfeld haben
1884 3 650 000 Tonnen Steinkohlen und Kokes mit der Bahn
erhalten und etwa 8000 Tonnen auf demselben Wege, 3 150 000
Tonnen aber zu Wasser verschickt. Mannheim und Ludwigshafen erhielten zu Wasser 365 000 Tonnen, mit der Bahn
16 000 Tonnen Getreide u. s. w. und verfrachteten davon
bahnwärts 275 000 Tonnen, zu Wasser nur 3—4000 Tonnen.
Dieselben Häfen empfingen

622 000 Tonnen Steinkohlen und Kokes zu Wasser (Rhein)
100 000   ,,   ,,   ,,   ,,   mit der Eisenbahn
____

722 000 Tonnen

und versandten

392 000 Tonnen bahnwärts,
45 000   ,,   den Neckar aufwärts.

Der Umschlagsverkehr von Magdeburg, Dresden, Breslau weist
zahlreiche ähnliche Beispiele auf. Man wird daher gewiss
nicht zu hoch greifen, wenn man den Verkehr, welcher sich
der Eisenbahnen und der Wasserstrassen bedient, auf mindestens
die Hälfte des gesammten Schifffahrtsverkehrs oder 8 bis

9 Millionen Tonnen schätzt. Am Rhein allein wird dieser Umschlagsverkehr gegen 5 Millionen Tonnen betragen."

Es erhellt hieraus klar, ein wie grosser Theil des Verkehrs den Eisenbahnen von den Wasserstrassen entzogen wird, nachdem er auf den ersteren nur ganz geringe Entfernungen zurückgelegt hat, und es erklärt sich vollständig das Zunehmen des Eisenbahnverkehrs an den Punkten, wo die Eisenbahn mit der Wasserstrasse in Verbindung tritt. Bestätigt wird die Richtigkeit dieser Auffassung auch durch folgende Aeusserung des bekannten Generaldirektors der Kette zu Dresden, Bellingrath, welche Pescheck in seinem Bericht an den fünften internationalen Binnenschiffahrtskongress zu Paris „über das gegenseitige Verhältniss von Schiffahrt und Eisenbahn" anführt.

Bellingrath sagt, nachdem er die niedrigen Frachten auf der Elbe angeführt hat: „Diese Beförderungspreise sichern dem Wasserweg fast alle Transporte, welche sich längs der Elbe bewegen. Man kann nicht die Elbe zum Beweis dafür anführen, dass lediglich Artikel von geringem Werth den Wasserweg wählen, obgleich die letzteren naturgemäss die grosse Mehrzahl der der Schiffahrt anvertrauten Güter bilden. Für die wichtigsten Artikel ist die Beförderung so organisirt, dass sie beendigt ist vor oder mit der durch Eintritt des Winters beginnenden Pause in der Schiffahrt. Abgesehen von Manufakturartikeln und Sendungen von ganz geringem Gewicht (einige hundert Kilogramm) finden sich alle Artikel auf dem Wasserwege. Die Eisenbahnen können nur da den Wettbewerb aufnehmen, wo die Güter einen langen Landweg bis zu den Flusshäfen haben. In diesen Fällen ist die Mitwirkung an der Beförderung für die Schiffahrt noch schwierig (und dies ist vom wirthschaftlichen Gesichtspunkt zu bedauern) deshalb, weil die Eisenbahnen für die Flusshäfen noch nicht diejenigen ermässigten Tarife gewähren, welche sie für die Güter von und nach den Seehäfen eingeführt haben."

In der That so liegen die Verhältnisse nicht nur bei der Elbe, sondern mindestens ebenso bei dem Rhein, und wenn der Verkehr auf den Eisenbahnlinien längs des Rheins und der Elbe trotzdem ein starker ist, so besteht er ausser dem Verkehr nach und von den Flusshäfen hauptsächlich aus dem Lokalverkehr auf kurze Entfernungen, während die lohnenden Transporte auf längere Entfernungen die Wasserstrasse benutzen. In derselben Weise gestaltet sich gegenwärtig nach der Verbesserung der Wasserstrassen im Osten der Verkehr auf der Oder und den märkischen Wasserstrassen nach der Elbe. Hieraus folgt, dass, wenn die jetzige Entwickelung in der Theilung des Verkehrs zwischen den Binnenwasserstrassen und Eisenbahnen fortdauert, oder sich, wie es den Anschein hat, in noch verschärftem Maasse vollzieht, die letzteren, wo ein Wettbewerb der Wasserstrassen vorhanden ist, allmälig die Transporte auf längere Entfernungen an die ersteren verlieren und zu der Rolle von Zubringern des Verkehrs zu den Wasserstrassen herabsinken werden, eine Rolle, wie sie jetzt die Nebenbahnen und Kleinbahnen gegenüber den Hauptbahnen spielen. Dass das nicht nur eine capitis deminutio in wirthschaftlicher Beziehung für die Eisenbahnen und die durch sie allein bedienten Orte und Gebiete gegenüber den an Wasserstrassen gelegenen Orten und Landstrichen bedeuten würde, sondern auch eine erhebliche Herabdrückung der Eisenbahneinnahmen und Ueberschüsse zur Folge haben müsste, weil bekanntlich die Selbstkosten bei den Transporten auf kurze Entfernungen besonders hoch sind und die Ueberschüsse der Eisenbahnen gerade bei den Transporten auf lange Entfernungen entstehen, bedarf keines weiteren Nachweises. Es ist auch ferner klar, dass diese Entwickelung nur um so rascher und vollständiger eintreten muss, je mehr Verbindungen die Eisenbahnen mit dem Wasserweg haben. Denn eine jede Verbindung der Eisenbahnen mit einem Flusshafen erleichtert und verbilligt den Uebergang der Güter von der Eisenbahn zu dem Wasserweg, und indem sie den Weg, welchen die Güter zurückzulegen haben, ehe sie auf den Wasserweg gelangen, verkürzt, ermöglicht sie, wie Bellingrath richtig ausführt, den Wettbewerb des letzteren für diejenigen Transporte, welche bisher wegen zu weiter Entfernung von dem Wasserweg noch der Eisenbahn verblieben sind. Das haben die französischen Privatbahnen, welche sehr gut verwaltet sind und bekanntermaassen ihre Interessen sehr zu wahren wissen, längst erkannt und verweigern deshalb so lange, als es ihnen irgend möglich ist, jede Schienenverbindung mit dem Wasserweg. Die Klagen und Beschwerden der französischen Interessenten und Anhänger der Wasserstrassen haben hieran nicht viel geändert, und diese Herren waren nicht wenig erstaunt, als ihnen auf den internationalen Binnenschiffahrtskongressen von ihren deutschen Kollegen mitgetheilt wurde, dass das in Deutschland ganz anders sei, dass hier die Eisenbahnen nicht nur eine Verbindung mit dem Wasserweg nicht verweigern, sondern sie im Gegentheil suchen und häufig auf eigene Kosten herstellen. In der That ist dies nicht nur geschehen zur Zeit, wo die deutschen Eisenbahnen noch in eine grosse Zahl sich gegenseitig im schärfsten Wettbewerb befehdender Privat- und Staatsbahnen zerfielen und kein Bedenken trugen, sich mit dem Wasserweg gegen die Mitbewerber zu verbünden, sondern noch heute, wo sich die grossen Staatsbahnnetze gebildet haben, treibt der Wettbewerb die Eisenbahnen zu ähnlichen Maassnahmen.

Nach einer Mittheilung in der Sitzung vom 18. November 1891 des Centralvereins zur Hebung der deutschen Fluss- und Kanalschiffahrt haben die Kosten der Herstellung von Gleisverbindungen zwischen Häfen und Eisenbahnen getragen:

1. Staat oder Privat-Eisenbahn in Memel, Königsberg, Swinemünde, Glogau, Stralsund, Flensburg, Harburg, Geestemünde, Emden, Ruhrort, Hochfeld, Bingerbrück, Mannheim, Heilbronn, Friedrichshafen, Ludwigshafen, Aschaffenburg, Nürnberg, Regensburg, Dresden, Riesa, Dömitz, Lübeck, Hamburg, Bremen, Bremerhaven, Berlin, zusammen in 27 Häfen;

2. die Stadt in Altona, Magdeburg, Wesel, Uerdingen, Düsseldorf, Neuss, Mainz, Worms, Strassburg, zusammen in 9 Häfen:

3. Private in Frankfurt a. O.;

4. theils Staat, theils Stadt in Bingen, Rheine, Lauterburg, Stettin, Duisburg, Köln, Frankfurt a. M., zusammen in 7 Häfen;

5. theils Staat, theils Private in Minden und Mülhausen im Elsass;

6. theils Staat, theils Stadt und Private in Danzig, Neufahrwasser, Papenburg.

Die Kosten der Herstellung von Lade- und Löscheinrichtungen haben getragen:

1. Staat oder Privat-Eisenbahn in Memel, Danzig, Neufahrwasser, Swinemünde, Geestemünde, Karlshafen, Emden, Papenburg, Lingen, Bingerbrück, Biebrich, Lauterburg, Friedrichshafen, Ludwigshafen, Nürnberg, Regensburg, Dresden, Riesa, Dessau, Dömitz, Hamburg, Bremen, Bremerhaven, zusammen in 23 Häfen;

2. die Stadt in Lüneburg, Magdeburg, Wesel, Düsseldorf, Coblenz, Frankfurt a. M., Mainz, Worms, Strassburg, zusammen 9 Häfen;

3. die Kaufmannschaft in Lübeck;

4. theils Staat, theils Stadt in Königsberg und Stettin;

5. theils Staat, theils Private in Minden, Ruhrort, Hochfeld, Mannheim, Mülhausen im Elsass, Heilbronn, Berlin, zusammen in 7 Häfen;

6. theils Stadt, theils Private in Altona und Neuss.

Wenn diese Angaben auch weder vollständig, noch überall ganz zuverlässig sein mögen, so erhellt doch daraus, dass in der grossen Mehrzahl der Staat und die Eisenbahnen es gewesen sind, welche die Gleisverbindungen zwischen den Flusshäfen und Eisenbahnen und die Lade- und Löscheinrichtungen in den ersteren hergestellt haben. Es ist deshalb auch nicht wunderbar, dass anerkanntermaassen in keinem Lande diese für die Wasserstrassen so vortheilhaften Verbindungen zwischen Eisenbahn und Wasser so zahlreich und so vorzüglich hergestellt sind, wie in Deutschland. So stehen die badische Staatsbahn und die Pfälzischen Bahnen in Mannheim und

Ludwigshafen mit dem Rhein in Verbindung, die bayerische Staatsbahn mit der Donau in Passau und Regensburg, die sächsische Staatsbahn mit der Elbe in Dresden und Riesa, die preussischen Staatsbahnen mit zahlreichen Häfen des Mittel- und Niederrheins, mit den verschiedenen Elbhäfen, Hamburg, Magdeburg, Schönebeck, Aken, Wittenberg, mit der Oder in Breslau, Pöpelwitz u. s. w. Selbstverständlich ist hiergegen nichts einzuwenden. Staatsbahnen können sich nicht auf den Standpunkt der französischen Privatbahnen stellen, in ihrem Sonderinteresse und gegen die allgemeinen Interessen eine Verbindung mit dem Wasserweg zu verweigern. Aber etwas Anderes ist es doch, wenn diese Verbindungen mit dem Wasserweg ganz oder zum Theil auf Kosten der Eisenbahnen hergestellt, unterhalten und betrieben werden, und wenn die letzteren theilweise für den Uebergang von und zum Wasserweg besonders ermässigte Tarife*) gewähren. Damit beschleunigen sie lediglich den Eintritt des oben erwähnten Zeitpunktes, wo alle Transporte auf weitere Entfernungen auf den Wasserweg übergehen, sie graben sich gewissermaassen selbst das Grab ihrer wirthschaftlichen und Verkehrsexistcnz.

Allerdings tritt das zur Zeit noch nicht überall klar hervor und vielfach werden diese Umschlagstellen noch im Wettbewerb gegen andere Bahnen mit Vortheil ausgenutzt. So sichert sich die sächsische Staatsbahn durch ihre Umschlagsanlagen in Riesa einen nicht unbedeutenden Verkehr, welcher sonst zum Theil auf die preussischen Staatsbahnen überginge. Aber schon werden Projekte einer Verbindung von Leipzig mit der Elbe und andere Kanalprojekte eifrig vorbereitet, welche die Vortheile, welche die sächsische Staatsbahn aus ihrer Verbindung mit der Elbe zieht, in schwere Nachtheile verwandeln müssen.

Die bayerische Staatsbahn findet es vortheilhaft, den Verkehr zwischen ihren südlichen und östlichen Gebietstheilen und darüber hinaus einerseits und den Seehäfen andererseits nicht

---

*) Zahlreiche Beispiele hiervon gibt Lehmann, „Die Betheiligung der Wasserstrasse des Rheins am Güterverkehr", S. 201 und 202 im Archiv für Eisenbahnwesen, Jahrg. 1886.

über die deutschen Bahnen und die deutschen Nordseehäfen, sondern über Gustavsburg und andere Rheinhäfen nach den niederländischen und belgischen Seehäfen zu leiten, weil sie dabei ihre längsten Linien über Aschaffenburg ausnutzt; schon aber rückt das Projekt, die bestehende Wasserverbindung zwischen Donau und Main, welche gegenwärtig wegen ihrer geringen Ausmaasse keine Bedeutung hat, zu einer grossen leistungsfähigen Wasserstrasse zu gestalten und mittelst des kanalisirten Mains Donau und Rhein zu verbinden, immer mehr in den Vordergrund und droht diesen Verkehr und noch weit mehr dazu den bayerischen Eisenbahnen zu entreissen.

Die badische Staatsbahn war bisher in einer beneidenswerthen Lage: von Mannheim, dem Ende der Rheinschiffahrt, bildete sie mit ihren langgestreckten Linien nach der Schweiz gewissermaassen eine Fortsetzung der Rheinwasserstrasse und genoss in vollem Maasse die Vortheile aus dem immer stärker anschwellenden Verkehr derselben. Aber schon naht auch für sie das Verhängniss. Nach Ausbau des Strassburger Hafens beginnt die Schiffahrt ihre Fahrten, soweit dies das noch unsichere Fahrwasser zulässt, bis Strassburg auszudehnen, von wo sie auf den Elsässischen Kanälen bis an die Grenzen der Schweiz und Frankreichs gelangen kann. Es ist nur eine Frage der Zeit, dass entweder der Rhein bis Strassburg vollständig fahrbar gemacht oder durch Seitenkanäle die Schiffahrt bis dahin ohne Gefahren ermöglicht wird. Dann wird die badische Staatsbahn nicht nur den Verkehr Mannheim-Elsass, sondern auch den wichtigen Durchgangsverkehr Mannheim-Schweiz zum grössten Theil verlieren.

Endlich die preussischen Staatsbahnen sind schon längst von den Wasserstrassen in ihren Lebensinteressen bedroht. Längs des Rheins und der Elbe sind sie zum grossen Theil bereits auf die Rolle des Zubringers und Abholers des Verkehrs, eine Art von Rollfuhrmann für diese grossen Wasserstrassen zurückgedrängt, und wenn der Mittellandkanal erst den Rhein mit Weser und Elbe verbinden und Rheinschiffe ohne Umladung nicht nur den Verkehr von und nach den deutschen Nordsee-

häfen, sondern von der Elbe weiter auf den märkischen Wasserstrassen und der Oder auch den Verkehr zwischen dem Osten
und Westen der preussischen Monarchie bedienen werden, dann
wird der Verkehr der preussischen Staatsbahnen gewaltig abnehmen, und man wird vielleicht die Einkommensteuer ver-
doppeln müssen, um die Ausfälle zu decken, welche bei den
Reinüberschüssen der Staatsbahnen eintreten werden.

Das mag Zukunftsmusik sein und Manchem pessimistisch
klingen: so viel ist jedenfalls sicher, dass seit 20 Jahren die
Wasserstrassen in immer steigendem Maasse auf Kosten der
Eisenbahnen ihren Verkehr vermehren, und da die meisten
deutschen Staaten Staatsbahnen besitzen und nach Lage ihrer
Finanzen darauf angewiesen sind, aus denselben solche Einnahmen zu ziehen, dass deren Anlagekapital verzinst wird, bezw.
auch für sonstige Staatszwecke hieraus Mittel beschafft werden,
so ist es, wenn nicht diese wichtigen Einnahmequellen allmälig
versiegen sollen, hohe Zeit, nach dem Rechten zu sehen.

In gewisser Beziehung liegt es allerdings in der Hand der
Eisenbahnverwaltungen selbst, den drohenden Gefahren des
Wettbewerbs der Wasserstrassen zu begegnen. Insbesondere
können dieselben in Zukunft davon absehen, auf ihre Kosten
Verbindungen mit den Wasserstrassen herzustellen, sondern
dies den letztern überlassen, welchen der Vortheil davon zu
Gute kommt. Ausserdem aber wird zu erwägen sein, ob nicht
auch die Unterhaltung und der Betrieb der Häfen und sonstigen
Wasserverbindungen, soweit er noch in den Händen der Eisenbahnverwaltung liegt, an die Wasserbauverwaltung abzugeben
ist, da in der Regel hieraus nur Kosten für die Eisenbahnverwaltung entstehen. Insbesondere die preussischen Staatsbahnen
liefern noch heute einen nicht unbeträchtlichen Beitrag zu den
Kosten der Wasserbauverwaltung, indem sie ganze Häfen,
Hafengleise u. s. w. auf ihre Kosten herstellen, unterhalten und
betreiben. Es stammt dies zum Theil noch aus den Zeiten
der Privatbahnen her, wo diese aus Wettbewerbsgründen diese
Lasten übernommen haben, zum Theil aber auch noch aus
neuerer Zeit.

Nachdem durch die Verstaatlichung diese Wettbewerbsverhältnisse beseitigt sind, liegt an sich gar kein Grund mehr vor für die preussische Staatseisenbahnverwaltung, Anlagen herzustellen, welche den Wasserwegen zu Gute kommen und im Wesentlichen nur dazu dienen, die Transporte von dem Eisenbahnweg auf den Wasserweg abzulenken. Nichts destoweniger aber drängen die Interessenten fortwährend die Staatseisenbahnverwaltung dazu, neue derartige Anlagen herzustellen und die Unterhaltung der hergestellten zu behalten. Hierdurch wird eine Belastung des Eisenbahnetats zu Gunsten des Wasserbauetats und ein falsches Bild der beiderseitigen Ausgaben herbeigeführt; es wäre deshalb richtig, diese Ausgaben dahin zu bringen, wohin sie gehören, auf den Etat der Wasserbauverwaltung oder der interessirten Gemeinden.

Ferner liegt es lediglich in dem Willen der Eisenbahnen, ob sie den Wettbewerb der Wasserstrassen auch ferner durch ermässigte Tarife unterstützen wollen. Sie werden zu erwägen haben, ob die kleinen Vortheile, welche sie im gegenseitigen Wettbewerb hierdurch gewinnen, nicht grössere Nachtheile nach sich ziehen und es richtiger erscheinen lassen, nach gemeinsamer Uebereinkunft hierauf zu verzichten.

Aber diese Maassnahmen sind nur von geringerer Bedeutung. Sie können nur dann einen wirksamen Erfolg haben, wenn eine grundsätzliche Aenderung in der staatlichen Verkehrspolitik bezüglich der Wasserstrassen eintritt, wenn die ungleichmässige Behandlung der Staatseisenbahn- und Staatswasserstrassen aufhört. Diese Frage muss deshalb ausführlicher behandelt werden.

Achter Abschnitt.

Die ungleichmässige Behandlung der Staatseisenbahn- und Staatswasserstrassen und ihre Berechtigung.

Nachdem in dem vorigen Abschnitte festgestellt ist, dass die Theorie von der Harmonie der Interessen der Eisenbahnen und Wasserwege eine falsche ist, dass vielmehr die Staatswasserstrassen mit den Staatseisenbahnen in weitgehendem Maasse im Wettbewerb stehen, muss die ungleichmässige Behandlung, welche beide Verkehrswege Seitens des Staats in Deutschland erfahren, in einem neuen Licht erscheinen, und bedarf es um so mehr einer genauen Prüfung auf ihre Berechtigung.

Dazu wird es zunächst erforderlich sein, diese ungleichmässige Behandlung bezw. das Maass derselben genauer und ziffermässig festzustellen.

Was die Staatseisenbahnen betrifft, so bringen dieselben in Deutschland nicht nur ihre Betriebs- und Unterhaltungskosten auf, sondern auch die Zinsen ihres Anlagekapitals und darüber hinaus zum Theil noch erhebliche Ueberschüsse, welche zu andern Staatszwecken Verwendung finden. Die Verzinsung des Anlagekapitals der deutschen Staatsbahnen betrug 1889/90 5,69 Prozent, 1890/91 4,89 Prozent, 1891/92 4,50 Prozent, also 1—2 Prozent über den landesüblichen Zinsfuss von $3\frac{1}{2}$ Prozent.

Dagegen haben nach Sympher's Bericht für den fünften internationalen Binnenschiffahrtskongress zu Paris 1892 über die Abgaben und Gebühren auf den deutschen Schiffahrtsstrassen die Kosten, welche die deutschen Staaten für die deutschen Wasserstrassen in den 10 Jahren von 1881—1890 durchschnittlich jährlich aufgewendet haben, betragen

an Unterhaltungs- und Erhebungskosten 12 500 000 M.
an ausserordentlichen Kosten 13 500 000 „
zusammen 26 000 000 M.

während die Einnahmen durchschnittlich jährlich nur 2 000 000 M. gewesen sind. Dazu kommen aber noch die leider nicht festzustellenden, aber sehr erheblichen Kosten der Verzinsung des staatlicherseits aufgewendeten Anlagekapitals der künstlichen Wasserstrassen und der Hafenanlagen bei den natürlichen Wasserwegen und diejenigen Summen, welche Gemeinden, Eisenbahnen u. s. w. für Häfen und Hafengeleise, Lagerhäuser und andere Anlagen aufgewendet haben zu Gunsten der Wasserstrassen. Während also die deutschen Staatsbahnen erheblich mehr aufbringen, als sie kosten, verursachen die Staatswasserstrassen jährlich ganz bedeutende Aufwendungen, welchen nur geringe Einnahmen gegenüberstehen.

Noch schärfer aber treten diese Gegensätze hervor bei den preussischen Staatseisenbahnen und Staatswasserstrassen, und da die ersteren reichlich zwei Drittel der deutschen Staatsbahnen, die letzteren aber besonders nach ihrer Bedeutung noch einen höhern Prozentsatz der deutschen Staatswasserstrassen ausmachen, so empfiehlt es sich, in eine genauere Vergleichung der betreffenden preussischen Staatsverkehrswege einzutreten.

Nach der im Eisenbahnetat für 1893/94 enthaltenen

Uebersicht

über die Ausführung des Gesetzes vom 27. März 1882, betreffend die Verwendung der Jahresüberschüsse der
Verwaltung der Eisenbahn-Angelegenheiten,

stellten sich die Einnahmen, Ausgaben und Ueberschüsse der preussischen Staatseisenbahnverwaltung
in den 10 Jahren 1882—1892 folgendermaassen:

1.	2.	3.	4.	5.	6.	7.	8.
	Rechnungsmässige			Auf den Ueberschuss (Spalte 4) sind angerechnet			Demnach
Jahr	Gesammt-einnahme	Gesammt-ausgabe	Ueberschuss	zur Verzinsung der Eisenbahn-kapitalschuld	zur Ausgleichung eines Deficits im Staatshaushalte, welches andernfalls durch Anleihen hätte gedeckt werden müssen, bis zur Höhe von 2 200 000 Mark.	zusammen	ist ein Reinüberschuss verblieben von
	der Eisenbahnverwaltung						
	Mark	Pf.	Mark	Pf.	Mark	Pf.	Mark	Pf.	Mark	Pf.	Mark	Pf.	Mark	Pf.

Jahr	Gesammteinnahme Mark	Pf.	Gesammtausgabe Mark	Pf.	Ueberschuss Mark	Pf.	zur Verzinsung Mark	Pf.	zur Ausgleichung Mark	Pf.	zusammen Mark	Pf.	Reinüberschuss Mark	Pf.
1882/83	433 170 321	03	295 058 744	27	138 111 576	76	95 756 845	32	—	—	95 756 845	32	42 354 731	44
1883/84	564 390 091	37	416 540 946	83	147 849 144	54	109 848 924	05	2 200 000	—	112 048 924	05	35 800 220	49
1884/85	585 486 642	74	399 399 587	25	186 087 055	49	140 543 558	12	—	—	140 543 558	12	45 543 497	37
1885/86	651 874 592	11	458 047 118	48	193 827 473	63	156 452 087	62	2 200 000	—	158 652 087	62	35 175 386	01
1886/87	686 209 461	20	460 976 857	90	225 232 603	30	157 618 565	04	—	—	157 618 565	04	67 614 038	26
1887/88	733 628 453	69	460 259 464	05	273 368 989	64	164 376 724	04	—	—	164 376 724	04	108 992 265	60
1888/89	791 481 480	30	494 627 994	54	296 853 485	76	163 763 590	37	—	—	163 763 590	37	133 089 895	39
1889/90	865 912 057	67	544 428 196	79	321 483 860	88	165 462 879	80	—	—	165 462 879	80	156 020 981	08
1890/91	887 798 406	20	576 357 199	92	311 441 206	28	195 904 668	99	—	—	195 904 668	99	115 536 537	29
1891/92	921 293 830	81	607 345 809	45	313 948 021	36	212 646 298	94	2 200 000	—	214 846 298	94	99 101 722	42
zusammen	7 121 245 337	12	4 713 041 919	48	2 408 203 417	64	1 562 374 142	29	6 600 000	—	1 568 974 142	29	839 229 275	35

Diese Ueberschüsse fanden eine Verwendung, wie in der nachfolgenden Uebersicht im Einzelnen angegeben:

1.	9.		10.		11.		12.		13.		14.		15.		16.	
Jahr	Die Staatseisenbahnkapitalschuld beträgt am Schlusse des Rechnungsjahres ohne Rücksicht auf die inzwischen stattgefundenen Abschreibungen (Grundsumme)		Von der Grundsumme der Staatseisenbahnkapitalschuld (Spalte 9) berechnen sich ¾ Prozent, bis zu deren Höhe die Tilgung der Schuld nach § 4 Absatz 1 des Gesetzes vom 27. März 1882 aus dem Reinüberschusse (Spalte 8) stattfinden soll auf		Der Reinüberschuss (Spalte 8) beträgt demnach über den Tilgungsbetrag von ¾ Prozent (Spalte 10) hinaus mehr		Der Reinüberschuss (Spalte 8) ist von der Staatseisenbahnkapitalschuld völlig abgeschrieben und hat Verwendung gefunden: nach § 4 Absatz 3 No. 1 des Gesetzes vom 27. März 1882 zur planmässigen Tilgung der vom Staate für Eisenbahnzwecke vor dem Jahre 1879 aufgenommenen oder vor und nach diesem Termine selbstschuldnerisch übernommenen Schulden		zur Deckung anderweiter etatsmässiger Staatsausgaben		nach § 4 Absatz 3 No. 2 des Gesetzes vom 27. März 1882: zur Bildung oder Ergänzung eines ausseretatsmässigen Dispositionsfonds bis zur Höhe von 20 000 000 Mark behufs Vermehrung der Betriebsmittel sowie zur Erweiterung und Ergänzung der Bahnanlagen im Falle eines durch Verkehrssteigerung hervorgerufenen, nicht vorherzusehenden Bedürfnisses der Staatsbahnen		zur ausserordentlichen Tilgung von Staatsschulden und zur Verrechnung auf bewilligte Anleihen		Als Staatseisenbahnkapitalschuld verbleiben am Schlusse des Rechnungsjahres nach den bis zu diesem Zeitpunkte erfolgten Abschreibungen (letztere einschliesslich der abgeschriebenen Erlöse für verkaufte Grundstücke u. s. w.)	
	Mark	Pf.	Mark	Pf.	Mark	Pf.	Mark	Pf.	Mark	Pf.	Mark	Pf.	Mark	Pf.	Mark	Pf.
1882/83	2 613 664 452	09	19 602 483	39	22 752 248	05	4 005 204	23	22 752 248	05	—	—	15 597 279	16	2 594 846 330	08
1883/84	3 107 785 185	10	23 308 388	89	12 491 831	60	4 040 438	33	12 491 831	60	—	—	19 267 950	56	3 042 748 676	37
1884/85	3 774 371 277	16	28 307 784	58	17 235 712	79	3 648 721	71	27 628 326	86	—	—	14 266 448	80	3 657 914 620	84
1885/86	4 034 124 714	48	30 255 935	36	4 919 450	65	3 630 880	16	23 705 928	94	—	—	7 838 576	91	3 875 054 406	06
1886/87	4 165 744 614	51	31 243 084	61	36 370 953	65	4 450 821	—	30 245 088	57	—	—	32 918 128	69	3 952 617 919	48
1887/88	4 452 787 946	93	33 395 909	60	75 596 356	—	4 138 862	45	20 169 658	21	—	—	84 683 744	94	4 163 756 407	59
1888/89	4 494 668 803	48	33 710 016	03	99 379 879	36	4 223 353	11	52 080 913	79	—	—	76 785 628	49	4 067 074 143	40
1889/90	4 911 995 110	08	36 839 963	33	119 181 017	75	3 498 457	86	44 445 723	66	—	—	108 076 799	56	4 314 966 719	37
1890/91	5 948 477 554	35	44 613 581	66	70 922 955	63	3 023 941	76	86 359 927	22	—	—	26 152 668	31	5 192 482 258	43
1891/92	6 356 365 411	29	47 672 740	58	51 428 981	84	5 584 210	49	75 665 760	14	—	—	17 851 751	79	5 501 288 399	65
zusammen	—	—	328 949 888	03	510 279 387	32	40 244 891	10	395 545 407	04	—	—	403 438 977	21	—	—

Die in Spalte 16 dargestellte Erhöhung der Staatseisenbahnkapitalschuld von 2594 Millionen auf 5501 Millionen M.
erklärt sich theils durch den in 1882—1892 erfolgten Erwerb
von Privatbahnen in einem Gesammtumfange von 8937 km,
theils durch den Bau neuer Bahnen, zweiter Geleise, Umbau
grosser Bahnhöfe u. s. w. sowie durch die Unterstützung des
Baues von Privatbahnen. In letzterer Beziehung ist zu bemerken, dass von 1879/80—1891/92 durch besondere Gesetze
zum Bau von 6859 Kilometer Staatsbahnen und zur Unterstützung von 696 Kilometer Privatbahnen Mittel im Gesammt-
betrag von 728 475 856 M. bewilligt sind und die Gesammtsumme der für die Befriedigung ausserordentlicher Geldbedürf-
nisse bewilligten Mittel 1 380 668 736 M. betrug. Diesen Beträgen
stehen aber gegenüber*):

1. Die dem Staate anheimgefallenen Fonds der erworbenen
   Privatbahnen mit rund   184 359 000 M.
2. Die Reinüberschüsse der Staatseisenbahnverwaltung
   a) vor dem Gesetz vom 27. März 1882   69 254 000 M.
   b) nach diesem Gesetz bis Ende des
      Jahres 1891/92   839 229 275 M.
   c) die zur Tilgung der Prioritätsan-
      leihen und sonstigen Darlehn der
      verstaatlichten Bahnen, sowie zur
      Tilgung von Aktien solcher Bahnen
      bis 1891/92 verwendeten Beträge von
      rund   131 625 000 M.

                 zusammen 1 224 467 265 M.

Zieht man diese Summe von dem obigen Betrag für Anleihen
von 1 380 668 736 M. ab, so bleiben nur 156 201 461 M., um welchen
Betrag sich die Staatseisenbahnkapitalschuld gegenüber jenen
grossartigen Erweiterungen und Ergänzungen des Eisenbahn-

---

*) Vgl. Archiv für Eisenbahnwesen, 1891 S. 284. An Stelle der
dort angeführten Summe ist unter 2. b.) die der Wirklichkeit entsprechende Summe aus der obigen Tabelle eingestellt.

netzes vermehrt hat*). Im Wesentlichen ist also die Vermehrung der Staatseisenbahnkapitalschuld durch den Ankauf der 8937 km Privatbahnen erfolgt.

Der Ueberschuss in Prozenten des Anlagekapitals der preussischen Staatseisenbahnen betrug

1882/83	5,21
1883/84	4,83
1884/85	5,11
1885/86	4,88
1886/87	5,22
1887/88	5,77
1888/89	6,02
1889/90	6,26
1890/91	5,26
1891/92	4,90
zusammen	53,46

und im Durchschnitt 5,346 Prozent, während ihre Verzinsung im Durchschnitt nur 3,5 Prozent erfordert.

Das Ergebniss ist also, dass die preussischen Staatseisenbahnen durch ihre Reinerträge nicht nur ihr gewaltiges Anlagekapital verzinst haben, sondern es sind, wie die obige Uebersicht lehrt, noch nahezu 846 Millionen M. in den 10 Jahren von 1882—1892, also jährlich durchschnittlich 84½ Million M. aus den Reinerträgen übrig geblieben, von welchen etwas über 40 Millionen zur wirklichen Tilgung der Eisenbahnschuld, 395½ Million M. zur Deckung anderweitiger etatsmässiger Staatsaus-

---

*) Ich habe auch diese auf den Bau der Nebenbahnen, zweiter Geleise, Umbau der Bahnhöfe u. s. w. verwendeten Beträge hier genau aufgeführt, weil mehrfach, z. B. in der Sitzung des Centralvereins für Hebung der deutschen Fluss- und Kanalschiffahrt vom 17. Dezember 1890 von Anhängern der Wasserstrassen die auf letztere und die auf Nebenbahnen verwendeten Beträge vergleichsweise zusammengestellt und daraus ohne Rücksicht auf die oben erwähnten Verhältnisse und den Umstand, dass die Staatseisenbahnen ihr Anlagekapital reichlich verzinsen, die Staatswasserwege aber nicht, ganz unzulässige Schlüsse gezogen sind.

gaben, 403½ Million M. zur ausserordentlichen Tilgung von Staatsschulden und zur Verrechnung auf bewilligte Anleihen, endlich 6 600 000 M. zur Ausgleichung eines Deficits im Staatshaushalte, welches andernfalls durch Anleihen hätte gedeckt werden müssen, Verwendung gefunden haben.

Betrachtet man andererseits die Ausgaben und Einnahmen der preussischen Staatswasserstrassen, so stellt sich folgendes Bild dar:

Nach offiziellen Angaben*) sind in den Jahren 1880—1890 zur Regulirung der grossen und kleinen Ströme des Landes aufgewendet worden

1880/81	5 833 000	M.
1881/82	6 390 000	„
1882/83	7 919 000	„
1883/84	6 971 000	„
1884/85	7 468 000	„
1885/86	7 681 000	„
1886/87	5 136 000	„
1887/88	5 157 000	„
1888/89	4 794 000	„
1889/90	3 803 000	„
zusammen	61 152 000	M.
Hinzu treten	74 812 000	„

welche während des gleichen Zeitraumes
für Unterhaltung jener Ströme

und 47 142 000 „

welche für sonstige Regulirungen der Wasserstrassen einschliesslich der Aufwendungen für Kanäle, Brücken etc. verausgabt wurden.

Im Ganzen sind daher 183 106 000 M.
für diese Wasserbauten aufgewendet worden.

Aber auch der Herstellung künstlicher Wasser-

____

*) Die Thätigkeit der preussischen Wasserbau-Verwaltung innerhalb der Jahre 1880 bis 1890, Sonderabdruck aus dem Centralblatt der Bauverwaltung 1890.

strassen hat die Staatsregierung in neuerer Zeit in umfassendster Weise ihre Fürsorge zu Theil werden lassen. Denn mit nicht weniger als rund 180 Millionen Mark sind die Finanzen des Staates allein an den Kosten der theils in der Ausführung begriffenen, theils bereits ausgeführten grossen Kanalprojekte betheiligt. Von diesen Kostenbeiträgen entfallen auf:

den Nord-Ostsee-Kanal	50 000 000 M.
den Oder-Spree-Kanal	12 600 000 „
die Regulirung der Oder und Spree .	26 300 000 „
den Kanal von Dortmund nach den Emshäfen *)	59 825 033 „
die Weichselbauten	20 000 000 „
die Vertiefung der Haffrinne von Königsberg nach Pillau	7 300 000 „
die Kanalisirung der Fulda	3 348 250 „

Das ergibt also an Regulirungs- und Unterhaltungskosten der grossen Ströme durchschnittlich jährlich 18 310 600 M. und wenn man die für Herstellung künstlicher Wasserstrassen bewilligten 184 Millionen M. ebenfalls auf 10 Jahre vertheilt, weitere 18,4 Millionen M. jährlich, zusammen also nahezu 37 Millionen M. jährlich, erheblich mehr, als Sympher für alle deutschen Wasserstrassen berechnet hat. An sich betrachtet sind diese Ausgaben nicht übermässig hoch für einen grossen Staat, wenn dem Staat daraus auch entsprechende Einnahmen erwüchsen. Aber nach der obigen Berechnung von Sympher haben die durchschnittlichen Jahreseinnahmen der sämmtlichen deutschen Wasserstrassen von 1881—1890 nur 2 000 000 M. betragen, also wenn man dieselben ganz für Preussen rechnen wollte, nicht entfernt die Kosten gedeckt, welche Preussen allein für die Regulirung und Unterhaltung der grossen Ströme jährlich ausgibt. Von einer Verzinsung der aufgewendeten Kapitalien für Neuanlagen ist gar keine Rede.

---

*) Inzwischen ist durch die dem Landtag vorgelegte Denkschrift vom 9. März 1892 bereits festgestellt, dass ein Mehraufwand von 4 770 000 M. nothwendig werden wird, es erhöht sich also obiger Betrag auf 64 595 033 M.

Während also von den Staatseisenbahnen nicht nur ihre Betriebs- und Unterhaltungskosten, sondern auch die Verzinsung und Tilgung ihres Anlagekapitals, ja darüber hinaus wenigstens in Preussen noch erhebliche Summen für sonstige Staatsbedürfnisse aufgebracht werden, während an sie ferner von der Reichsverwaltung (Post, Militärverwaltung, Zollverwaltung) Anforderungen gestellt werden, welche viele Millionen jährlich kosten, baut und unterhält der Staat die Wasserstrassen auf seine Kosten unter Verzicht auf eine Verzinsung des Anlagekapitals und ohne für die auf Unterhaltung und Ausrüstung der Wasserstrassen mit Häfen u. s. w. verwendeten Beträge einen Ersatz durch Abgaben zu fordern. Und diese ungleichmässige Behandlung beschränkt sich nicht auf den Staat: auch seine einzelnen Theile, insbesondere die Gemeinden folgen seinem Beispiel. Kann man sich einen grösseren Gegensatz denken als das Verfahren der Gemeinden beim Bau der Eisenbahn- und Wasserbahnhöfe? Während beim Bau der ersteren die Gemeinden stets die weitgehendsten Forderungen bezüglich der Herstellung, Ueber- und Unterführung von Strassen u. s. w. an die Eisenbahnen stellen und den Bau dadurch nach Möglichkeit vertheuern, bringen beim Bau der Wasserstrassen dieselben Gemeinden die grössten Opfer und stellen insbesondere die kostspieligen Wasserbahnhöfe, die Häfen, oft ganz auf eigene Kosten her.

In der That erinnert die verschiedenartige Behandlung der beiden Schwesterverwaltungen, der Staatseisenbahnen und Staatswasserstrassen, unwillkürlich an das Märchen vom Aschenbrödel.

Die Staatseisenbahnen sind das Aschenbrödel, welches nicht nur seinen eigenen Unterhalt aufbringen, sondern auch für die andern Staatsverwaltungen und das Reich arbeiten und verdienen muss; und wenn in schlechten Jahren, wo Handel und Industrie zurückgehen, naturgemäss das Aschenbrödel weniger Ueberschüsse bringt als vorher, so muss es sich noch Schelte und schlechte Behandlung gefallen lassen. Die Staatswasserwege sind dagegen die verwöhnten Töchter, für sie werden die Summen, welche das Aschenbrödel erarbeiten und ersparen muss, ohne Bedenken aufgewendet, sie schmücken sich mit fremden Federn und werden von allen Seiten verhätschelt und gepriesen. Jedermann verlangt nach ihnen, weil sie in der Lage sind, mit fremdem Gelde freigebig zu sein und die billigsten Frachten zu gewähren.

Indess — wird man mit Recht sagen — nicht darum kann es sich hier handeln, ob man den Staatseisenbahnen zuviel auspresst und den Staatswasserstrassen zuviel zuwendet, das sind schliesslich Ressortschmerzen, welche nicht in Betracht kommen können gegenüber den allgemeinen Interessen des Staates und Landes. Untersuchen wir deshalb von diesem Gesichtspunkte aus, ob die verschiedene Art der finanziellen Verwaltung der Staatseisenbahnwege und Staatswasserwege gerechtfertigt ist.

Bei der finanziellen Verwaltung der Verkehrswege und Verkehrsanstalten können Seitens des Staates drei verschiedene Grundsätze zur Anwendung gelangen, nämlich *)

1. der Grundsatz der reinen Ausgabe oder des allgemeinen Genussgutes, d. h. der Staat oder ein Theil desselben (Provinz, Kreis, Gemeinde) bestreitet die Kosten einer Einrichtung oder Thätigkeit vollständig aus allgemeinen Einnahmen, ohne denjenigen, welcher von der Einrichtung Nutzen zieht, zur Deckung der entstehenden Kosten heranzuziehen. Der Staat stellt diese Einrichtungen her und unterhält sie, weil er dies als eine im allgemeinen Interesse übernommene Aufgabe ansieht.

2. Das Gebührenprinzip. Hier erheben der Staat oder seine Glieder für die Ausführung einer im öffentlichen Interesse übernommenen Thätigkeit oder die Benutzung einer gemein-

---

*) Vgl. A. Wagner, Finanzwissenschaft (3. Auflage) Theil I, § 201 und § 268; G. Cohn, Erörterungen über die finanzielle Behandlung der Verkehrsanstalten in Schmollers Jahrbuch für Gesetzgebung, Verwaltung und Volkswirthschaft, Jahrg. 1886, drittes Heft; derselbe, System der Finanzwissenschaft; Sax, die Verkehrsmittel Bd. I, S. 80 ff.; Ulrich, Eisenbahntarifwesen § 8.

wirthschaftlichen Einrichtung eine besondere Abgabe von denjenigen, welche dieselbe benutzen bezw. auf deren Veranlassung diese Thätigkeit erfolgt. Diese Abgabe heisst Gebühr und dient zur ganzen oder theilweisen Deckung der Kosten der staatlichen Thätigkeit oder Einrichtung.

3. Der privatwirthschaftliche oder gewerbliche Grundsatz. Hier wird ebenfalls von den Leistungsempfängern eine Abgabe gefordert, aber nicht blos zur Deckung der entstehenden Kosten, sondern es wird ein möglichst hoher Ueberschuss hierüber nach den Grundsätzen der privatwirthschaftlichen Konkurrenz erstrebt.

Die Entscheidung der Frage, welcher dieser drei Grundsätze bei der Verwaltung eines Verkehrswegs oder einer Verkehrsanstalt anzuwenden ist, hängt in erster Linie ab von der Gleichmässigkeit oder Ungleichmässigkeit der Vertheilung des betreffenden Verkehrsmittels über das ganze Land und der Gleichmässigkeit oder Ungleichmässigkeit des Nutzens, welchen die gesammte Bevölkerung aus dem betreffenden Verkehrsmittel zieht. Nicht allein, dass ein Verkehrsmittel gleichmässig über das ganze Land verbreitet und seine Benutzung allen Staatsangehörigen möglich ist, sondern auch, dass thatsächlich der Nutzen aus demselben allen Bevölkerungsklassen annähernd gleichmässig zu Gute kommt, ist eine nothwendige Voraussetzung der Anwendung des ersten Grundsatzes der reinen Ausgabe oder des allgemeinen Genussgutes. Nur dann kann sich die Uebernahme der durch ein Verkehrsmittel entstehenden Ausgaben auf allgemeine Kosten rechtfertigen, wenn auch die diese Kosten aufbringende Gesammtheit der Staatsangehörigen in gleichmässiger Weise an den Vortheilen des Verkehrsmittels Theil nimmt. Ist dies nicht der Fall, kommen die Vortheile des Verkehrsmittels nur einzelnen Landestheilen oder einzelnen Bevölkerungsklassen mehr als den anderen zu Gute, so ist schon deshalb die Anwendung des zweiten oder dritten Verwaltungsgrundsatzes geboten. Aber selbst bei gleichmässiger Vertheilung der Vortheile lassen andere Bedenken die Anwendung des ersten Grundsatzes der reinen Staatsausgabe nur selten und ausnahmsweise angezeigt erscheinen. Sie ist finanziell bedenklich, weil nicht blos die Anlage-, sondern auch die Unterhaltungs- und Betriebskosten ungedeckt bleiben und durch die unentgeltliche Benutzung letztere in der Regel noch gesteigert werden. Sie erscheint im Allgemeinen nicht nöthig, weil die Benutzer einen Dienst geleistet erhalten: durch eine, wenn auch mässige Bezahlung wird die Benutzung auf das wahre Bedürfniss beschränkt und die Gefahr eines Missbrauchs vermieden.

Mit grosser Entschiedenheit erklärt sich deshalb G. Cohn gegen die Bestrebungen auf unentgeltliche oder nahezu unentgeltliche Benutzung der staatlichen Verkehrsmittel. Er sagt[*]: „Die Ansicht, welche die Ausschliessung der individuellen Entgeltlichkeit bei diesem Verkehr der individuellen Interessenten nicht nur überhaupt anstrebt, sondern obenein als etwas „Höheres" im Gegensatze zu der individuellen Entgeltlichkeit anstrebt, beruht im günstigen Falle auf einer Unklarheit des Denkens, in minder günstigem Falle auf dem Zuge der Interessen, welche allezeit geneigt sind, den Staat für sich auszubeuten, ohne darnach zu fragen, woher der Staat die Mittel dazu hernehmen soll. Da, wo es sich um eine blos theoretische Unklarheit handelt, verwechselt man, indem man sich für den „höheren" Standpunkt der Unentgeltlichkeit, der Rücksichtslosigkeit gegenüber finanzieller Berechnung erwärmt, den Standpunkt der Privatwirthschaft mit dem Standpunkt der Staatswirthschaft. Wenn der Landwirth X, wenn der Industrielle Y die finanzielle Berechnung hintansetzt gegenüber den sittlichen Verpflichtungen, die er für seine Arbeiter zu erfüllen hat, so ist diese Hintansetzung ein höherer Standpunkt. Wenn aber die Staatswirthschaft die finanzielle Behandlung hintansetzt, um gewisse Leistungen für gewisse Kreise der Interessenten ohne Rücksicht auf die Kosten darzubieten, so liegt darin deshalb nichts „Höheres", weil die Staatswirthschaft nur

[*] Finanzwissenschaft S. 621.

mit den Mitteln der Staatsgesammtheit, der Gesammtheit der Steuerzahler wirthschaftet, also das, was sie dem einen Theile schenkt, von dem andern Theile nimmt oder demselben vorenthält."

Welcher von den beiden anderen Verwaltungsgrundsätzen, ob das Gebührenprinzip oder das gewerbliche Prinzip gewählt wird, das hängt theils wieder von der mehr oder weniger allgemeinen Verbreitung und Benutzung des Verkehrsmittels, theils von finanzwirthschaftlichen Gesichtspunkten ab. In letzterer Beziehung kommt ausser der Höhe des Anlagekapitals und der Frage, ob dasselbe getilgt ist oder noch verzinst werden muss, die allgemeine finanzielle Lage des betreffenden Staates in Betracht, ob er es nöthig hat, aus dem betreffenden Verkehrsmittel Ueberschüsse für andere Staatszwecke zu ziehen oder ob es ihm genügt, die Kosten desselben ganz oder zum Theil zu decken. In ersterer Beziehung wird man sagen können, dass je weniger gleichmässig ein Verkehrsmittel verbreitet und benutzt ist, je mehr dasselbe nur einzelnen Gegenden oder einzelnen Bevölkerungsklassen zu Gute kommt, desto mehr eine Verwaltung nach dem gewerblichen Grundsatz geboten erscheint, wenn die Begünstigung einzelner Landestheile auf Kosten der anderen oder einzelner Bevölkerungsklassen auf Kosten der Allgemeinheit vermieden werden soll. Von diesem Gesichtspunkte aus wird es am richtigsten sein, wenn der Staat, solange ein Verkehrsmittel nur vereinzelt vorkommt, sich von der Uebernahme überhaupt fern hält und es der Privatindustrie überlässt. Da das vereinzelte Vorkommen in der Regel zusammentrifft damit, dass das Verkehrsmittel in seiner Anwendung noch neu oder sein Nutzen noch nicht genügend festgestellt ist, so liegt es auch im finanziellen Interesse des Staates, die Versuche mit neuen Verkehrsmitteln und das damit verbundene Risiko der Privatindustrie zu überlassen. Ist dagegen ein Verkehrsmittel allgemeiner verbreitet, sein Nutzen gleichmässiger für alle Bevölkerungsklassen, so wird die Anwendung des Gebührenprinzips angezeigt sein.

Geht man von diesen in der Wissenschaft allgemein anerkannten Grundlagen bei der Prüfung der Frage aus, ob die oben festgestellte Art der Verwaltung der Staatswasserstrassen und Staatseisenbahnen in Preussen gerechtfertigt ist, so ergibt sich Folgendes:

Die Verwaltung der Eisenbahnen ist in Preussen von jeher nach den vorstehenden Grundsätzen erfolgt. Die ersten Versuche mit den Eisenbahnen hat der Staat der Privatindustrie überlassen und erst, als der Nutzen dieses Verkehrsmittels genügend erprobt war, ist er zum eignen Bau und Betrieb übergegangen, demnächst hat er die privaten Eisenbahnunternehmungen zum grössten Theil verstaatlicht und verwaltet jetzt fast das gesammte Eisenbahnnetz des Landes nach dem gewerblichen Grundsatz. In Frage kommen könnte bei den Staatseisenbahnen allerdings, ob nicht die Verwaltung nach dem Gebührenprinzip so, dass durch die Gebühren die gesammten Kosten einschliesslich der Verzinsung und Tilgung des Anlagekapitals gedeckt würden, vorzuziehen wäre. Bei der annähernd gleichmässigen Verbreitung der Eisenbahnen über das gesammte Staatsgebiet, wenn man für die Dichtigkeit des Eisenbahnnetzes die Dichtigkeit der Bevölkerung zu Grunde legt, bei der Seitens aller Bevölkerungsklassen starken Benutzung der Eisenbahnen würde an sich die Anwendung des Gebührenprinzips zulässig erscheinen, und es sind in der That wesentlich finanzwirthschaftliche Gründe, die Nothwendigkeit, andere Bedürfnisse des preussischen Staats aus den Eisenbahnüberschüssen zu decken, welche die Verwaltung nach dem gewerblichen Grundsatze noch geboten erscheinen lassen. Die Ueberschüsse der Staatseisenbahnen stellen somit eine Art Verkehrssteuer dar und sind als solche auch unter der gegenwärtigen Finanzlage nicht zu entbehren. Fast alle europäischen Staaten, insbesondere Frankreich, England, Italien, Oesterreich-Ungarn, Russland erheben Verkehrssteuern von den Eisenbahnen. Während aber diese Staaten, weil sie ausschliesslich oder zum grossen Theil eine private Verwaltung der Eisenbahnen haben, wirkliche Steuern erheben, z. B. Frachtbriefstempelsteuer, Fahr-

kartensteuer u. s. w., kann bei fast ausschliesslich staatlichem
Eigenthum und Verwaltung der Eisenbahnen von dieser rohen
Form der Besteuerung, welche alle Frachtsätze oder Personen-
fahrpreise ohne Unterschied trifft, abgesehen werden. Die Besteuerung erfolgt vielmehr bei den preussischen Staatsbahnen
dadurch, dass die Tarife höher gehalten werden, als es zur
Kostendeckung und Verzinsung des Anlagekapitals nöthig ist.
Es hat dies den Vortheil, dass die Verkehrsbedürfnisse bei
dieser Besteuerung in derselben Weise wie bei der Tariffestsetzung
berücksichtigt werden und z. B. gewisse Transporte für die
Ausfuhr, für die nothleidende Landwirthschaft oder Industrie
u. s. w. von der Steuer frei gelassen und daher zu besonders
niedrigen Frachten gefahren werden können. Auch in Bezug
auf die Erhebungskosten ist diese Besteuerung der Staatsbahnen
wohl die vollkommenste, welche es gibt, da Erhebungskosten
überhaupt nicht entstehen. Nichtsdestoweniger bleibt es eine
den Verkehr belastende Steuer und dies sollte um so weniger
vergessen werden, als sie in Preussen, wie wir oben gesehen
haben, sehr hoch ist.

Betrachten wir demgegenüber die Verwaltung der Wasserstrassen, so wird die der natürlichen Wasserstrassen ganz,
die der künstlichen Wasserstrassen mit geringen Ausnahmen
nach dem Grundsatz der reinen Staatsausgabe geführt, obwohl eine Berechtigung hierzu nach den obigen Ausführungen
nicht anerkannt werden kann. Denn die Wasserstrassen
sind keineswegs über das gesammte Land gleichmässig verbreitet, vielmehr weit weniger gleichmässig als die Eisenbahnen. Ein grosser Theil des Landes, besonders gerade die
ärmeren gebirgigen Landestheile, entbehren schiffbarer Wasserstrassen ganz und haben auch wenig Aussicht, je solche zu bekommen. Die Benutzung der Wasserstrassen Seitens der Bevölkerung ist viel ungleichmässiger als die der Eisenbahnen,
wozu schon der Umstand beiträgt, dass die Wasserstrassen nur
in sehr geringem Maasse zum Personentransport benutzt werden.
Ferner befinden sich die künstlichen Wasserstrassen (Kanäle)
noch im Stadium des Versuchs, ihr wirthschaftlicher Nutzen

ist noch keineswegs vollständig erprobt; es steht namentlich nicht fest, ob sie in der Lage sind, bei Verzinsung und Tilgung ihres Anlagekapitals niedrigere Frachten und grösseren wirthschaftlichen Nutzen zu bieten als die Eisenbahnen. Auch vom finanziellen Standpunkt muss wegen der hohen Kosten der Wasserstrassen und wegen der bei der Unentgeltlichkeit der Benutzung sich immer steigernden Ansprüche der Interessenten auf Herstellung neuer und Verbesserung der bestehenden Wasserstrassen die Verwaltung nach dem Grundsatz der reinen Staatsausgabe die höchsten Bedenken erregen. Auf alle Fälle ist nicht zu bestreiten, dass, solange man sogar die Eisenbahnen nach dem gewerblichen Grundsatze verwaltet, die Verwaltung der Wasserstrassen nach demselben Grundsatz erfolgen muss, und die jetzige Verwaltung derselben nach dem Grundsatz der reinen Staatsausgabe unberechtigt ist.

Forscht man nun nach den Gründen, weshalb trotzdem diese verschiedenartige Behandlung der Staatseisenbahnen und der Staatswasserwege stattfindet, so stösst man auf seltsame Widersprüche. Während von den Anhängern der Wasserstrassen auf der einen Seite die gegenüber den Eisenbahnfrachten weit niedrigeren Wasserfrachten und die ungeheuren Fortschritte des Wasserstrassenverkehrs betont, der hohe Nutzen herausgerechnet wird, welchen angeblich die Volkswirthschaft hieraus ziehe, während ausgeführt wird, dass demgegenüber die vom Staat aufgewendeten Kosten sich mittelbar auf das Glänzendste verzinsen und der Wasserstrassenverkehr dem Staate auf das Tonnenkilometer berechnet nur einen ganz unbedeutenden Betrag koste*), wird auf der anderen Seite, sobald der Staat Anstalten trifft, durch Gebührenerhebung wenigstens die Unterhaltungskosten der Wasserstrassen zu

---

*) Vgl. Sympher, der Verkehr auf den deutschen Wasserstrassen in den Jahren 1875—1885 S. 13—18. Derselbe berechnet, dass das Tonnenkilometer des 1885 auf den 6 grossen preussischen Strömen bewegten Verkehrs dem Staate an Verzinsung und Unterhaltung nur 0,37 Pf. gekostet habe.

decken, dies für gänzlich unzulässig erklärt, der Ruin des Wasserverkehrs und des „armen Schiffers" in Aussicht gestellt. So wurde noch jüngst, als der Staat auf den von ihm in den Jahren 1880—1892 mit einem Aufwand von 27 Millionen Mark verbesserten märkischen Wasserstrassen eine sehr mässige Erhöhung der Schiffahrtsabgaben einführte, in der Presse, in zahlreichen Eingaben der Interessenten und Handelskammern auf das Lebhafteste hiergegen protestirt, unter anderen auch von dem Centralverein für Hebung der deutschen Fluss- und Kanalschiffahrt. Derselbe Verein hat aber in der Denkschrift betr. die Höherlage der neuen Mühlendammbrücke vom 31. Mai 1891 angeführt, dass die in den Jahren 1880—1888 staatsseitig eingetretene Verbesserung der märkischen Wasserstrassen lediglich durch Frachtermässigungen allein den Berliner Konsumenten nach den in den Jahren 1880 — 1888 angekommenen Mengen berechnet einen direkten wirthschaftlichen Vortheil von 40 Millionen Mark verschafft hat. Offenbar liegt hier ein Widerspruch vor. Wenn wirklich die Wasserstrassen den Eisenbahnen so sehr überlegen sind, wie die Anhänger der ersteren behaupten, wenn sie so unvergleichlich billiger den Verkehr bedienen können, so ist es doch nicht nur recht und billig, sondern auch volkswirthschaftlich vollständig zulässig, dass die angeblich so geringen Kosten auf das Tonnenkilometer, welche der Staat auf sie verwendet, auch in Form von Schiffahrtsgebühren erhoben werden. Und wenn es für den preussischen Staat zur Zeit nothwendig ist, zur Gleichhaltung seiner Ausgaben und Einnahmen eine Summe von nahezu 100 Millionen Mark jährlich aus den Verkehrswegen zu ziehen, so wäre für diese Verkehrssteuer nach den obigen Ausführungen der Verkehr der Wasserstrassen ein viel geeigneteres Objekt als der Verkehr der Staatseisenbahnen. Denn der Verkehr der Wasserstrassen ist, wie wir oben gesehen haben, im Wesentlichen der Verkehr der grossen Ströme. Er ist, wie zugestanden werden muss, in der That in der Lage, weit niedrigere Frachten zu bieten als die Eisenbahnen, schon aus dem Grunde, weil er nicht ein grosses Anlagekapital zu verzinsen hat, wie die Eisenbahnen. Deshalb ist er aber auch viel geeigneter zur Auflegung einer Verkehrssteuer als diese. Denn jede Verkehrssteuer bedeutet wirthschaftlich nichts Anderes als eine Erhöhung der Frachten, und offenbar ist es weit eher zulässig, sehr niedrige Frachten zu erhöhen als hohe. Und auch die künstlichen Wasserstrassen schaffen für die an ihnen gelegenen Orte solche Vortheile, — ich verweise ausser auf den eben mitgetheilten Betrag von über 4 Millionen Mark jährlich, welcher den Berliner Konsumenten durch die Verbesserung der märkischen Wasserstrassen zufliesst, auf die oben mitgetheilten Angaben über die durch die Kanalisirung des Mains für Frankfurt und die sonstigen Mainorte erzielten Frachtersparnisse —, dass ausser der Aufbringung der Verzinsung und Unterhaltungskosten die Belastung der künstlichen Wasserstrassen durch eine Verkehrssteuer mindestens solange als gerecht und wirthschaftlich zulässig bezeichnet werden muss, als die preussischen Staatsbahnen eine so hohe Verkehrssteuer aufbringen müssen.

Es wäre die Erhebung einer Verkehrsabgabe von den Wasserwegen, welche die Kosten der Unterhaltung und, soweit künstliche Wasserstrassen oder besondere Anlagen in Betracht kommen, auch deren Verzinsung zu decken und darüber hinaus dem Staate Einnahmen für andere Staatszwecke zu bringen hätte, auch durchaus nichts Neues oder Aussergewöhnliches. Es ist bekannt, dass im Mittelalter und bis zur Mitte dieses Jahrhunderts zu diesen Zwecken „Wasserzölle" (Mauthen) auf den schiffbaren Strömen, wie auf den künstlichen Wasserstrassen erhoben worden sind. Der Missbrauch, der in der früheren Zeit mit diesen Wasserzöllen getrieben wurde, und sie namentlich in Deutschland bei seiner Zerrissenheit in eine grosse Anzahl kleiner Territorialherrschaften aus einer berechtigten Abgabe zu einer den Verkehr hemmenden und auf's äusserste drückenden Last umgestaltete, hat es dahin gebracht, dass die öffentliche Meinung deren gänzliche Abschaffung im Interesse des Verkehrs forderte, was auch allmälig für die grösseren Ströme durch internationale Verträge (Rheinschiffahrtsakte vom 17. Oktober 1868; Elbschiffahrtsakte vom 23. Juni

1821, Additionalakte vom 14. April 1844 und Revision vom
2. Dezember 1851; Weserschiffahrtsakte vom 10. September 1823
und Additionalakte vom 3. September 1857; Donauschiffahrts-
akte vom 7. November 1854) geschah. Es war dieselbe Reak-
tion gegen den früheren Missbrauch der Wasserzölle, die dazu
führte, in Artikel 54 der deutschen Reichsverfassung auf allen
natürlichen Wasserstrassen die Erhebung von Gebühren für
das blosse Befahren derselben zu verbieten und nur für die
Benutzung besonderer Anstalten und Einrichtungen, welche zur
Erleichterung des Verkehrs geschaffen sind, zu gestatten.
Diese Abgaben, sowie die Abgaben für die Befahrung solcher
künstlicher Wasserstrassen, welche Staatseigenthum sind, dürfen
die zur Unterhaltung und gewöhnlichen Herstellung der Anstalten und Anlagen erforderlichen Kosten nicht übersteigen,
worin aber auch die Kosten der Verzinsung des Anlagekapitals
begriffen sind*).

Noch weiter ist man aber auf Andrängen der Interessenten
in der Praxis gegangen: wie oben dargelegt, werden die natürlichen Wasserstrassen ganz, die künstlichen wenigstens zum
Theil nach dem Prinzip der reinen Staatsausgabe verwaltet.
Dass dies an sich unbegründet ist, dass nicht nur diejenigen
Abgaben, welche nach Artikel 54 der Reichsverfassung zugelassen sind, sondern auch darüber hinaus eine Abgabe für die
Befahrung der natürlichen Wasserstrassen, für deren Regulirung
bereits hunderte von Millionen Mark**) verausgabt sind, und
selbst eine Verkehrssteuer in der Weise, wie sie den Eisenbahnen auferlegt ist, sich rechtfertigen würde, habe ich schon
in den vorhergehenden Ausführungen darzulegen versucht. Es
ist in der That gar kein Grund vorhanden, warum die Orte
und Landestheile an den grossen Strömen, welche schon von

---

*) Vgl. v. Stengel, Wörterbuch des deutschen Verwaltungsrechts,
Artikel Binnenschiffahrt.

**) Allein auf dem Rhein wurden für Verbesserung des Fahr-
wassers, Stromregelungen und Uferschutz nach den Berichten der
Central-Rheinschiffahrtskommission in den Jahren 1831—1890 von den
deutschen Staaten 234¹/₂ Millionen M. aufgewendet.

der Natur durch ihre Lage so begünstigt sind, auch noch dadurch vor andern bevorzugt werden sollen, dass man auf allgemeine Kosten diese Ströme unterhält und verbessert, anstatt diese Aufwendungen durch eine Gebühr zu decken, welche die Schiffahrt zu tragen vollständig im Stande ist.

Allerdings wird man praktisch zunächst auf dasjenige sich beschränken müssen, was den vorstehenden gesetzlichen Bestimmungen entspricht, und die weitere Entwickelung dieser auch für die Staatsfinanzen wichtigen Frage der Zukunft überlassen müssen. Es trifft hier durchaus das zu, was A. Wagner*) bezüglich der Wandelbarkeit der Ansichten über die finanzielle Behandlung der Staatseinnahmequellen sagt und an dem Beispiele der Regalien erläutert. „Nach dem Durchbruch des privatwirthschaftlichen Organisationsprinzips erscheinen sie als eine Anomalie der wirthschaftlichen Rechtsordnung und als eine Hemmung der vollen Entfaltung des privatwirthschaftlichen Produktions- und Verkehrssystems. Deshalb werden sie theoretisch verworfen und praktisch mehr und mehr aufgegeben. Letzteres wird durch die mittlerweile erreichte Entwickelung der eigentlichen Steuern möglich. Der Vorgang steht im Einklang mit der überwiegend privatwirthschaftlichen Gestaltung der neueren Volkswirthschaft. Aber geschichtlich betrachtet, erscheint er eben deswegen doch nur als eine zwar unter gewissen Verhältnissen, aber keineswegs stets richtige Phase, was in den Theorien der Nationalökonomen und Finanzmänner wiederum oft genug verkannt worden ist. Die theilweise Verdrängung der privatwirthschaftlichen durch die gemeinwirthschaftliche Organisation, welche aus ökonomisch - technischen wie aus sozialpolitischen Gründen nothwendig oder wenigstens zweckmässig sein kann, wird daher vielleicht wieder mit der Einführung neuer Regalien verbunden sein."

Aber das ist m. D. schon jetzt durchaus geboten, dass, soweit es die gesetzlichen Bestimmungen zulassen, die für die Wasserstrassen erfolgenden Aufwendungen durch Ab-

---

*) Finanzwissenschaft, erster Theil (dritte Auflage) § 201.

gaben aufgebracht werden. Bei den natürlichen Wasserstrassen werden daher solche Abgaben zu erheben sein, welche die Verzinsung und Unterhaltung derjenigen Einrichtungen decken, welche wie Schleussen, Tauerei, Häfen und die damit verbundenen Anlagen zum Umladen, zur Aufbewahrung und zur Ueberführung der Güter von und nach der Eisenbahn und zu sonstigen Erleichterungen des Wasserverkehrs dienen; bei den künstlichen Wasserwegen, Kanälen und kanalisirten Flüssen, müssen ausserdem die volle Verzinsung und Tilgung des Anlagekapitals, sowie die Kosten der Unterhaltung und des Betriebs aufgebracht werden.

Ausser den schon oben dargelegten sprechen hierfür noch folgende wichtige Gründe, welche die Beseitigung der bisherigen Bevorzugung der Staatswasserstrassen vor den Staatseisenbahnen als geboten erscheinen lassen. Einmal sind die wichtigsten Ströme Deutschlands, insbesondere Rhein und Elbe, nicht ausschliesslich deutsch, sondern international, und es steht auf ihnen die ausländische Schiffahrt in starkem Wettbewerb mit der deutschen Schiffahrt*). Während der Reingewinn aus den deutschen Eisenbahnen dem Inland, und da sie fast ausschliesslich Staatsbahnen sind, der Gesammtheit aller Staatsbürger zu Gute kommt, fällt der Gewinn der Binnenschiffahrt dagegen einzelnen Unternehmern und zum nicht geringen Theile dem Ausland zu. Mit dieser Eigenschaft der Internationalität, welche alle Wasserstrassen mehr oder minder deshalb besitzen, weil sie eben Jedem zugänglich sind, welcher sie mit geeigneten Schiffsgefässen befahren will, steht es auch im Zusammenhange, dass sie zu Gunsten der Staats- und Landesinteressen weit weniger Einwirkung gestatten als die Staatseisenbahnwege. Während es bei den letzteren ganz von der Staatsregierung abhängt, durch ihre Tarifpolitik die allgemeinen Landesinteressen zu fördern, keine Tarife zu-

---

*) Auf dem Rhein fuhren 1891 4162 ausländische Schiffe mit einer Ladefähigkeit von rund 16 Millionen Centnern gegenüber insgesammt 6530 Schiffen mit einer Gesammtladefähigkeit von rund 30 600 000 Centnern, also war die Schiffahrt zum überwiegenden Theil ausländisch.

zulassen, welche der inländischen Handels- und Zollpolitik widersprechen und die wirthschaftlichen Interessen schädigen, ist dies bei den Wasserstrassen nicht möglich, weil hier die Frachten nicht vom Staate festgesetzt, sondern durch den Wettbewerb privater Unternehmer bestimmt werden. Ganz mit Recht macht auf diese Nachtheile der Wasserwege auch Todt in seinem schon oft erwähnten Aufsatze „Der Güterverkehr der deutschen Wasserstrassen" aufmerksam und weist nach, dass sie in erster Linie durch ihre billigen Frachten der ausländischen Einfuhr dienen. Er sagt*): „Man sollte daher meinen, dass eine Verminderung der Beförderungspreise unter allen Umständen ein wirthschaftlicher Vortheil von grosser Tragweite und im höchsten Grad erstrebenswerth sei. Dies trifft jedoch in der Wirklichkeit nicht unbedingt zu. Zunächst fragt es sich, ob der mit der Frachtermässigung verbundene Vortheil allgemeiner Natur ist und der gesammten oder doch einem überwiegenden Theile der inländischen Wirthschaft zu Gute kommt. Ist dies nicht der Fall, hat nicht die Allgemeinheit, sondern nur einzelne Gruppen, Kreise, Gegenden den Gewinn, so wird in der Regel der Vortheil des einen durch den Nachtheil des anderen aufgehoben, ein volkswirthschaftlicher Gewinn nur in beschränktem Maasse erzielt werden. Mitunter können die Nachtheile überwiegen und die mit Frachtermässigungen verbundenen Produktions- und Absatzverschiebungen für einzelne Kreise verheerende Wirkungen haben, die ausser Verhältniss zu dem Gewinn anderer stehen. — Sodann ist bei der heutigen Wirthschaft das Verhältniss zu dem Auslande von der einschneidendsten Bedeutung. Die in den Industrieländern herrschende Zuvielerzeugung hat überall einen Ausfuhrdrang geschaffen, welcher die Preise der meisten landwirthschaftlichen und gewerblichen Erzeugnisse zum Sinken gebracht hat. Die Seeschiffahrt hat sich der allgemeinen Ueberproduktion willig angeschlossen und ist dadurch genöthigt, auf hohen, dem Risiko dieses Gewerbszweiges ent-

---

*) Archiv für Eisenbahnwesen, 1887 S. 190 ff.

sprechenden Gewinn zu verzichten und sich mit Frachtpreisen von nie dagewesener Billigkeit zu begnügen. Die niedrigen Seefrachten unterstützen wieder die Ausfuhrfähigkeit der Industrieländer, welche nun mit ihren Erzeugnissen die Absatzmärkte überschwemmen, dort in der nachdrücklichsten Weise um den Vorrang kämpfen und die fremden Völker in den Stand setzen, ihren Bedarf häufig billiger zu decken als die ausführenden Nationen selbst. — Die vorwiegend Land- und Forstwirthschaft treibenden Völker sind diesem Beispiel der Industriestaaten gefolgt und führen letzteren ihren Ueberfluss an Körnerfrüchten, Fleisch, Holz in einem den Bedarf übersteigenden Umfang zu, drücken sich gegenseitig die Verkaufspreise und bereiten der Land- und Forstwirthschaft der Industriestaaten eine verlustbringende Konkurrenz.

Von diesen Gesichtspunkten aus kann die Verminderung der Transportkosten unter Umständen mehr Schaden als Nutzen stiften. Für Deutschland hat sie den Nachtheil gehabt, dass die auf wirksameren Schutz der inländischen Arbeit gerichteten Absichten der Wirthschaftspolitik zum Theil durchkreuzt worden sind, obwohl sich die Verkehrspolitik der deutschen Eisenbahnen durchaus in Uebereinstimmung mit diesen Zielen befindet. Der Verkehr suchte in erhöhtem Maasse die Wasserstrassen auf und wurde trotz der Umwege, welche er zum Theil hierbei einschlagen musste, noch billiger als früher von den Eisenbahnen bedient, weil sowohl See- als Flussschiffahrt sich beeilten, die für sie günstige Wendung möglichst auszubeuten, das Transportmaterial ausserordentlich vermehrten und zur genügenden Beschäftigung desselben mit den Frachtpreisen auf das äusserste Maass heruntergingen. Stellt man die auf dem Rhein, der Elbe und der Oder ein- und ausgeführten Mengen gegenüber, so wird man sich schwer der Ueberzeugung verschliessen können, dass der Verkehr der Wasserstrassen einen nicht geringen Theil seiner Erfolge dem Gegensatz zu den Zielen jener Politik verdankt." Todt zeigt dann im Einzelnen an der Hand der Statistik, dass die Einfuhr des

ausländischen Getreides, Holzes, Roheisens, der ausländischen Kohlen u. s. w. zum weit überwiegenden
Theile auf den Wasserstrassen erfolgt. Indem man also
diese Transporte auf den Wasserstrassen von Abgaben frei
lässt, auch insoweit deren Erhebung gesetzlich und wirthschaftlich zulässig ist, unterstützt man die Einfuhr und
die ausländische Konkurrenz zum Nachtheil der inländischen Produktion. Das sollte in den gegenwärtigen
Zeiten, wo Landwirthschaft und Industrie unter dem auswärtigen Wettbewerb schwer leiden, nicht übersehen werden.
Denn heute trifft die von Todt schon für Mitte der 80er Jahre
festgestellte Thatsache, dass es insbesondere die ausserordentlich billigen Frachten der Binnenschiffahrt sind, welche die
ausländische Einfuhr begünstigen, und dass diese hauptsächlich auf den Wasserstrassen bewirkt wird, in noch verstärktem
Maasse zu. Und wenn die Landwirthschaft und Müllerei der
mittleren und westlichen Provinzen Preussens und Süddeutschlands die Staffeltarife für den Preisdruck in den letzten Jahren
verantwortlich gemacht haben, so lässt sich leicht ziffermässig
nachweisen, dass nicht die Staffeltarife und die geringen Mengen
inländischen Getreides und Mehls, welche mittelst derselben
vom Nordosten Deutschlands nach dem Westen und Süden befördert sind, diesen Preisdruck veranlasst haben, sondern dass
die ungeheuren Mengen ausländischen Getreides und Mehls,
welche der spekulirende Getreidehandel auf den Wasserstrassen
in den Jahren 1891/92 bezogen hat, nach Einbringen der reichen
Ernte von 1892 unverkäuflich blieben und die Preise drückten

Es sind eingegangen nach der Reichsstatistik:

1. auf der Elbe bei Hamburg (Entenwärder) zu Berg

	1891	1892
	Tonnen	Tonnen
Weizen und Spelz	152 927	187 270
Roggen	160 337	128 263
Hafer	85	6 818
Gerste	79 547	78 860
Anderes Getreide und Hülsenfrüchte	76 049	188 009

2. auf der Elbe bei Schandau-Zollgrenze zu Thal

	1891 Tonnen	1892 Tonnen
Weizen und Spelz	349	—
Roggen	959	—
Hafer	2 880	24 053
Gerste	40 834	37 585
Anderes Getreide und Hülsenfrüchte	27 492	22 833

3. auf der Weser bei Bremen zu Berg

	1891 Tonnen	1892 Tonnen
Weizen und Spelz	12 575	12 767
Roggen	14 853	6 256
Hafer	2 066	315
Gerste	6 582	6 000
Anderes Getreide und Hülsenfrüchte	10 746	9 150

4. auf dem Rhein bei Emmerich zu Berg

	1891 Tonnen	1892 Tonnen
Weizen und Spelz	673 431	672 568
Roggen	264 833	153 838
Hafer	78 526	19 832
Gerste	113 757	90 640
Anderes Getreide und Hülsenfrüchte	89 095	129 570

5. auf der Donau bei Passau zu Berg

	1891 Tonnen	1892 Tonnen
Weizen und Spelz	99 045	50 382
Roggen	7 932	6 067
Hafer	132	315
Gerste	16 956	19 898
Anderes Getreide und Hülsenfrüchte	28 319	25 694

An Mehl und Mühlenfabrikaten sind eingegangen:

1. auf der Elbe bei Hamburg-Entenwärder zu Berg

      1891   15 954 Tonnen

      1892   2 806   „

2. auf der Elbe bei Schandau-Zollgrenze zu Thal

      1891   32 834 Tonnen

      1892   21 189   „

3. auf der Weser bei Bremen zu Berg

      1891   1331 Tonnen

      1892   1889   „

4. auf dem Rhein bei Emmerich-Zollgrenze zu Berg

      1891   40 946 Tonnen

      1892   25 673   „

5. auf der Donau bei Passau zu Berg

      1891   7 454 Tonnen

      1892   4 518   „

Dagegen haben aus den östlichen Provinzen (Ost- und Westpreussen, Posen, Pommern und Schlesien) mit der Bahn empfangen Tonnen Getreide (Weizen, Roggen, Gerste, Hafer, Malz, Mais und Hülsenfrüchte):

	Provinz Sachsen	Hessen-Nassau u. Oberhessen	Hannover
vom 1. 10. 91—30. 9. 92	9 061½	286½	1775
vom 1. 10. 92—30. 9. 93	60 099½ *)	6 552½	5449

	Westfalen	Rheinprovinz
vom 1. 10. 91—30. 9. 92	961½	622½
vom 1. 10. 91—30. 9. 93	6 121½	9 306½

Aus denselben Provinzen haben empfangen Mehl und Mühlenfabrikate Tonnen:

-----

*) Darunter nur 2843½ Tonnen Weizen und 9621½ Tonnen Roggen.

	Provinz Sachsen	Hessen-Nassau u. Oberhessen	Hannover
vom 1. 10. 91—30. 9. 92	2 223	1 085½	50
vom 1. 10. 92—30. 9. 93	7 654	3 762	296
	Westfalen	Rheinprovinz	
vom 1. 10. 91—30. 9. 92	150	530	
vom 1. 10. 92—30. 9. 93	771	1 328	

Für Süddeutschland sind die betreffenden Zahlen bereits S. 52 und 53 gegeben.

Wenn auch die Zahlen des Jahres 1891/92 wegen der schlechten Ernte der Ostprovinzen nicht maassgebend sein mögen, so fallen doch auch die im Jahr 1892/93 auf Grund der Staffeltarife beförderten Mengen gegenüber den auf den Wasserstrassen beförderten Mengen nicht in das Gewicht.

Nahezu unbegreiflich ist diesen Thatsachen gegenüber das Verhalten der Landwirthschaft in Mittel-, West- und Süddeutschland. Jahrzehnte lang hat sie es ruhig geschehen lassen, dass die Wasserwege auf Staatskosten mit hunderten von Millionen verbessert wurden, dass infolge dessen das ausländische Getreide zu immer billigeren Frachten und in immer grösseren Mengen auf ihnen eingeführt werden konnte, ja die Landwirthe haben sich an der Agitation für Verbesserung der bestehenden und den Bau künstlicher Wasserstrassen auf Staatskosten lebhaft betheiligt. Und jetzt, wo seit zwei Jahren durch die Staffeltarife unbedeutende Mengen inländischen Getreides aus Ostdeutschland ihnen zugeführt werden, welche gegen die auf den grossen Strömen Rhein, Elbe, Oder, Donau eingeführten Mengen ausländischen Getreides gar nicht in Betracht kommen, da wüthen sie plötzlich gegen die unschuldigen Staffeltarife und beschuldigen sie, den Ruin der Landwirthschaft herbeizuführen*).

---

*) Begreiflicher erscheint dagegen das Verhalten der Getreidehändler in den grossen Getreidehandelsplätzen an den Wasserstrassen. Ihr Hauptinteresse ist an die Wasserstrassen und das auf denselben zu billigsten Frachten eingeführte ausländische Getreide geknüpft und ihre Gegnerschaft gegen die Zuführung inländischen Getreides mittelst der Staffeltarife insofern verständlich. In geschickter Weise

Mit Recht hielt deshalb Herr Minister Thielen in seiner grossen Rede über die Staffeltarife deren Gegnern in West- und Mitteldeutschland vor, dass sie sich in einem Widerspruche befänden, wenn sie die Staffeltarife verwerfen, aber für den Mittellandkanal und andere künstliche Wasserstrassen agitiren*). Der Herr Minister sagte: „Und, meine Herren, was die Wasserwege betrifft — gerade diejenigen Herren, die von jeher und auch heute noch gegen die Staffeltarife ankämpfen, sind es, die in erster Linie als Kanalisten zu bezeichnen sind (Heiterkeit), die für den Dortmund-Emskanal, den Mittelland-, den Weser-, den Rhein-Dortmundkanal, die Fortsetzung des neuen Kanals, die Vertiefung aller Ströme auf das Lebhafteste eintreten. M. H.! Haben Sie Sich einmal vorgestellt, welches denn die Wirkungen sein möchten, wenn diese Wasserstrassen in Betrieb sein werden? (Sehr gut.) Wir transportiren mit den Staffeltarifen immer noch mehrfach theurer, wie das die Wasserstrasse thut — dann können Sie Sich überhaupt nicht mehr wehren gegen das inländische und gegen das ausländische Getreide; dann kommt es zu ganz anderen Preisen noch in das Land hinein, als es mit unsern dagegen immerhin noch sehr unschuldigen Staffeltarifen der Fall ist."

Wie sehr der Herr Minister hiermit Recht hat und wie die Wasserstrassen die Einfuhr ausländischen Getreides fördern, das hat sich unter andern bei der Kanalisation des Mains gezeigt. Es betrug in Frankfurt a. M. der Hafenverkehr in Getreide durchschnittlich jährlich**)

---

nahmen dieselben die Agitation gegen die Staffeltarife unter dem Vorgeben, die Interessen der inländischen Landwirthschaft und Müllerei zu wahren, auf; damit förderten sie nicht nur ihre gegen die Staffeltarife gerichteten Interessen, sondern indem sie die Staffeltarife zum Sündenbock für die beklagten niedrigen Preise machten, lenkten sie auch die Aufmerksamkeit von der wahren Ursache des Preisdrucks, der Ueberspekulation in Getreide und der übermässigen Einfuhr ausländischen Getreides auf den Wasserstrassen ab.

*) Vergl. Stenographische Berichte des Hauses der Abgeordneten, 82. Sitzung vom 28. Juni 1893, S. 2412.

**) Dr. G. Schanz, die Kettenschleppschiffahrt auf dem Main, S. 97 u. 98.

	1. Weizen	davon zu Berg angekommen	2. Roggen	davon zu Berg angekommen
	Tonnen	Tonnen	Tonnen	Tonnen
1884/6 *)	454	420	791	689
1887/9 **)	10 127	9 409	17 000	15 863
1890/2 **)	31 539	31 144	11 983	11 457

	3. Hafer	davon zu Berg angekommen	4. Gerste	davon zu Berg angekommen
	Tonnen	Tonnen	Tonnen	Tonnen
1884/6	1265	—	2004	40
1887/9	6827	5058	2857	610
1890/2	5309	1985	7557	1178

Das zu Berg auf dem Rhein angekommene Getreide ist natürlich, abgesehen von geringfügigen Ausnahmen, ausländisches. Schanz bemerkt dazu: „Mehr und mehr wird Frankfurt ein Zwischenhandelsplatz für Getreide. Im Einzelnen ist die Verkehrsbewegung bei den verschiedenen Getreidearten durchaus nicht gleich. Bei Weizen und Roggen zeigt die Wasserzufuhr eine stürmische Zunahme, bei Hafer und Gerste eine mässigere."

Zu diesen vorstehend dargelegten Gründen, welche gegen die Bevorzugung der Staatswasserstrassen vor den Staatseisenbahnen sprechen, kommen aber noch andere wichtige Erwägungen.

Unzweifelhaft ist die Eisenbahn an sich ein weit vollkommneres Verkehrsmittel als der Wasserweg. Selbst die natürlichen Wasserwege, die grossen Ströme, sind in Deutschland einen grossen Theil des Jahrs unbenutzbar wegen Eises, Hochwasser oder Niedrigwasser. Noch weit länger dauern diese Zeitabschnitte der Unbenutzbarkeit bei Kanälen, wo ausserdem noch die mehrwöchigen Sperrungen wegen Reparaturen hinzutreten. Demgegenüber steht die raschere, gleichmässig das ganze Jahr hindurch sichere Beförderung auf der Eisenbahn, die nicht nur dem Güterverkehr, sondern auch dem Personenverkehr dient, welcher auf den meisten Wasserstrassen wegen

---

*) Vor der Kanalisation des Mains.
**) Nach der Kanalisation des Mains.

der Langsamkeit der Beförderung nicht in Frage kommt.
Dazu kommt, dass die Wasserwege in der Regel gerade während der verkehrsreichsten Herbst- und Wintermonate unbrauchbar werden. Dann wendet sich der ganze Verkehr den Eisenbahnen zu, welche naturgemäss für die Bewältigung eines so grossen Verkehrszuwachses nicht eingerichtet sind und nicht eingerichtet sein können, weil sie schon aus wirthschaftlichen Rücksichten für einen nur wenige Wochen dauernden Zuwachs des Verkehrs nicht eine entsprechende Anzahl von Wagen, Maschinen und Bahnhofsgleisen vorhalten können, welche den übrigen Theil des Jahrs unbenutzt stehen und nicht einmal ihre Unterhaltungskosten, geschweige denn eine Verzinsung ihres Anlagekapitals einbringen würden. Die Folge hiervon sind natürlich Verkehrsstockungen wegen Wagenmangel u. s. w. Diese den gesammten, nicht bloss den von den Wasserstrassen kommenden Verkehr schwer treffenden Stockungen müssen aber immer schlimmer werden, je mehr die Wasserwege und ihre Benutzung sich vermehren.

Es wird hier und da allerdings auch die Behauptung aufgestellt, dass die Eisenbahnen überhaupt nicht im Stande seien, den Verkehr der Massengüter zu bewältigen und dass deshalb Kanäle gebaut werden müssten. Diese Behauptung steht indess in der Luft und irgend ein Beweis dafür, dass die Eisenbahnen nicht im Stande seien, die Massengüter zu bewältigen, ist bis jetzt nicht erbracht. Bei Sperrung der Wasserwege müssen sie ja, wie oben erwähnt, deren Verkehr schon jetzt übernehmen. Dass dann Verkehrsstockungen nicht vermieden werden können, liegt aber nicht an der Leistungsfähigkeit der Eisenbahnen an sich, sondern lediglich daran, dass aus wirthschaftlichen Gründen die Kosten für eine weitere Ausdehnung ihrer Leistungsfähigkeit nicht aufgewendet werden. Es ist lediglich eine Geldfrage, noch eine entsprechende Anzahl Wagen und Maschinen zu beschaffen, die Bahnhofsgleise zu vergrössern, auf der Strecke, da wo ein Gleis nicht ausreicht, zwei und wo zwei Gleise nicht ausreichen, vier Gleise zu legen. Und alle diese Aufwendungen werden nicht entfernt solche Kosten verursachen, wie der Bau eines neuen Kanals und ein weit vollkommneres Verkehrsmittel schaffen, dem Verkehr weit bessere Dienste leisten als ein Kanal. Dass auf diese Weise noch ein weit stärkerer Verkehr auf den Eisenbahnen bewältigt werden kann, als wir jetzt auf den deutschen Eisenbahnen haben und in absehbarer Zeit zu erwarten haben, das zeigt das Beispiel der englischen Bahnen. Der Verkehr derselben ist durchschnittlich auf das Kilometer doppelt so stark als der der deutschen Bahnen, und trotzdem denken die englischen Bahnen so wenig daran, den Wasserweg zu Hülfe zu nehmen, dass sie im Gegentheil den dortigen Kanälen den Verkehr nach Möglichkeit und mit grossem Erfolge zu Gunsten des Eisenbahnwegs entzogen haben, obgleich ein Theil der Kanäle in ihrem Besitze ist, sie also gar keinen Grund hätten, nicht diese zu benutzen, wenn es wirthschaftlicher wäre.

Vielfach wird von den Anhängern der Kanäle auch das Beispiel anderer Länder, insbesondere Frankreichs, angeführt, welche grosse Kanalnetze ebenfalls auf Staatskosten gebaut haben und unterhalten, ohne Gebühren zu erheben. Es wird indess dabei übersehen, dass dort die Verhältnisse ganz anders liegen als bei uns. Einmal sind dort die Kanäle zum grössten Theil vor der Eisenbahnzeit gebaut. Dann aber sind diese Länder viel reicher als wir und können sich manchen Luxus gestatten, den wir uns nicht leisten können. Endlich, und das ist der entscheidende Punkt, besitzt Frankreich mit Ausnahme eines nicht bedeutenden Staatseisenbahnnetzes im Nordwesten nur Privatbahnen, und es bedarf der Kanäle, um die hohen Frachten der Privatbahnen im Interesse der Landeswohlfahrt herabzudrücken. Wäre dies nicht der Fall, so würde man in Frankreich wohl kaum auf die Schiffahrtsabgaben im Jahr 1880 verzichtet und im Zeitalter der Eisenbahnen neue Kanäle gebaut haben. Sehr bezeichnend in dieser Beziehung ist das Urtheil, welches A. Picard, die erste Autorität Frankreichs in Verkehrsangelegenheiten, über Eisenbahnen und Kanäle fällt. In Bd. I Kap. V seines grossen Werkes, traité des chemins de fer, Paris 1887, erörtert er eingehend den Wettbewerb zwischen den Eisenbahnen und der Binnenschifffahrt und kommt nach umfassenden Untersuchungen zu folgenden bemerkenswerthen Ergebnissen:

Die Anlagekosten der Kanäle sind nur wenig geringer als die der Eisenbahnen, ihre Unterhaltungskosten dagegen erheblich geringer. Die auf ihnen erhobene Fracht beträgt durchschnittlich über 3 cent. für das Tonnenkilometer, 2,25 cent. bei Transporten über 200 km und 2 cent. bei Brennmaterialtransporten auf diese Entfernung, während die Durchschnittsfracht der Eisenbahnen 4 cent. und für Brennmaterialien 3,5 cent. für das Tonnenkilometer ist, wobei aber berücksichtigt werden muss, dass durchschnittlich die Wasserwege 25 Prozent länger sind als die Eisenbahnwege. Dagegen sind die Selbstkosten der Wasserwege, wenn man die Verzinsung der Anlagekosten und die sonst vom Staat übernommenen Kosten einrechnet, doppelt so hoch als die der Eisenbahnen, und wenn man die 25 Prozent Mehrlänge rechnet, 2,4 Mal so hoch. Nur auf wenigen Wasserwegen, welche einen besonders grossen Verkehr haben, sind die Selbstkosten denen der Eisenbahnen annähernd gleich. Auch nach Vollendung der geplanten Verbesserungen der Wasserwege, insbesondere nach Herstellung einer gleichmässigen Tiefe von 2 m, werden nach den Berechnungen des Verfassers die Selbstkosten der Wasserwege höher bleiben als die der Eisenbahnen. Picard meint schliesslich, dass trotzdem die Wasserwege einen gewissen Nutzen hätten durch Regelung und Niedrighaltung der Tarife der Privatbahnen; wenn dagegen das Eisenbahnnetz dem Staat gehöre, würden die Ausgaben dafür nicht wohl zu rechtfertigen sein. Selbst unter den Verhältnissen in Frankreich empfehle sich wohl eine Verbesserung der bestehenden Wasserwege, aber eine vorsichtige Zurückhaltung bezüglich des Baues neuer Kanäle.

Dies Urtheil über die Binnenwasserwege in Frankreich ist um so bemerkenswerther, als man Picard eine Voreingenommenheit gegen dieselben nicht zur Last legen kann. Denn Picard ist nicht etwa einseitiger Eisenbahnfachmann, sondern als Präsident der Abtheilung für öffentliche Arbeiten, Landwirthschaft, Handel und Industrie im französischen Staatsrath an den Wasserwegen ebenso interessirt, wie an den Eisenbahnen, wie er denn auch ein grosses Werk über die Wasserwege herausgegeben hat*).

In der That liegt in diesem Punkte der Kern der Frage: die Herstellung und Unterhaltung der Wasserwege auf Kosten des Staats hat einen guten Sinn, wenn die Eisenbahnen in Privathänden sind und vom Staat nicht zu Ermässigungen ihrer Tarife gezwungen werden können. Dann kann der Staat durch seine Wasserstrassen den Wettbewerb gegen sie aufnehmen und sie zur Herabsetzung ihrer Tarife zwingen. Es ist dann die Uebernahme der Kosten der Wasserstrassen auf den Staat eine Wettbewerbsmaassregel im allgemeinen Interesse und von diesem Standpunkt aus zu rechtfertigen. Wenn aber der Staat die Bahnen selbst besitzt, so hat er es ja in der Hand, billige Tarife da zu gewähren, wo er es für gut hält, und er bedarf dazu nicht der Anlage künstlicher Wasserstrassen und der Aufwendung der grossen dazu erforderlichen Kosten. Aber auf der einen Seite auf den Staatsbahnen die Tarife hoch zu halten und auf der anderen Seite mit Aufwendung ungeheurer Mittel auf Staatskosten Wasserstrassen herzustellen, welche die Frachten der Staatsbahnen unterbieten und ihnen den Verkehr wegnehmen — das ist ein unlösbarer Widerspruch.

Durch die verschiedenartige Verwaltung der Staatswasserwege nach dem Prinzip der Unentgeltlichkeit, der Staatsbahnen nach dem gewerblichen Prinzip wird künstlich das unvollkommenere, minderwerthige Verkehrsmittel für die Verkehrsinteressenten werthvoller gemacht als das bessere, vollkommenere Verkehrsmittel. Wollte man auch bei den Staatsbahnen auf die Verzinsung des Anlage-

---

*) Alfred Picard, traité des eaux. Paris, Rothschild éditeur. 1890 und 1893. 3 Bände.

kapitals und die Aufbringung der oben erwähnten Verkehrssteuer verzichten, so würde sich die Beförderung auf den
Staatsbahnen mindestens so vortheilhaft wie die auf den
Kanälen, wenn nicht vortheilhafter stellen, und sie würden in
der Lage sein, sogar in weitem Maasse den Wettbewerb mit
den natürlichen Wasserstrassen aufzunehmen. Nur aus dieser
verschiedenartigen Behandlung der Staatswasserstrassen und
Staatseisenbahnen erklärt es sich auch, dass alle Welt in
Deutschland nach Kanälen verlangt, dass für Kanäle überall
agitirt wird und Kanalprojekte wie Pilze aus der Erde
schiessen. Den Interessenten kann man es nicht verargen,
wenn sie überall den Ausbau der natürlichen oder die Anlegung künstlicher Wasserwege erstreben. Denn alle diejenigen, welche in der Lage sind, einen leistungsfähigen
Wasserweg mit den auf Staatskosten verbilligten Frachten als
Verkehrsweg zu benutzen, haben vor denjenigen, welchen nur
der Eisenbahnweg mit den künstlich hoch gehaltenen Frachten
zu Gebote steht, einen derartigen Vorsprung, dass ein Wettbewerb der letzteren kaum möglich ist. Wer Augen hat zu
sehen, der vergleiche nur die Entwickelung derjenigen Landestheile und Städte, welchen leistungsfähige Wasserwege zu Gebote stehen, der Städte am Rhein und der Elbe, mit anderen
Landestheilen und Städten, welchen keine solche Wasserwege
zu Gebote stehen. Ein sprechendes Beispiel bietet u. A. die
Entwickelung der beiden grössten deutschen Seehäfen Hamburg
und Bremen in den letzten 20 Jahren. Hamburg, durch die
leistungsfähige Elbwasserstrasse mit seinem Hinterland verbunden, hat infolge dessen Bremen, welches die wenig leistungsfähige Weserstrasse als Wasserweg in das Binnenland hat, bei
weitem überholt. Es ist deshalb ganz berechtigt und natürlich, dass Bremen alle Anstrengungen macht, die Weser
leistungsfähiger zu machen, dass Frankfurt a. M. sich durch
den kanalisirten Main mit der Rheinstrasse verbunden hat,
dass Lübeck eine für seine Verhältnisse gewaltige Summe
daran wendet, in Wasserverbindung mit der Elbwasserstrasse
zu kommen, dass die Ruhrindustrie, nachdem sie den Dort-

mund-Emskanal durchgesetzt hat, eine Wasserverbindung nicht nur mit dem Rhein, sondern auch durch den Mittellandkanal mit der Elbe anstrebt, obgleich für alle diese Verkehrs-. beziehungen zum Theil mehrfache, vollkommen leistungsfähige Eisenbahnwege zu Gebote stehen, welche nicht nur den bestehenden, sondern auch den zuwachsenden Verkehr zu bewältigen wohl im Stande sind — nur nicht zu den niedrigen Frachten, welche auf Staatskosten die Wasserwege gewähren.

Aber der denkende Volkswirth und Staatsmann, der seinen Blick auf die allgemeinen Interessen des ganzen Landes und des Staates richtet, muss doch in das Auge fassen, wohin denn dies führen soll. Er muss sich fragen, ob ein verständiger Grund zu dieser ungleichmässigen Behandlung der Staatseisenbahnen und Staatswasserwege vorliegt, ob wir in Deutschland reich genug dazu sind, um neben dem Eisenbahnnetz noch ein vollständiges Wasserstrassennetz auf Staatskosten auszubauen und zu unterhalten ohne irgend eine Verzinsung des Anlagekapitals, und welche Folgen finanzieller und wirthschaftlicher Art dieses Vorgehen haben muss.

Denn unzweifelhaft liegt in dieser ungleichmässigen Behandlung eine ungeheure wirthschaftliche und finanzielle Gefahr! Was dem Einen recht ist, ist dem Andern billig: man kann nicht die einen Landestheile, die einen Städte durch Gewährung billiger Frachten auf allgemeine Kosten begünstigen und den anderen Landestheilen und Städten lediglich das Vergnügen und die Ehre lassen, mit ihren Steuern ihre Konkurrenten noch leistungsfähiger zu machen. Dennoch wird es hierauf hinauskommen, wenn in der bisherigen Weise weiter verfahren wird. Denn gerade in den zum Theil so armen gebirgigen Landestheilen Süd-, West- und Mitteldeutschlands, in der rauhen Alp, im Schwarzwald, in der Eifel, im Hundsrück, Westerwald, Thüringen, dem Erzgebirge und den schlesischen Gebirgen wird der Bau von Kanälen technisch kaum oder nur mit solchen Kosten durchführbar sein, dass nicht daran zu denken ist. Und im Osten wird man schon wegen des rauhen Klimas von den Kanälen, welche gebaut werden, nicht entfernt diejenigen Vortheile haben wie im Westen.

Endlich ist doch auch nicht zu vergessen, dass diese künstlichen Wasserstrassen für weite Kreise der Bevölkerung, insbesondere für die Landwirthschaft, lange nicht den Nutzen gewähren, wie für Industrie und Handel, dass sie im Gegentheil durch Gewährung der billigen Frachten für ausländisches Getreide und sonstige landwirthschaftliche Erzeugnisse der inländischen Landwirthschaft direkte Nachtheile bringen.

Wenn ich mich im Vorstehenden gegen die ungleichmässige Behandlung der Staatseisenbahnen und Staatswasserwege, gegen eine Vergeudung öffentlicher Mittel zum Bau und Unterhaltung von unwirthschaftlichen Wasserstrassen erklärt habe, so möchte ich doch nicht als ein Gegner der Wasserstrassen im Allgemeinen angesehen werden. Im Gegentheil, ich erkenne die Wichtigkeit und den hohen Nutzen, welchen insbesondere die natürlichen Wasserstrassen Deutschlands dem Verkehr und der Volkswirthschaft bringen, vollständig an und bin dafür, deren Leistungsfähigkeit auf alle Weise aufrechtzuerhalten und zu vergrössern. Auch bin ich durchaus nicht gegen den Bau wirthschaftlich nützlicher künstlicher Wasserstrassen. Aber dieser wirthschaftliche Nutzen muss dargethan werden. Dies kann aber nicht anders geschehen als auf dieselbe Weise, wie der wirthschaftliche Nutzen der Eisenbahnen nachgewiesen wird: dadurch, dass die Wasserstrassen mindestens die Kosten ihrer Unterhaltung, sowie der Verzinsung ihrer künstlichen Anlagen, wie Häfen u. s. w., und da, wo es sich um künstliche Wasserstrassen, Kanäle und kanalisirte Flussläufe handelt, auch die Verzinsung ihres Anlagekapitals aufbringen. Und auch aus diesem Grunde ist es nothwendig, von der Binnenschiffahrt entsprechende Gebühren zu erheben, um durch die Erfahrung festzustellen, inwieweit heutzutage die Aufwendung von Mitteln für künstliche Wasserstrassen sich noch rentirt und wirthschaftlich rechtfertigt. Es liegt also im Interesse des Kanalbaues selbst, den Beweis hierfür anzutreten.

Ich befinde mich bei dieser Forderung bezüglich der künstlichen Wasserstrassen in der angenehmen Lage, mich auf den Vorkämpfer für Kanäle, Wasserbauinspektor Sympher, berufen zu können. In seinem schon oben angeführten Bericht zum fünften internationalen Binnenschiffahrtskongress sagt Sympher sehr richtig Folgendes:

„Ein künstlicher Wasserweg ist in wirthschaftlicher Beziehung nur dann gerechtfertigt,

1. wenn er die bereits vorhandenen Transporte billiger befördern kann oder neue Transporte ermöglichen, indem er neue Industrien hervorruft oder vorhandenen grösseren Werth gibt, und so einen solchen Nutzen abwirft, dass nicht nur die Unterhaltungs- und Verwaltungskosten und die Zinsen des Anlagekapitals gedeckt werden, sondern auch diejenigen Verluste einen Ausgleich finden, welche für andere Verkehrswege aus der Anlage des neuen Wasserweges entstehen, und

2. die Vortheile aus der Anlage des neuen Wasserweges nicht auf andere Weise besser erreicht werden können.

Eine Folge dieser doppelten Bedingung ist, dass ein ihnen entsprechender Wasserweg nöthigenfalls im Stande sein muss, Gebühren zu tragen, welche die Kosten der Unterhaltung und der Verzinsung des Anlagekapitals decken, obgleich oft diese Möglichkeit nur theoretisch nachzuweisen sein wird. Jeder Entscheidung des Baues einer neuen Schiffahrtsstrasse muss deshalb eine eingehende Prüfung ihrer wirthschaftlichen Berechtigung vorangehen. Eine derartige aufmerksame Vorprüfung ist nicht nur wünschenswerth, sondern durchaus nothwendig, um die gute Verwendung der Staatsgelder zu sichern — im Fall des Baues durch die Privatindustrie versteht sich eine derartige Prüfung von selbst im Interesse der Aktionäre — und um nicht diejenigen

Wasserstrassen zu diskreditiren, welche wirklich nützlich und fähig sind, gute Dienste zu leisten.“

Mit diesen Ausführungen Sympher's kann man sich nur einverstanden erklären. Danach wird bei uns in Deutschland bei neuen Kanalprojekten auch stets der Ausfall fest- und in Rechnung zu stellen sein, welchen sie den Einnahmen der Staatsbahnen verursachen, und es wird ferner zu prüfen sein, ob nicht durch eine Herabsetzung der Tarife der Staatsbahnen billiger derjenige Nutzen erreicht werden kann, welcher durch den Kanalbau geschaffen werden soll. Es wird endlich darauf zu halten sein, dass die Rentabilitätsberechnung nicht nur im Einzelnen begründet, sondern auch nüchtern und den wirklichen Verhältnissen und Thatsachen entsprechend aufgestellt wird, nicht auf Grundlage zu weitgehender Annahmen und Zahlen über den zu erwartenden Verkehr und mit zu niedrigen Anlagekosten, welche dann nachher erhebliche Nachforderungen nöthig machen. Denn alle guten Vorsätze bezüglich Aufbringung der Zinsen des Anlagekapitals und der Unterhaltungskosten durch Kanalgebühren können nichts nützen, wenn nach Vollendung des Kanals und Verausgabung von vielen Millionen sich herausstellt, dass der erhoffte Verkehr nicht vorhanden ist, bezw. bei Erhebung der Gebühr die Transportkosten sich höher stellen als auf den schon bestehenden Verkehrsmitteln.

Neunter Abschnitt.

Die bisherige Stellung der Reichsregierung und der preussischen Staatsregierung zu der Verwaltung der Wasserstrassen und Vorschläge zur Herbeiführung einer gleichmässigen Behandlung der Staatseisenbahnen und Staatswasserstrassen.

Im vorhergehenden Abschnitte haben wir auf Grund der ziffermässigen Einnahmen und Ausgaben der Wasserstrassen deren bisherige thatsächliche Verwaltung nach dem Prinzip des freien Genussgutes festgestellt, es bleibt aber noch übrig, die grundsätzliche Stellung der Reichsregierung und preussischen Staatsregierung zu der Verwaltung der Wasserstrassen zu erörtern. Was zunächst das Verhalten des Reichs gegenüber der Frage der Verwaltung der Wasserstrassen und insbesondere bezüglich der Erhebung von Gebühren auf den Wasserstrassen angeht, so ist in § 3 des Gesetzes vom 16. März 1886 betreffend die Herstellung des Nordostseekanals festgesetzt, dass von den nicht zur Kaiserlichen Marine gehörigen Schiffen, welche den Kanal benutzen, eine entsprechende Abgabe nach einem vom Kaiser im Einvernehmen mit dem Bundesrath festzustellenden Tarif zu entrichten ist. Nach der Begründung des Gesetzentwurfs ist ein Betrag von 75 Pf. für die Registertonne in Aussicht genommen. Wenn hierdurch auch wahrscheinlich die Unterhaltungskosten des Kanals und eine angemessene Verzinsung des Anlagekapitals nicht gedeckt werden können, so ist dabei doch zu beachten, dass dieser Kanal in erster Linie aus militärischen Gründen gebaut wird und dass die Einrichtung des Kanals für die im

Vordergrund stehenden Zwecke der Kriegsmarine den Bau zu einem wesentlich kostspieligeren macht, als wenn derselbe ausschliesslich den Interessen des Handels zu dienen bestimmt wäre.

Ausser in dem Gesetz betreffend den Nordostseekanal ist in dem Reichsgesetz vom 5. April 1886 die Erhebung von Abgaben für die Schiffahrt auf der verbesserten Unterweser gestattet. Dieses grossartige Unternehmen bietet ein schönes Beispiel dafür, wie wirthschaftlich nützliche Verbesserungen der Wasserstrassen unter Verzinsung und Tilgung des darauf zu verwendenden Anlagekapitals vorzunehmen sind. Die Korrektion der Unterweser, welche von Bremen lediglich mit eigenen Mitteln unternommen wurde, um den grossen Seeschiffen die Möglichkeit zu gewähren, bis Bremen zu kommen, veranlasst einen Kostenaufwand von 30 Millionen Mark. Man hat aber diesen Betrag nicht ohne Entgelt aufgewendet, sondern er wird dadurch verzinst und getilgt werden, dass eine Gebühr von einer Mark von jeder Tonne Gut erhoben wird, welche in Schiffen von einem Raumgehalt von mindestens 300 Kubikmetern über die korrigirte Wasserstrasse aus See nach bremischen Häfen oberhalb Bremerhavens oder von diesen nach See transportirt wird. Die Erhebung dieser Abgabe wurde durch Reichsgesetz vom 5. April 1886 ausdrücklich gestattet. In der Begründung dieses Gesetzes ist, nachdem ausgeführt war, dass vom Standpunkt des Verkehrs gegen die Erhebung einer solchen Abgabe, welche bezweckt, die Kosten der Anlage von denjenigen wieder aufbringen zu lassen, welchen die Vortheile des Projekts in erster Linie zu Gute kommen, Bedenken nicht beständen, Folgendes bezüglich der Frage gesagt, ob Artikel 54 der Reichsverfassung der Erhebung der Abgabe entgegenstünde: „Auch aus den einschlagenden Bestimmungen der Reichsverfassung (vgl. Art. 54 derselben) werden begründete Einwendungen gegen die Zulassung einer Abgabenerhebung im vorliegenden Falle nicht herzuleiten sein. Die Reichsverfassung hat verhindern wollen, dass die natürlichen Wasserstrassen jemals zum Gegenstand fiskalischer Ausbeutung gemacht würden, und sie hat daher auch einen auf dem Abgabenwege zu erlangenden Ersatz für die Kosten der gewöhnlichen Unterhaltung solcher von der Natur geschaffener Verkehrswege ausgeschlossen. Dass sie aber nicht prinzipiell jede Abgabenerhebung vom Wassertransport hat verbieten wollen, zeigt der zweite Satz des Artikels 54 Absatz 4, welcher von den künstlichen Wasserstrassen handelt und welcher in Betreff dieser die Aufbringung der Herstellungs- und Unterhaltungskosten vermittelst einer Abgabenerhebung gestattet. Der leitende Gedanke ist augenscheinlich der gewesen, dass für die blosse Nachhülfe, welche erforderlich ist, um die natürlichen Wasserläufe in fahrbarem Zustande zu erhalten, der Verkehr nicht belastet werden sollte, dass dagegen da, wo durch Anwendung künstlicher Mittel eine Fahrbahn erst geschaffen wird, die Deckung der alsdann in der Regel aufgewandten ausserordentlichen Kosten durch eine Benutzungsgebühr innerhalb gewisser Grenzen berechtigt ist. Unter diesem letzteren Gesichtspunkte wird das Projekt der Weservertiefung zu subsumiren sein, da zwar nicht eine durchgängig neue, aber doch an Stelle einer höchst mangelhaften, steter Verschlechterung ausgesetzten und nur in beschränktem Maasse brauchbaren eine allen Anforderungen entsprechende, die erheblichsten zur Zeit nicht vorhandenen Verkehrserleichterungen bietende Wasserstrasse treten soll, welche für die Praxis als eine neue und selbstständige Schöpfung anzusehen ist, und welche auch wegen des aufzuwendenden Kostenbetrags und des Umfangs der Arbeiten einer künstlichen Wasserstrasse gleichzuachten ist. Es dürfte daher dem Geiste der Reichsverfassung durchaus entsprechen, wenn das für die künstlichen Wasserstrassen gewährte Abgaberecht auf die korrigirte Unterweser angewandt und Bremen im Wege des Spezialgesetzes ermächtigt wird, für den Fall der Ausführung des Korrektionsprojekts auf seine Kosten eine Abgabe für die Befahrung des Stroms nach Maassgabe der für die Auflegung solcher Abgaben in dem Artikel 54 der Reichsverfassung aufgestellten Grundsätze zu erheben."

Diese unzweifelhaft richtige Auslegung des Artikel 54 der Reichsverfassung ergibt auch die Zulässigkeit der Erhebung von Abgaben für die Schiffahrt auf kanalisirten Flüssen, auch wenn man dieselben nicht ohne Weiteres als Kanäle ansehen will.

Die Stellung der preussischen Staatsregierung zu den im vorigen Abschnitt erörterten schwerwiegenden Fragen ist bisher keine klare und entschiedene gewesen. Sie hat wohl grundsätzlich die Nothwendigkeit anerkannt, dass die künstlichen Wasserstrassen ihre Unterhaltungskosten und die Verzinsung ihrer Anlagekosten, die natürlichen wenigstens die Unterhaltung und Verzinsung der zur Erleichterung der Schiffahrt getroffenen besonderen Einrichtungen aufbringen müssten, ist aber vor den Schwierigkeiten zurückgewichen, welche die Ausführung dieses Grundsatzes mit sich brachte, und hat denselben in der Praxis bisher nicht durchgeführt.

Auch Seitens der Volksvertretung sowohl im preussischen Abgeordnetenhause als insbesondere im Herrenhause ist mehrfach auf die Gefahren der ungleichmässigen Behandlung der Staatseisenbahnen und Staatswasserstrassen und die dadurch herbeigeführte ungleichmässige Behandlung der verschiedenen Landestheile hingewiesen worden. So erklärte Freiherr von Stumm in der 14. Sitzung des Herrenhauses vom 17. Mai 1888 Folgendes:

„Ich gehe von der Voraussetzung aus, die ich auch wiederholt hier im Hause ausgesprochen habe, dass ich es nicht für gerechtfertigt halte, eine strenge Unterscheidung zwischen Wasser- und Schienenstrasse in Bezug auf ihre Rentabilität zu machen, dass man nicht sagen darf, die Wasserstrassen sind dazu da, um von den Interessenten umsonst benutzt zu werden, die Eisenbahnen dagegen sollen sich nicht bloss selbst unterhalten, sondern auch noch 6 Prozent Zinsen aufbringen. — Das ist ungefähr der Prozentsatz, den unsere Eisenbahnen im Etatsjahr 1888/1889 aufbringen sollen und werden. Wenn ich den Grundsatz, die Intraden aus den künstlichen Wasserstrassen den Intraden aus den Eisenbahnen — ich will nicht sagen gleichzustellen, so doch thunlichst zu nähern empfehle, so sind mir dafür nicht bloss fiskalische Gründe maassgebend, obwohl die allerdings für mich im Vordergrunde stehen. Ein jeder Centner, der auf die Wasserstrasse übergeht, wird in demselben Maasse dem Fiskus Einnahmen entziehen, als er sie ihm zuführen würde, wenn der Centner auf der Eisenbahn gefahren würde. Das scheint mir ein Anomalie zu sein, die beseitigt werden muss, wenn die Kanalära unbeanstandet noch weitere Kreise ziehen soll.

Aber, m. H., die Sache hat noch eine andere Seite. Sie werden Alle wissen, dass die heutige Industrie fast auf allen Gebieten einen Konkurrenzkampf auf Tod und Leben kämpft, weil das Nationalvermögen, dank der heutigen Wirthschaftspolitik, so zugenommen hat, dass baare Mittel reichlich vorhanden sind, um jede Industrie, die einigermaassen lukrativ ist, in's Ungemessene zu vermehren. Dass die Interessenten von dieser Möglichkeit Gebrauch machen, brauche ich Ihnen wohl nicht auseinanderzusetzen; das ist ja allgemein bekannt, wenn auch augenblicklich eine günstige industrielle Konjunktur die Folgen nicht besonders fühlbar erscheinen lässt. Wenn in diesem Konkurrenzkampfe einzelne Industriebezirke nun vom Staat eine Wasserstrasse geschenkt bekommen, die in der Weise verwaltet wird, dass sie ihnen wie eine Chaussee zu kostenlosem Gebrauche übergeben wird, während andere Industriebezirke bei den Eisenbahntransporten nicht nur die Unterhaltungskosten, sondern auch noch 6 Prozent Zinsen aufbringen müssen, dann wird ein Industriebezirk, der nicht an der Wasserstrasse liegt, einfach konkurrenzunfähig und geht schliesslich zu Grunde. Was ich von ganzen Industriebezirken gesagt habe, trifft auch für einzelne Industrien und industrielle Etablissements zu. Es ist vorhin von Herrn Geheimrath Bredt schon ausgeführt worden, dass eine grosse Zahl von Etablissements in Westfalen, wie eben Dortmund, hier nur deshalb wenig Nutzen ziehen werden, weil schon eine Entfernung von 1 bis 2 Meilen für die Frage entscheidend ist, ob der Kanal überhaupt benutzt werden kann. Dies beruht auf dem einfachen Grunde, dass der Eisenbahntransport auf 1 — 2 Meilen sehr theuer ist, während ein Zuschlag von 1 — 2 Meilen zu einer grösseren Entfernung für die Kosten des Eisenbahntransports fast nichts ausmacht. Ich glaube deshalb, es liegt nicht bloss im fiskalischen Interesse, sondern ebenso im Interesse der ausgleichenden Gerechtigkeit, zu welcher der Staat unzweifelhaft verpflichtet ist, dass die Erhebung von höheren Intraden auf den Wasserstrassen ernstlich in das Auge gefasst wird, dass die Behandlung der Wasserstrassen einerseits und der Eisenbahnen andererseits in Beziehung auf ihre Rentabilität einander mehr genähert werde, als es bisher der Fall gewesen ist."

Hierauf antwortete der Finanzminister Dr. von Scholz: „Ich erlaube mir um so lieber mit einem Wort auf die Aufforderung, die der letzte Redner an mich gerichtet hat, zu antworten, als ich damit zu gleicher Zeit eine Antwort für den Herrn Referenten sowohl, wie für Herrn Geheimrath Bredt verbinden kann. Ich habe die Meinung, dass es im Sinne der Staatsregierung liegt, das Abgabewesen bei den Kanälen ganz in der Art zu handhaben, wie es der geehrte Herr Vorredner als Erforderniss im Allgemeinen angedeutet hat. Ich erkenne an, dass es eine lange Zeit hindurch fast als Prinzip behandelt worden ist, alle Wasserstrassen, auch solche, die, wie Kanäle, vollständig neu erst geschaffen wurden, möglichst ganz freizulassen von jeder Abgabe, und dass man darin eine ohne Weiteres regelmässig nothwendige wohlthätige Fürsorge für das Land zu erblicken sich gewöhnt hatte. Mit Unrecht! Denn, m. H., darin gerade ist mit der Grund für die sehr zurückgebliebene Lage unseres Kanalbesitzes zu finden, dass man es nicht lieber unternommen hat, mit den Abgaben die neuen Schiffahrtsstrassen zu belasten, die sie tragen konnten. Wenn man in dieser Weise vorgegangen wäre und sich nicht von vornherein gewöhnt hätte zu glauben, dass die Mittel, die man auf neue Kanäle verwendet, vollständig à fonds perdu hinzugeben seien, dann würde man in viel reichlicherem Maasse in den vergangenen Jahrzehnten schon mit neuen Kanälen dem Lande haben helfen können. Denn es ist unzweifelhaft, dass nützliche und dem Verkehr dienliche Kanäle auch eine gewisse Abgabe tragen können, dass sie zur Verzinsung und Amortisation des auf sie verwandten Kapitals oft in einem sehr erheblichen Maasse, oft bis an die Grenze dessen, was man überhaupt verlangen kann, selbst beitragen können. . . . .

Wenn man also in diesem Sinne in den einzelnen Fällen so weit wie irgend möglich geht, so thut man etwas Gutes und meine Meinung ist immer dahin gegangen, dass man dies thun soll. Ich meine aber, m. H., damit ist wohl vereinbar selbst die Annahme des Antrags, welcher unter dem Namen des Herrn Grafen von Frankenberg dem hohen Hause vorgeschlagen worden ist. Es kommt darauf an, wie man den Wortlaut interpretirt. Er geht dahin, der Königlichen Staatsregierung gegenüber die Erwartung auszusprechen, dass die für Benutzung der Anlagen zu erhebende Abgabe so niedrig bemessen wird, dass die zu erwartenden Vortheile für die oberschlesischen Interessenten nicht wesentlich beeinträchtigt werden. In dieser Fassung, kann ich sagen, versteht sich die Sache von selbst; denn wir können doch nicht den Herren den Vorschlag machen, einen Kanal mit Aufwendung von erheblichen Mitteln zu bauen und dann die Absicht haben, eine Kanalabgabe aufzulegen, welche den Verkehr auf demselben irgendwie beeinträchtigte oder wesentlich beschränkte, also die Millionen als völlig nutzlos ausgegeben erscheinen liesse. Das ist auch unsere Meinung, dass wir in der Normirung der Kanalabgabe nicht weiter gehen können, als wie der Verkehr nach reiflicher Prüfung der Gesammtverhältnisse es zulassen würde."

Man kann nicht wohl anders sagen, als dass der zweite Theil der Rede des Finanzministers von Scholz geeignet ist, die Erklärungen des ersten Theils aufzuheben oder wenigstens erheblich abzuschwächen. Wenn danach eine Kanalabgabe immer nur soweit auferlegt werden soll, als der Verkehr auf dem Kanal ohne irgendwelche Beeinträchtigung gestattet, so wird voraussichtlich in vielen oder allen Fällen keine Abgabe erhoben werden können, und es wird bei dem bisherigen Zustande verbleiben, dass die Wasserstrassen im Wesentlichen auf Staatskosten gebaut und unterhalten werden, ohne für die Verzinsung des Anlagekapitals etwas aufzubringen.

Neuerdings scheint allerdings die Nothwendigkeit etwas schärfer betont zu werden, dass die Wasserstrassen eine Verzinsung ihres Anlagekapitals aufbringen müssen. In der Sitzung des Abgeordnetenhauses vom 4. Februar 1893 erklärte der Finanzminister Dr. Miquel bei Erörterung der Frage der Erhöhung der Schiffahrtsabgaben auf den märkischen Wasserstrassen Folgendes:

„M. H.! Die Erhöhung der Gebühren für die Benutzung der märkischen Wasserstrassen beruht auf einem thatsächlichen Einvernehmen zwischen der Staatsregierung und dem Landtage, welches bei Bewilligung des Kredits von 5 227 000 M. mittelst Gesetz vom 12. März 1879 wegen des Ausbaues der verschiedenen märkischen Wasserstrassen hergestellt ist. Das Staatsministerium wurde damals mittelst einer Königlichen Ordre ermächtigt, diesen Kredit anzufordern unter der Voraussetzung, dass demnächst eine diesen neuen Aufwendungen entsprechende Erhöhung der Kanalgebühren stattfände. In den Motiven ist dies in dem fraglichen Gesetz auch ausgedrückt und in dem Bericht der Budgetkommission hat man sich dazu zustimmend verhalten. Das entspricht auch allgemein der Auffassung der Staatsregierung von der Berechtigung derartiger Gebühren für die Benutzung der Wasserstrassen. Ich habe bei einer anderen Gelegenheit hier schon ausgesprochen, dass es unmöglich ist, den nothwendigen Ausbau unserer Wasserstrassen, die Herstellung neuer Kanäle, die Vertiefung und Verbreiterung der Flüsse und die Einrichtung eines angemessenen Schleussensystems vorzunehmen, ohne ein wenigstens mässiges Aequivalent für die Staatskasse. (Sehr richtig! rechts.)

M. H.! Die Vertiefung und Verbreiterung der Flüsse nehmen die Schiffer immer sehr gerne hin; wenn dann aber eine nur mässige Erhöhung der Gebühren eintritt, dann kommen nachher die gewaltigen Beschwerden. Darauf kann der Staat nicht eingehen. Der Staat hat 27 Millionen auf die märkischen Wasserstrassen verwendet, die Gebühren dagegen nur um ein Drittel erhöht. Die Gebühren werden uns nur etwa $1/2$ Prozent der Zinsen der grossen Aufwendungen wiederbringen. In der Erhöhung der Gebühren kann also, wie auch der Herr Vorredner in keiner Weise behauptet hat, ein schwererer Druck unserer Schiffahrt unmöglich gefunden werden.

. . . . Das Haus wird darin einstimmen, dass nicht bloss bei dieser Gelegenheit, wo es sich geradezu um ein Uebereinkommen zwischen Landtag und Staatsregierung handelt, wo die Staatsregierung dem Hause gegenüber moralisch verpflichtet war, nachdem ihr der Kredit bewilligt war, nun auch die entsprechenden Einnahmen herbeizuführen, auf Grund welcher der Kredit bewilligt war, sondern dass generell dem Lande gegenüber ausgesprochen werden muss, dass es nicht die Absicht sein kann, alle die grossen Ausgaben, die wir für die Verbesserung unserer Schiffahrt auf Strömen und Kanälen machen, à fonds perdu herzugeben. Wer es verlangt, der kann dadurch nur ein schweres Hemmniss gegen die Entwickelung unserer Wasserstrassen herbeiführen, weil das über die Kräfte des Landes hinausgehen und eine unbillige Begünstigung einzelner Klassen und Interessenten enthalten würde!" (Bravo! rechts.)

Anscheinend steht hiernach der Herr Finanzminister grundsätzlich auf demjenigen Standpunkt, den ich im vorigen Abschnitt als den richtigen befürwortet habe, die Wasserstrassen ebenso wie die Eisenbahnen nach dem gewerblichen Prinzip zu verwalten. Aber offenbar stellen sich der Durchführung dieses richtigen Gedankens noch erhebliche Schwierigkeiten entgegen: man kann nicht mit einem Sprung aus der bisherigen Praxis des Baues und der Unterhaltung der Wasserstrassen auf Staatskosten heraus, der Widerstand der Interessenten ist zu gross, und deshalb kann die

Durchführung der gewerblichen Verwaltung der Wasserstrassen nur allmählich erfolgen. Dagegen lässt sich gewiss nichts erinnern, und es wird nur die Frage zu erörtern bleiben, wie am zweckmässigsten die allmähliche Durchführung einer gewerblichen Verwaltung der Wasserstrassen zu erfolgen hat.

Hierfür scheint es mir vor allem nothwendig zu sein, für die Zukunft dadurch Vorsorge zu treffen, dass feste Grundsätze aufgestellt werden über die Inangriffnahme neuer Kanäle, Flusskanalisirungen und sonstiger Verbesserungen und Erleichterungen der Schiffahrt. Die nothwendige Voraussetzung für alle derartigen Aufwendungen Seitens des Staates muss die vorherige Sicherstellung sein, dass die Kosten der Verzinsung und Unterhaltung vollständig durch Erhebung einer Abgabe gedeckt werden können. Und zwar muss diese Sicherstellung in einer Weise erfolgen, dass ein Widerstand der Interessenten gegen Erhebung einer Abgabe sowohl, als die Möglichkeit ausgeschlossen ist, dass eine Deckung der betreffenden Kosten durch die Abgabe nicht erfolgt, weil der Verkehr zu schwach ist, bezw. die Abgabe nicht erträgt. Beides kann aber nur dadurch vollständig erreicht werden, dass entweder die Interessenten die Kosten der Anlage übernehmen oder in völlig sicherer Weise die Kosten der Verzinsung des vom Staate aufzuwendenden Kapitals, sowie die Unterhaltungskosten gewährleisten. Diese Forderung wird vielleicht zu weitgehend erscheinen und den Einwand hervorrufen, dass dadurch der Bau neuer Wasserstrassen unmöglich gemacht wird. Indess mit Unrecht! Wenn wirklich der Nutzen der Wasserstrassen so gross ist, wie die Anhänger derselben stets behaupten, so können sie, wie schon oben dargelegt, auch die durch ihre Herstellung und Unterhaltung veranlassten Kosten durch Abgaben aufbringen, und es ist keine zu hohe Forderung an die Interessenten, die den Bau oder die Verbesserung einer Wasserstrasse auf Staatskosten verlangen, dass sie für die Richtigkeit derjenigen Behauptungen mit ihrem Geldbeutel einstehen, durch welche sie den Staat zur Aufwendung erheblicher

Kosten veranlassen wollen. Es wird dies zugleich ein Prüfstein sein für die Rentabilität und den wirthschaftlichen Nutzen solcher Anlagen und wird den neuerdings in's Ungemessene gehenden Ansprüchen an den Staat auf Bau neuer und Verbesserung bestehender Wasserstrassen ein Ziel setzen.

Sehr richtig wird in dieser Beziehung in dem „Schlussbericht über den vorzunehmenden Ausbau der Wasserstrassen in Frankreich" S. 14 (Nat.-Vers. vom 13. Juni 1874) gesagt:

„Es ist diese Theilnahme (der Interessenten) in der That das sicherste Kriterium, der unzweifelhafte Beweis für das Bestehen der zu befriedigenden Interessen. Welches immer die Beharrlichkeit sein mag, mit der man ein Unternehmen befürwortet, so gross auch das Aufgebot von Verstand und Geist sein mag, das zu dessen Begründung entfaltet wird, welches auch das Gewicht der in's Feld geführten Thatsachen und Namen sei: immer bleibt es gestattet, ein Unternehmen nur für wenig nützlich zu erachten, wenn keiner von jenen, die in der Folge die Früchte und Vortheile desselben zu ernten berufen sind, im Interesse desselben ein Opfer bringen will."

Solchen Anforderungen gegenüber haben die Anhänger der Wasserstrassen sich allerdings bisher sehr spröde gezeigt. Sie haben auch wohl darauf verwiesen, dass man bei dem staatsseitigen Ausbau des Nebenbahnnetzes nicht so ängstlich sei und nicht solche weitgehenden Forderungen stelle. Aber sie vergessen einmal, dass gegenwärtig die preussischen Staatsbahnen einen derartigen Reinertrag bringen, dass selbst bei der weitesten Ausdehnung des Staatseisenbahnnetzes durch weniger ertragreiche Nebenbahnen die Rentabilität des Gesammtnetzes nicht in Frage gestellt werden kann. Und ferner vergessen sie, dass der Bau der ersten Eisenbahnen in Preussen durch das Privatkapital erfolgt ist, und der Staat erst später, als man über die Zeit der Versuche hinaus war, mit eigenem Bau und demnächst mit der Verstaatlichung der Privatbahnen eingetreten ist. Bei den Kanälen ist man jetzt erst in der Versuchsperiode. Es ist deshalb Vorsicht umsomehr am

Platze, als die Privatindustrie sich gegen den Bau von Kanälen anscheinend durchaus ablehnend verhält. Wenn die Rentabilität der Kanäle so zweifellos wäre, wie manche Kanalschwärmer sie darstellen, warum bewirbt sich denn nicht das Privatkapital um Kanalkonzessionen, wie es sich um Eisenbahnkonzessionen früher beworben hat und selbst jetzt noch bewirbt, wo es sich nur um Neben- und Kleinbahnen handelt? Die Börse hat doch sonst Unternehmungslust genug für Alles, wo Geld zu verdienen ist und scheut auch nicht vor riskanten Unternehmungen zurück. Aber von einer ernsthaften Bewerbung um Kanalkonzessionen, selbst um die des vielgerühmten Mittellandkanals, dessen Rentabilität über allem Zweifel erhaben sein soll, habe ich noch nie etwas gehört. Und doch wäre es, wie schon früher dargelegt, durchaus richtig, dass die Privatindustrie den Bau der Kanäle übernähme, und auch gar nichts Aussergewöhnliches. In England ist es von jeher so gewesen, das ganze englische Kanalnetz ist von privaten Unternehmungen hergestellt, und noch gegenwärtig werden so grosse und kostspielige Kanalbauten, wie der Kanal von Liverpool nach Manchester, welcher nahezu 300 Millionen Mark kosten wird, von dem Privatkapital mit Beihülfe der Interessenten ausgeführt. Selbst in Frankreich hat der Staat nicht Alles allein gethan. Beispielsweise haben beim Saarkanal die Interessenten 12 000 000 Franken zuschiessen, beim Ostkanal eine Verzinsung von 5,87 Prozent gewährleisten müssen*). Warum soll das nicht auch in Deutschland richtig sein unter den heutigen Umständen, wo der Staat als Besitzer fast sämmtlicher Eisenbahnen doch ein weit geringeres Interesse an den Kanälen hat als in Frankreich und England, und diese im Wesentlichen nur einzelnen Landestheilen und Interessenten zu Gute kommen? Aber als die Interessenten nur den Grunderwerb für den Dort-

---

*) Bericht der XII. Kommission des Herrenhauses zur Vorberathung des Gesetzentwurfs, betreffend den Bau eines Schiffahrtkanals von Dortmund über Henrichenburg, Münster, Bevergern, Neudörpen nach der unteren Ems. No. 100 der Drucksachen, Sitzungsperiode 1882/83.

mund-Emskanal aufbringen sollten, da erklärten sie sich ausser Stande, und anstatt auf dieses klare Zeugniss über das mangelnde Interesse diesen Kanal zurückzustellen, wurden die fehlenden Millionen vom Staat übernommen.

Wenn aber, wie nach diesem Vorgange nicht ausgeschlossen ist, Garantien für die Verzinsung der Anlagekosten neuer oder der Verbesserung bestehender Wasserstrassen von den Interessenten nicht zu erlangen sein sollten, dann kann man meines Dafürhaltens daraus nur schliessen, dass der wirthschaftliche Nutzen und die Rentabilität dieser Anlagen nicht vorhanden oder mindestens sehr zweifelhaft sind. Im Interesse unserer wahrlich nicht glänzenden Staatsfinanzen wird es aber umsomehr geboten sein, dass der Staat solchen zweifelhaften Unternehmungen sich sehr vorsichtig gegenüberstellt, als er im Besitze der Staatsbahnen selbst im Falle einer Rentabilität der neuen Wasserstrassen sich noch zu berechnen hat, welche Ausfälle dieselben bei den Einnahmen der Staatsbahnen verursachen werden. Umsomehr wird sich ein solches vorsichtiges Vorgehen empfehlen, als bis jetzt meines Wissens keine unserer Wasserstrassen die Kosten ihrer Unterhaltung und die Verzinsung ihrer Anlagekosten aufbringt und jeder Versuch, durch Auflegung von Schiffahrtsabgaben dies Ziel zu erreichen, dem heftigsten Widerstande der Interessenten begegnet.

Trotzdem wird man aber auch bei den bestehenden Wasserstrassen den Versuch machen müssen, durch Einführung bezw. allmälige Erhöhung der Schiffahrtsabgaben, wenn auch unter Schonung der bestehenden wirthschaftlichen Verhältnisse, das wieder gut zu machen, was durch den Bau und die Unterhaltung der Wasserstrassen auf Staatskosten gesündigt ist. Das erfordert die Gerechtigkeit gegen diejenigen Landestheile und Orte, welche nicht an schiffbaren Wasserstrassen liegen, gegen diejenigen Bevölkerungsklassen, welche von denselben wenig oder gar keinen Nutzen haben. Man kann denselben nicht zumuthen, auch ferner noch die Kosten aufzubringen für Anlagen, welche nur ihren Konkurrenten Nutzen bringen, und man kann nicht die ohnehin wohlhabenderen Landestheile und

Orte auf Kosten der ärmeren begünstigen. Das würde dem suum cuique wenig entsprechen! Und in der gegenwärtigen Zeit, wo die Finanzminister ängstlich nach neuen Steuern suchen, um den immer steigenden Geldbedürfnissen des Reichs und der Einzelstaaten gerecht zu werden, läge es doch nahe, zunächst die erheblichen Ausgaben, welche die Wasserstrassen veranlassen, durch Auflegung entsprechender Abgaben auf die Schiffahrt zu decken, insoweit dies gesetzlich zulässig ist.

Zu diesem Zwecke würde es zunächst erforderlich sein, sowohl das Anlagekapital der bestehenden Kanäle und kanalisirten Flussläufe, als das auf die Einrichtungen zur Erleichterung der Schiffahrt auf den natürlichen Wasserstrassen verwendete Anlagekapital genau zu ermitteln und hiernach festzustellen, welche Abgaben erhoben werden müssen, um die Verzinsung und Tilgung dieses Kapitals, sowie die Unterhaltungskosten der betreffenden Anlagen zu decken. Alsdann könnte man dazu übergehen, die entsprechenden Abgaben innerhalb einer bestimmten Zeit planmässig allmälig einzuführen bezw. zu erhöhen; es würde sich wahrscheinlich zeigen, dass diese Abgaben viel leichter aufgebracht werden und getragen werden können als neue Steuern.

In gleicher Weise werden auch die Gemeinden u. s. w. zu erwägen haben, ob sie nicht für die von ihnen zu Gunsten der Schiffahrt hergestellten Häfen und sonstigen Anlagen Abgaben erheben sollen, welche deren Unterhaltungskosten und die Verzinsung ihres Anlagekapitals decken. Da die Regierung neuerdings darauf hinwirkt, dass die Kosten von Kanalisation, Wasserleitung u. s. w. denjenigen auferlegt werden, welche hiervon Nutzen haben, nicht der Gesammtheit der Einwohner, erscheint ein ähnliches Vorgehen bezüglich der Kosten der Häfen und sonstigen Schiffahrtsanlagen nur der Gerechtigkeit entsprechend. Auch die Herstellung und Unterhaltung kostspieliger städtischer Hafenanlagen kommt n i c h t allen Einwohnern gleichmässig zu Gute. Der Rentner, der Beamte, der vielleicht sehr gegen seinen Wunsch dorthin versetzt ist, hat wenig oder keinen Vortheil von denselben, und es geschieht

mit Unrecht, wenn solche Einwohner im Wege der Gemeinde-
steuer zur Tragung der Kosten für Hafenanlagen herangezogen
werden, welche wesentlich nur den Industriellen und Handel-
treibenden zu Gute kommen. Wenn je ist hier das System der
Kostenaufbringung durch Gebühren am Platze, zumal auch
Nicht - Gemeindemitglieder, ja Ausländer an den Vortheilen
dieser Anlagen Theil nehmen.

Wenn in dieser Weise allmälig auch für die Wasserstrassen
die Verwaltung nach dem gewerblichen Prinzip eingeführt und
ihnen diejenigen Kosten, welche sie verursachen, auch auferlegt werden, anstatt dass sie jetzt der Staat, Gemeinden u. s. w.
tragen, so wird eine wenigstens annähernd gleichmässige Behandlung der Staatswasserwege und Staatseisenbahnen herbeigeführt werden. Ich sage absichtlich eine annähernd gleichmässige Behandlung: denn solange die Staatseisenbahnen in
Preussen noch alljährlich nahezu hundert Millionen für allgemeine Staatszwecke aufbringen müssen, ist von einer vollständig gleichmässigen Behandlung nicht die Rede, es lastet
auf ihnen vielmehr eine schwere Verkehrssteuer. Werden aber
auch nur 20 Millionen M. von den Ausgaben, welche für Unterhaltung und Verwaltung der preussischen Wasserstrassen und
für Verzinsung des auf sie verwendeten Anlagekapitals jetzt
durch Steuern aufgebracht werden müssen, künftig durch
Schiffahrtsabgaben gedeckt, so wird es zulässig und richtig
sein, die auf den Staatsbahnen lastende Verkehrssteuer um
ebensoviel zu ermässigen. Das würde es ermöglichen, weitere
belangreiche Tarifermässigungen auf den Staatsbahnen einzuführen, welche zum Theil schon längst dem
Lande in Aussicht gestellt sind, und, wie die Ermässigung der
Kohlentarife, dem ganzen Lande, allen Bevölkerungsklassen zu Gute kommen würden.

Zehnter Abschnitt.

Aufnahme des Wettbewerbs gegen die Wasserstrassen Seitens der Eisenbahnen.

Wenn in der im vorigen Abschnitt empfohlenen Weise eine annähernd gleichmässige Behandlung der Staatseisenbahnen und der Staatswasserstrassen Platz gegriffen hat, so werden die ersteren auch daran denken können, mit einiger Aussicht auf Erfolg ihrerseits den Wettbewerb gegen die Wasserwege aufzunehmen. Bisher haben sie dies kaum versucht, sich vielmehr im Allgemeinen ganz passiv verhalten und ruhig zugesehen, wie ihnen die Binnenschiffahrt den Verkehr wegnahm. Und dieser Zustand ist bereits derart zur Regel geworden, dass die Interessenten der Binnenschiffahrt es als ihr wohlerworbenes Recht ansehen, die Eisenbahnfrachten fortwährend und immer mehr zu unterbieten und den Eisenbahnen ein Stück Verkehr nach dem anderen wegzunehmen, dass sie aber sofort ein Zetergeschrei erheben, wenn die Eisenbahnen nur Miene machen, sich dagegen zu vertheidigen, oder wenn durch Maassnahmen der Eisenbahntarifpolitik, welche aus ganz anderen Gründen als des Wettbewerbs gegen die Wasserstrassen getroffen sind, diesen ein gewisser Wettbewerb entsteht. Es ist schon oben erwähnt, dass der Kampf gegen die Getreide- und Mehlstaffeltarife zum grossen Theil von den Interessenten der Binnenschiffahrt und des Getreidehandels der an den grossen Strömen gelegenen Flusshäfen organisirt worden ist, während dieselben gleichzeitig über dieselben Flusshäfen ungeheure Mengen ausländischen Getreides einführten, gegen welche die wenigen hundert Wagenladungen ostdeutschen Getreides, welche mittelst der Staffeltarife nach dem Westen und Süden gelangten, ganz verschwinden. In derselben Weise ist agitirt worden von den Binnenschiffahrts-Interessenten gegen diejenigen Eisenbahntarife, welche zu Gunsten der deutschen Ausfuhr über die deutschen Seehäfen eingeführt sind, wie die Stückgutausfuhrtarife, die Levantetarife*) u. s. w. Es wird dabei allen Ernstes von den Eisenbahnen verlangt, dass sie diese weitgehenden Ermässigungen, welche die Eisenbahnen für Transporte auf lange Strecken nach den deutschen Seehäfen gewährt haben und gewähren konnten, auch für die kurzen Strecken nach den Flusshäfen bewilligen und so selbst ihren Verkehr zu Gunsten der Binnenschiffahrt und zum Theil wenigstens zu Gunsten der ausländischen Seehäfen ablenken sollten; dass sie dies nicht thun, wird als eine Ungerechtigkeit, als ein tadelnswerther Kampf gegen die Binnenschiffahrt und die an den Wasserstrassen gelegenen Handelsplätze bezeichnet. Nicht zufrieden mit den ungeheuren Vortheilen, welchen ihnen ihre Lage an den auf Staatskosten unterhaltenen und verbesserten natürlichen Wasserstrassen gewährt, verlangen diese blühenden reichen Handelsplätze immer neue Begünstigungen, welche ihnen nur auf Kosten der Staatsfinanzen und der anderen nicht an Wasserstrassen gelegenen Binnenstädte gewährt werden könnten. Dazu liegt aber gewiss eine Veranlassung nicht vor. Unsere deutschen Städte an den grossen Strömen sind im Allgemeinen in einem so erfreulichen Aufblühen begriffen, dass sie wahrlich keiner Staatsunterstützungen bedürfen und aus eigener Kraft weiterstreben können. Sie werden auch davon keinen Nachtheil haben, wenn die Eisenbahnen wirklich dazu übergehen sollten, der Binnenschiffahrt gegenüber den Wettbewerb aufzunehmen. Im Gegentheil werden sie, da sie zugleich meist Eisenbahnknotenpunkte sind, auch hiervon wieder Nutzen ziehen durch die beim Wettbewerb nothwendig eintretende Ermässigung der Eisenbahn- wie der Wasserfrachten.

---

*) Vgl. z. B. die Schrift von Dr. Landgraf „Die verkehrspolitische Mission Mannheims" und meine Besprechung im Archiv für Eisenbahnwesen, 1893 S. 970 ff.

Wenn schon nach den Darlegungen im siebenten Abschnitt die Berechtigung der Staatsbahnen, den Wettbewerb gegen die Staatswasserwege aufzunehmen bezw. gegen deren Wettbewerb sich zu vertheidigen, mit Fug nicht bestritten werden kann, so bleibt noch die Frage zu erörtern, ob sie hiezu im Stande sind. Und dies erscheint um so nothwendiger, als auch in dieser Frage theils durch die Behauptungen der Kanalfreunde, zum Theil auch durch die kleinmüthige Beurtheilung der Leistungsfähigkeit der Eisenbahnen Seitens einzelner Eisenbahnfachleute irrige Ansichten verbreitet sind.

Zunächst ist in dieser Beziehung festzustellen, dass nach den Erfahrungen anderer Länder, z. B. in England, Frankreich, den Vereinigten Staaten von Amerika, die Eisenbahnen sehr wohl in der Lage sind, den Wettbewerb gegen den Wasserweg aufzunehmen. In England sowohl, wie in den Vereinigten Staaten ist bekanntlich der Kampf zwischen Eisenbahnen und Binnenwasserstrassen zu Gunsten der Eisenbahnen ausgefallen, während die Wasserstrassen in Frankreich nur der Umstand, dass sie ohne Entgelt auf Staatskosten gebaut und unterhalten werden, vor dem gleichen Schicksal bewahrt und ihnen die Möglichkeit gegeben hat, sich einigermaassen in dem Wettkampfe mit den Eisenbahnen zu behaupten.

Nun wird man vielleicht einwenden, dass in den vorgenannten Ländern den Wasserstrassen Privatbahnen gegenüberstehen, welchen eine freiere Bewegung in der Tariffestsetzung möglich ist und die in der Wahl ihrer Mittel bei dem Wettbewerb weniger bedenklich sind und zu sein brauchen als die Staatsbahnen. Dies ist richtig und gewährt allerdings in dem Wettkampf gegenüber den Wasserstrassen, welchen diese Freiheit der Bewegung in der Frachtfestsetzung im weitesten Maassstabe zusteht, einen grossen Vortheil. Indess ist dieser Umstand doch nicht durchschlagend und ich bin überzeugt, dass auch die deutschen Staatsbahnen in der Lage sind, den Wettbewerb gegen die Wasserstrassen aufzunehmen, wenn sie nur die richtigen Mittel anwenden. Immerhin wird es nöthig sein, diese Frage eingehender zu prüfen.

Dabei muss man zunächst unterscheiden die schiffbaren natürlichen Wasserstrassen und die künstlichen Wasserstrassen. Der Wettbewerb der ersteren ist naturgemäss ein weit stärkerer, einmal weil sie meist an sich leistungsfähiger sind als Kanäle und ferner, weil bei ihnen eine Verzinsung und Tilgung des Anlagekapitals nicht in Frage kommt, sondern höchstens eine Aufbringung der Kosten der Unterhaltung der Fahrrinne und der Kosten der besonderen Anlagen, wie Häfen u. s. w. Solch niedrige Einheitssätze für das Tonnenkilometer, wie die Schiffahrt auf unseren grossen Strömen Rhein und Elbe sie bieten kann und bietet, werden die Eisenbahnen wenigstens für eine absehbare Zeit nicht gewähren können. Immerhin werden diese niedrigen Frachten sich um etwas erhöhen, wenn, wie im vorigen Abschnitt vorgeschlagen ist, auf diesen Strömen Gebühren erhoben werden, welche die Kosten der Häfen und sonstigen Anlagen decken. Es ist ferner schon oben darauf hingewiesen worden, dass die Wasserwege gegenüber den Eisenbahnwegen in der Regel nicht unbedeutende Umwege machen und dass die Eisenbahnen wegen der Vortheile der grösseren Sicherheit, Schnelligkeit und Regelmässigkeit der Beförderung während des ganzen Jahres ihre Frachten ohne Beeinträchtigung ihrer Wettbewerbsfähigkeit 10 — 25 Prozent höher halten können als die des Wasserwegs. Unter diesen Umständen erscheint die Aufnahme des Wettbewerbs der Eisenbahnen auch gegenüber den natürlichen Wasserwegen durchaus nicht aussichtslos. Nicht zwar in dem Sinne, dass die Eisenbahnen den natürlichen Wasserwegen erhebliches von dem Verkehr wieder abnehmen könnten, welchen sie bereits haben, aber doch insofern, dass sie den Verlust weiteren Verkehrs von den Eisenbahnen an die natürlichen Wasserstrassen verhindern können. Es wird sich hierbei namentlich um die nicht an den Wasserstrassen selbst, sondern seitwärts derselben gelegenen Orte handeln und um denjenigen Verkehr, welcher auf grossen Umwegen über See und die grossen Ströme in das Binnenland geführt wird.

Was sodann die künstlichen Wasserwege angeht, so ist die
Frage sehr bestritten, ob dieselben, wenn sie ausser ihren Unterhaltungskosten noch die Verzinsung ihres Anlagekapitals aufbringen und hierfür entsprechende Gebühren erheben müssen,
niedrigere Frachten als die Eisenbahnen gewähren können.
Ich will auf diese zum Ueberdruss erörterte Streitfrage hier
nicht weiter eingehen, eine Entscheidung derselben wird erst
durch die Erfahrung sich ergeben und wahrscheinlich bei den
verschiedenen künstlichen Wasserstrassen sehr verschieden
ausfallen. Nur soviel möchte ich zur Richtigstellung bemerken,
dass die Kanalfreunde in der Regel alle denkbaren zukünftigen
Verbesserungen der Kanalschiffahrt und dadurch möglichen
Herabsetzungen der Frachten in Rechnung stellen, demgegenüber aber die Frachten der Eisenbahnen meist nicht nur nach
hohen Durchschnittssätzen ansetzen, sondern auch von einer
möglichen weiteren Ermässigung der Eisenbahnfrachten gänzlich absehen. Dies widerspricht aber gänzlich der Erfahrung.
Seit dem Entstehen der Eisenbahnen sind die Güterfrachten
derselben in fortwährendem Sinken begriffen, während hiermit
eine Erhöhung nicht nur des Güterverkehrs, sondern auch der
Einnahmen hieraus gleichen Schritt hält. Ich habe dies in
meinem schon oben angeführten Aufsatz „Die fortschreitende
Ermässigung der Eisenbahngütertarife" ausführlicher dargelegt,
und will hieraus nur die die preussischen Eisenbahnen bezw.
von 1880 ab die preussischen Staatsbahnen betreffenden Zahlen
entnehmen. Die durchschnittliche Einnahme für ein Tonnenkilometer, die Zahl der auf ein Kilometer durchschnittlich beförderten Tonnenkilometer und die durchschnittliche Einnahme
auf ein Kilometer aus dem Güterverkehr betrug auf den
preussischen Eisenbahnen

	Einnahme für 1 tkm	tkm auf 1 km	Einnahme auf 1 km aus dem Güterverkehr
1844	15,00 Pf.	31 071	4 026 M.
1849	10,33 „	52 934	5 550 „
1854	7,50 „	148 149	11 640 „
1859	7,33 „	164 989	12 846 „

	Einnahme für 1 tkm	tkm auf 1 km	Einnahme auf 1 km aus dem Güterverkehr
1864	5,83 Pf.	297 559	17 931 M.
1869	5,16 „	368 056	19 641 „
1874	4,66 „	508 532	24 693 „
1879	4,33 „	439 337	19 469 „

Die statistischen Nachrichten über die preussischen Eisenbahnen, herausgegeben im Ministerium der öffentlichen Arbeiten, aus welchen vorstehende Zahlen entnommen sind, haben mit dem Jahr 1879 zu erscheinen aufgehört. Indess kann man an vorstehende Statistik die aus den amtlichen Betriebsberichten der preussischen Staatsbahnen entnommenen Zahlen für die folgenden Jahre anschliessen, da die preussischen Staatsbahnen gegenwärtig fast sämmtliche preussische Hauptbahnen umfassen. Es betrugen auf denselben

	Einnahme für 1 tkm	tkm auf 1 km	Einnahme auf 1 km aus dem Güterverkehr
1880/81	4,14 Pf.	446 474	20 151 M.
1881/82	4,06 „	482 760	20 874 „
1882/83	3,95 „	536 948	23 522 „
1883/84	4,00 „	531 881	23 289 „
1884/85	3,82 „	546 166	23 141 „
1885/86	3,83 „	516 664	21 564 „
1886/87	3,85 „	524 333	22 042 „
1887/88	3,84 „	542 467	23 220 „
1888/89	3,81 „	576 739	24 449 „
1889/90	3,81 „	603 562	25 669 „
1890/91	3,80 „	·582 844	24 795 „
1891/92	3,78 „	591 511	25 133 „

Es hat sich hiernach die für 1 Tonnenkilometer von den preussischen Eisenbahnen erhobene Durchschnittsfracht von 1844—1892 von 15 Pf. auf 3,78 Pf. vermindert, während gleichzeitig die Zahl der auf 1 Kilometer durchschnittlich beförderten Tonnenkilometer von 31 071 auf 591 511 und die Einnahme daraus von 4026 M. auf 25 133 M. gestiegen ist.

Dass auch in anderen Ländern ein ähnliches fortwährendes Sinken der Güterfrachten der Eisenbahnen stattfindet, habe ich in meinem vorerwähnten Aufsatze ziffermässig nachgewiesen. Es liegt nun gar kein Grund vor anzunehmen, dass diese Ermässigung der Güterfrachten sich nicht fortsetze, es sprechen vielmehr alle bisherigen Erfahrungen dafür. Solange überhaupt noch Fortschritte irgend welcher Art im Eisenbahnwesen gemacht werden, welche eine Verringerung der Selbstkosten mit sich bringen, solange Fortschritte im industriellen Leben zu einer Verbilligung der im Eisenbahnbau und Betrieb gebrauchten Rohstoffe und Fabrikate führen, wird es auch möglich sein, die Eisenbahnfrachten weiter herabzusetzen. In beiden Richtungen, sowohl was die Verbesserungen in Verwaltung und Betrieb der Eisenbahnen betrifft, als in der Verbilligung der Rohstoffe und Fabrikate sind wir noch lange nicht am Ende. Welche Umwälzungen und Fortschritte z. B. die Elektricität im Eisenbahnbetrieb noch bringen wird, lässt sich zur Zeit noch gar nicht übersehen, es ist aber sehr möglich, dass sie zu einer wesentlichen Steigerung der Leistungsfähigkeit der Eisenbahnen und Verringerung der Selbstkosten führen wird.

Während durch Verbilligungen der Materialien, durch neue Erfindungen im Betrieb u. s. w. die veränderlichen Selbstkosten herabgesetzt werden, vermindert, wie wir früher gesehen, schon jede Verkehrszunahme an sich die auf die Transporteinheit fallenden festen Selbstkosten, und es liegt deshalb im Interesse der Eisenbahnen, die Frachten weiter herabzusetzen, sofern dadurch ein erheblicher neuer Verkehr gewonnen werden kann. Es kommt, wie oben ausgeführt ist, nur darauf an, dies in der richtigen Weise zu thun, insbesondere nicht den vorhandenen massenhaften Verkehr auf kurze Entfernungen ohne Noth und Nutzen zu ermässigen, sondern nur den dünnen Verkehr auf weite Entfernungen. Wenn deshalb die Einführung von Staffeltarifen schon an sich sich empfiehlt, so wird sie insbesondere den Eisenbahnen in dem Wettbewerb gegen die Wasserstrassen nützen, weil es sich hier wesentlich um den Wettbewerb auf weite Entfernungen handelt. Deshalb ist das wirksamste

Mittel zur Bekämpfung des Wettbewerbs der Wasserstrassen, wie auch die Erfolge der Getreidestaffeltarife beweisen, dass die Eisenbahnen an Stelle ihrer jetzigen auf alle Entfernungen gleichen Streckensätze Staffeltarife einführen, und so den Verkehr auf weitere Entfernungen, welcher hauptsächlich von dem Wettbewerb der Wasserwege bedroht ist, in der nothwendigen Weise verbilligen. Die Eisenbahnverwaltungen werden dies um so eher können, als voraussichtlich nach den bei den Staffeltarifen gemachten Erfahrungen der finanzielle Erfolg dieser Maassregel ein günstiger sein wird, und die rechnungsmässigen Ausfälle infolge der gewährten Ermässigungen durch Vermehrung des Verkehrs auf längere Strecken mehr als gedeckt werden. Und ganz besonders die preussischen Staatsbahnen mit ihrem grossen weitgestreckten Netz und, wie die Tabelle S. 40 und 41 ausweist, noch so wenig entwickelten Fernverkehr werden durch Einführung von Staffeltarifen einen wirksamen Wettbewerb gegen die Wasserstrassen zugleich mit einer erheblichen Vermehrung ihres Verkehrs und ihrer Einnahmen erreichen können. Auf alle Fälle werden die Ausfälle, welche selbst durch weitgehende Tarifermässigungen herbeigeführt werden können, nicht entfernt mit denjenigen Ausfällen sich vergleichen lassen, welche den Eisenbahnen durch die Fortsetzung des jetzigen Systems der Tarifbildung infolge des Wettbewerbs der Wasserstrassen in Aussicht stehen.

Man könnte allerdings auch daran denken, im Wege der Ausnahmetarifirung nur da Ermässigungen eintreten zu lassen, wo der direkte Wettbewerb der Wasserstrassen dazu nöthigt. Aber abgesehen davon, dass hierdurch eine wenigstens für eine Staatseisenbahnverwaltung kaum zu verantwortende Ungleichmässigkeit in den Tarifen eintreten würde, welche den ohnehin durch die Wasserstrassen schon begünstigten Orten und Gegenden zum Schaden der anderen weitere Vortheile gewähren würde, so wird die Eisenbahn kaum in der Lage sein, den fortdauernd schwankenden, nicht veröffentlichten Frachten des Wasserwegs rechtzeitig zu folgen. Es ist dies ein nicht zu unterschätzender Umstand, der den Wettbewerb des Wasserwegs gegenüber den Eisenbahnen wesentlich begünstigt, dass letztere durch gesetzliche Vorschriften gebunden sind, ihre Tarife zu veröffentlichen, sie nur nach vorhergegangener sechswöchentlicher Ankündigung zu erhöhen und allen Verkehrsinteressenten gleichmässig zu gewähren. Alle diese für die Verkehrsinteressenten vortheilhaften Bestimmungen gelten nicht für die Schiffahrt, die ihre Frachten nicht veröffentlicht, so oft sie will ändert, jedem Versender andere Frachten berechnen kann, wenn sie dies vortheilhaft findet. Selbst aber, wenn die Eisenbahnen den wechselnden Frachten des Wasserwegs folgen könnten, so würde der Zweck der Begegnung des Wettbewerbs der Wasserstrassen hierdurch nur zum kleinen Theil erreicht werden, weil vielfach dieser Wettbewerb sich nicht auf die parallel den Wasserstrassen laufenden Eisenbahnwege beschränkt, sondern auf ganz andere, entfernte Eisenbahnwege sich erstreckt, und häufig nicht nur ein Wettbewerb im Verkehrsweg, sondern auch im Absatzgebiet ist. Beispielsweise ist das ostpreussische Getreide seit langem nach den mittleren und westlichen Provinzen Preussens und nach Süddeutschland über die Ostseehäfen Danzig und Königsberg nach Stettin, Hamburg und Rotterdam und von da die Oder, die Elbe und den Rhein herauf verfrachtet worden, von den Flusshäfen aber wieder durch die Eisenbahn als Getreide oder nach Verarbeitung als Mehl in das Nachbargebiet versendet. Zur Begegnung dieses Wettbewerbs und Gewinnung dieser Transporte für den weit kürzeren Eisenbahnweg kann aber nur eine Ermässigung der Tarife auf den Bahnen von Ostpreussen nach dem Rhein über das ganze Gebiet der preussischen Staatsbahnen dienen, wie sie in Form des Getreidestaffeltarifs erfolgt ist, und da das ostpreussische Getreide in den westlichen Provinzen ausserdem mit dem gleichfalls auf den Flüssen eindringenden amerikanischen und russischen Getreide, in den mittleren Provinzen auch noch mit dem auf der Elbe eindringenden ungarischen Getreide in einem schwierigen Wettbewerbe um das Absatzgebiet steht, so war auch von diesem Standpunkte aus zur Unterstützung des Wettbewerbs des inländischen gegenüber dem ausländischen Getreide eine solche Ermässigung geboten. Ein anderes Beispiel bietet der Verkehr in Eisenfabrikaten aus Rheinland-Westfalen nach den deutschen Nord- und Ostseehäfen. Auch hier hat die Eisenbahn nicht nur dem Wettbewerb des Wasserwegs rheinabwärts über Rotterdam nach den Nord- und Ostseehäfen zu begegnen, sondern auch gleichzeitig dem Wettbewerb des dort eindringenden englischen Eisens, und es kann deshalb auch hier nur durch ermässigte Staffeltarife nach den Seehäfen geholfen werden. Ein drittes Beispiel bietet der Wettbewerb der über Rotterdam und den Rhein nach Rheinland-Westfalen eindringenden spanischen und sonstigen ausländischen Erze, zu dessen Begegnung die Erztarife aus Nassau und dem Siegerland, sowie aus Lothringen-Luxemburg ermässigt werden müssen. Als viertes Beispiel kann die Versorgung Berlins und anderer norddeutschen grossen Städte mit Bauholz, Bau- und Pflastersteinen dienen. Dieselbe erfolgt zum grossen Theil aus Skandinavien auf dem Wasserweg, theils über Stettin, die Oder und die anschliessenden Kanäle, theils über Hamburg, die Elbe und Havel. In Wettbewerb hiergegen stehen die auf der Eisenbahn zugeführten inländischen Hölzer und Steine aus dem Harz, Mittel- und Süddeutschland, Schlesien u. s. w., die aber zum grossen Theil den Wettbewerb gegen die ausländischen Erzeugnisse nicht aufrecht erhalten können wegen der auf die langen Entfernungen zu hohen Eisenbahnfrachten, und bisher (insbesondere die bayerischen Steinbruchbesitzer) vergeblich um Ermässigungen sich bemüht haben. Solcher Beispiele liessen sich leicht noch eine Menge anführen.

Es ist aber wohl schon aus Vorstehendem klar, dass der Wettbewerb des Wasserwegs in einer den allgemeinen Interessen dienenden Weise nicht durch einzelne Ermässigungen, sondern nur durch allgemeine Ermässigungen der Eisenbahnfrachten auf weitere Entfernungen, d. h. Staffeltarife, bekämpft werden kann; und noch mehr wird dies der Fall sein, wenn erst die zahllosen Kanalprojekte, welche jetzt in Deutschland aufgestellt werden, auch nur zum Theil zur Ausführung gekommen sind, wenn insbesondere im Norden der Mittellandkanal gebaut, im Süden die Verbindung des Rheins mit der Donau geschaffen ist.

Denn auch aus allgemein wirthschaftlichen Gründen ist, wie schon früher betont, die Einführung allgemeiner staffelförmig ermässigter Tarife geboten: nur so kann eine wirklich gleichmässige Behandlung für **alle** Landestheile, Orte und Interessen gesichert werden. Nur so können die Vortheile billiger Frachten auf weitere Entfernungen, welche die an den Wasserstrassen liegenden Landestheile und Orte schon lange geniessen, in etwas auch den anderen Landestheilen und Orten, insbesondere den ärmeren gebirgigen Gegenden Süd- und Mitteldeutschlands und den durch ihr Klima und ihre Lage in vieler Beziehung benachtheiligten östlichen Landestheilen zugewendet werden. Deshalb haben gerade alle die Landestheile, welche keine leistungsfähigen schiffbaren Wasserstrassen besitzen, das grösste Interesse an der Einführung von Staffeltarifen. Aber auch die mit Wasserstrassen versehenen Landestheile können nur gewinnen durch den in dieser Weise geführten Wettbewerb zwischen Eisenbahnweg und Wasserweg, insbesondere dadurch, dass der erstere auch nach den Verkehrsrichtungen, wohin kein Wasserweg führt, ihnen ermässigte Tarife auf weitere Entfernungen bietet.

Wenn in dieser Weise ein auch für die Entwickelung beider Verkehrsmittel vortheilhafter Wettbewerb zwischen Staatswasserwegen und Staatseisenbahnen auf annähernd gleichen Grundlagen ermöglicht ist, wird sich zeigen, welches dieser Verkehrsmittel in jedem Fall das wirthschaftlich nützlichste und beste ist, welches dem Lande im Ganzen, wie den Einzelinteressen in Wirklichkeit die grössten Vortheile sichert. Ein solcher gesunder Wettbewerb wird der ganzen deutschen Volkswirthschaft hohen Nutzen bringen, während der jetzige Zustand, wo auf Kosten der Allgemeinheit die Leistungen des einen Verkehrsmittels künstlich über seine wirkliche Leistungsfähigkeit hinausgehoben, die Leistungen des. anderen an sich vollkommneren Verkehrsmittels künstlich herabgedrückt werden, eine Unwahrheit und Täuschung über den wirthschaftlichen Werth der beiden Verkehrsmittel und eine Ungleichheit in den wirthschaftlichen Entwickelungsbedingungen der verschiedenen Orte und Landestheile Deutschlands hervorruft, welche auf die Dauer zu schweren Schäden für Staat und Volk führen muss.

Der südwestdeutsche Zonentarif*).

Mit dem gegenwärtigen Artikel beabsichtigen wir, die deutschen Bahnen auf einen Vorgang aufmerksam zu machen, der im Begriff ist, sich im Westen Deutschlands zu vollziehen und der die ernstesten Konsequenzen für die Tarife sämmtlicher deutscher Bahnen haben kann; es ist dies die bevorstehende Ausdehnung des südwestdeutschen Zonentarifs über die Grenzen des südwestdeutschen Gebiets hinaus.

Der südwestdeutsche Zonentarif beruht bekanntlich auf folgenden Grundtaxen:

In Pfennigen pro Tonne und Kilometer

für Entfernungen	Eilgut	Stückgut	A1	B	A2	Sp.-T.I	II	III
bis 200 km	23	11,5	7,1	5,5	5,5	4,5	3,5	2,7
von 200 bis 400 km	21	10,5	6,9	5,3	5,3	4,3	3,3	2,5
über 400 km	20	10	6,6	5	5	4	3	2,3

Nach den Grundtaxen dieses Tarifs sind die direkten und Nachbartarife im südwestdeutschen Verbande berechnet und zwar für die Gesammtentfernung von einer Station zur andern und ohne Rücksicht auf die Betheiligung der einzelnen Bahnen an diesen Entfernungen.

Die Vereinbarungen der südwestdeutschen Bahnen über die Annahme dieses Zonentarifs hatten folgenden Verlauf:

Im südwestdeutschen Verbande, welcher vor 1876 aus den Verwaltungen der nassauischen, hessischen Ludwigsbahn, pfälzischen, Saarbrücker und elsässischen Bahnen bestand und 1876 durch den Zutritt der Main-Neckar- und Badischen Bahn erweitert wurde, war eines der dem Verbande zu Grunde liegenden Prinzipien, dass alle an dem Verbandsverkehr betheiligten Bahnen die gleichen Grundtaxen in die Verbandstarife einrechneten, so dass die Verbandstarife als sogenannte Entfernungstarife ohne ausgerechnete Sätze erstellt werden konnten. Als nun die Annahme des Reformtarifs auf den deutschen Bahnen beschlossen war, und der südwestdeutsche Verband sich über die für den Verbandsverkehr anzu-

---

*) Zeitung des Vereins deutscher Eisenbahnverwaltungen, Jahrgang 1878.

nehmenden Grundtaxen schlüssig zu machen hatte, erging an denselben Seitens der Kaiserlichen Generaldirektion in Strassburg die Mittheilung, dass sie von dem Reichskanzleramte ermächtigt sei, für ihren Lokaltarif folgende Grundtaxen pro Tonne und Kilometer in Pfennigen anzunehmen:

	Eilgut	Stückgut	A1	B	A2	Sp.-T.I	II	III
bis 100 km	23	11,5	7,1	5,5	5,5	4,5	3,5	2,7
von 100 bis 250 km	21	10,5	6,9	5,3	5,3	4,3	3,3	2,5
über 250 km	20	10	6,6	5	5	4	3	2,3

und dass sie ferner ermächtigt sei, für den Fall, dass von den übrigen Verbandsverwaltungen die gleichen Sätze angenommen werden sollten, die ermässigten Streckensätze ohne Rücksicht auf die Länge des auf den elsässischen Bahnen zurückgelegten Weges einzurechnen, sobald die Gesammtlänge der Beförderungsstrecke innerhalb des Verbandes der betreffenden grösseren Entfernung gleichkommt.

Es lag auf der Hand, dass die Zusage der elsässischen Verwaltung im direkten Verkehr mit denjenigen südwestdeutschen Bahnen, welche sich diesen Grundtaxen anzuschliessen bereit waren, niedrigere Grundtaxen einstellen zu wollen, als mit denjenigen Verwaltungen, welche sich den Grundtaxen etwa nicht anschliessen würden — denn etwas Anderes bedeutete die angebotene Durchrechnung nicht —, ein absolut zwingendes Mittel für die allgemeine Annahme des Zonensystems im Verbande abgab, sobald überhaupt von irgend einer Seite die Geneigtheit, sich demselben anzuschliessen, vorlag. Das letztere war auch in der That der Fall, wie sich bei den bezüglichen Verhandlungen alsbald ergab, und es erübrigte für die widerstrebenden Bahnen nur zu versuchen, die Wirkungen dieses Zonensystems im Verbande selbst und für den Verkehr mit dem ausserhalb des Verbandes liegenden Gebiete möglichst abzuschwächen.

Eine solche Abschwächung wurde erreicht einmal durch die aus den erstangegebenen Zahlen hervorgehende Hinausschiebung der Zonengrenzen, und sodann durch den Beschluss, in die direkten Tarife des südwestdeutschen Gebietes mit den übrigen Bahnen Deutschlands Seitens des Verbandes die Gesammtsätze der südwestdeutschen Tarife bis zur Grenzstation abzüglich der halben Expeditionsgebühr einzurechnen, wodurch die in der Zonenabstufung liegenden Ungleichheiten auf das südwestdeutsche Gebiet selbst beschränkt schienen.

Diese Beschränkung auf das südwestdeutsche Gebiet war jedoch sofort lebhaften Anfechtungen ausgesetzt. Von Seiten der

Rheinischen Bahn wurde alsbald geltend gemacht, dass die südwestdeutsche Berechnung bis Oberlahnstein gegenüber von der südwestdeutschen Berechnung bis Bingerbrück eine empfindliche Benach-
theilung ihrer Interessen in sich schlösse, da die ab Oberlahnstein
in Betracht kommenden südwestdeutschen Zonentaxen wegen der
grösseren Entfernungen vielfach niedriger seien als die ab Bingerbrück geltenden, und da die Rheinische Bahn durchaus nicht in
der Lage sei, die durch diese Verschiedenheit entstehenden Diffe-
renzen auf Rechnung ihrer eigenen Mehrentfernung bis Bingerbrück
auszugleichen. Sie verband mit diesem Vorbehalte den Antrag, die
Prinzipien der südwestdeutschen Zonenberechnung auch auf den
Verkehr mit ihren Stationen auszudehnen, und war hierin von den
übrigen rheinisch-westfälischen Bahnen, wie auch von den Sym-
pathien des Reichs-Eisenbahnamts unterstützt. Dieser Antrag, der
schon an sich durch die für die Bahnen längs des Rheines bestehende
Konkurrenz des Wasserweges als im Interesse dieser Bahnen, wenn
auch nicht im Interesse derjenigen südlich von dem Endpunkt der
Schiffahrt liegend, genügend motivirt wäre, fand jedoch bei einem
Theil der südwestdeutschen Bahnen einen begreiflichen und lebhaften Widerstand, der neben der Rücksicht auf die eigenen Interessen hauptsächlich auch aus der Ueberzeugung entsprang, dass
die Ausdehnung des südwestdeutschen Zonentarifs auf ein so
grosses Gebiet wie das rheinisch-westfälisch-südwestdeutsche unzweifelhaft das Uebergreifen auf die sämmtlichen deutschen Verkehre mit Südwestdeutschland zur Folge haben müsse, und es
gelang mit Hilfe einer Anordnung des preussischen Herrn Handels-
ministers, wonach im südwestdeutschen Verbande selbst die südwestdeutsche Berechnung nördlich auf die Linie Rüdesheim-Höchst-
Frankfurt beschränkt werden musste, vorläufig diese Ausdehnung
auf das rheinisch-westfälische Gebiet zu verhindern.

Der leidlich gesicherte Zustand, der damit geschaffen schien,
hat nun in allerjüngster Zeit einen empfindlichen Stoss erhalten.

Nach uns vorliegenden Mittheilungen hat der preussische Herr
Handelsminister dahin entschieden, dass mit der Durchrechnung des
Spezialtarifs III im rheinisch-westfälisch-südwestdeutschen Verkehr
auf Grund des südwestdeutschen Zonentarifs vorgegangen werden
könne, und sind auch bereits verschiedene Anträge, welche diese
Durchrechnung alsbald in Angriff zu nehmen bezwecken, bei den
betheiligten Bahnen eingelaufen.

Da es kaum denkbar ist, dass diese Durchrechnung, wenn sie
sich verwirklicht, auf die Dauer auf den Spezialtarif III beschränkt
bleiben kann, so erscheint es an der Zeit, sich die Konsequenzen
allgemein klar zu machen, welche die Ausdehnung des südwest-

deutschen Zonentarifs für sämmtliche Tarifklassen auf den Verkehr Südwestdeutschlands mit dem ausserhalb des Verbandes liegenden Gebiete haben wird.

In den meisten Fällen werden die Grundtaxen der dritten Zone die Grundlage für diese direkten Verkehre bilden, da fast überall Entfernungen von 400 km und mehr in Betracht kommen werden. Vergleicht man diese Grundtaxen mit den Taxen, welche die sämmtlichen deutschen Bahnen für ihre Lokaltarife bei der Durchführung der Tarifreform angenommen haben, so wird man finden, dass in der Annahme der Taxen der südwestdeutschen dritten Zone mit wenigen Ausnahmen eine ganz erhebliche Reduktion dieser normalen Grundtaxen liegt. Diese Reduktion wird zur Folge haben, dass zwischen den direkten Tarifen Südwestdeutschlands mit demjenigen Gebiet, welches in die südwestdeutsche Zonenberechnung einbezogen wird, und demjenigen Gebiet, auf welches dieselbe nicht übertragen ist, so ausserordentliche Disparitäten entstehen werden, dass daraus voraussichtlich ein ganz unhaltbarer Zustand hervorgehen wird, der unwiderstehlich dahin drängen muss, die südwestdeutsche Berechnung auf den ganzen Verkehr Süddeutschlands mit dem übrigen Deutschland auszudehnen. Hiermit wird jedoch die Verbreitung der südwestdeutschen Zonenberechnung ihr Ende nicht finden können.

Wem bekannt ist, welche Schwierigkeiten die Berechnung der mitteldeutschen Tarife nach den Grundtaxen der zweiten südwestdeutschen Zone für das Gebiet südlich von Heidelberg und Ludwigshafen durch ihre Rückwirkung auf die Tarife der Stationen nördlich von Heidelberg und Ludwigshafen bis über Frankfurt hinaus geboten hat, der wird leicht einsehen, dass eine Durchrechnung nach den Taxen der dritten Zone für den norddeutschen Verkehr mit dem ganzen südwestdeutschen Gebiete bis Frankfurt geeignet sein wird, die norddeutschen Tarife bis weit in das Herz Nordwest- und Mitteldeutschlands hinein unhaltbar zu machen. Auch wird ‚hier jeder Versuch der Beschränkung der südwestdeutschen Durchrechnung auf den Verkehr mit einem bestimmten Theil des südwestdeutschen Gebiets oder auf den Verkehr mit dem südwestdeutschen Gebiete selbst für das an der etwa zu ziehenden Grenze liegende Gebiet eine Tariflage schaffen, welche dasselbe gegenüber von dem in die südwestdeutsche Berechnung einbezogenen Gebiet auf das Allerempfindlichste zu schädigen geeignet sein wird, und welche mit den jetzt allgemein und mit Recht vorherrschenden Tendenzen der gleichmässigen und den Entfernungsverhältnissen angemessenen Tarifirung geradezu im Widerspruch steht. Zu vermeiden wird diese Tariflage nur sein durch vollständige Verallge-

meinerung der südwestdeutschen Berechnung über ganz
Deutschland.

Wie sich das Interesse der deutschen Bahnen zu einer solchen
Verallgemeinerung des südwestdeutschen Zonentarifes verhalten
wird, liegt auf der Hand, und glauben wir nicht irre zu gehen,
wenn wir annehmen, dass durch die in derselben liegende Tax-
ermässigung die Berechnungen, welche von den einzelnen Bahnen
über das muthmassliche Ergebniss ihrer Unternehmung auf Grund
der für den Reformtarif angenommenen normalen Grundtaxen angestellt worden sind, auf das Bedenklichste erschüttert werden.

Frägt man sich aber Angesichts dieser Perspektive, ob denn
der südwestdeutsche Tarif mit seiner Zonenabstufung überhaupt
rationell ist, so wird diese Frage schwerlich im bejahenden Sinne
beantwortet werden können.

Von Anhängern des Zonentarifs ist hervorgehoben worden,
dass Transporte über grosse Strecken verhältnissmässig geringere
Transportkosten verursachen als Transporte über kleine Strecken.
Dies mag richtig sein, wo sich ganze Züge ohne Veränderung ihrer
Zusammensetzung über längere Strecken bewegen; wo sich die
grössere Gesammtentfernung dagegen aus einer Summe kleiner, für
gesonderten Betrieb eingerichteter Strecken mit zahlreichen Uebergängen und Aus- und Einrangirungen zusammensetzt, trifft dies
jedenfalls nicht zu. Auch wird kaum behauptet werden können,
dass ein Gut, welches eine kleine, einer besonderen Bahneigen-
thümerin angehörende Transitstrecke passirt, auf dieser Transitstrecke
geringere Transportkosten verursacht, wenn es sich im Ganzen über
eine Gesammtstrecke von 400 km und mehr bewegt, als wenn es
nur einen Weg von weniger als 200 km von der Anfangs- bis zur
Endstation zurückzulegen hat.

Es ist ferner noch geltend gemacht worden, dass es an sich
nützlich sei, Transporte, welche sich über grosse Strecken bewegen,
niedriger pro Kilometer zu tarifiren als Transporte über kleine
Strecken, da sich die Transportfähigkeit des Guts vermindert mit
der Zunahme der Entfernung, welche in Betracht kommt. Doch ist
diese Nützlichkeitsfrage weder unbedingt zu bejahen, noch kann die
Lösung derselben in der südwestdeutschen Zonenabstufung gefunden werden.

Auch seither ist in einzelnen Verkehren, welche sich über
grosse Strecken bewegen, den Tarifen eine niedrigere Grundlage
gegeben worden als den Lokal- und Nachbartarifen. Es war diese
Reduktion der Tarife manchmal eine freiwillige, durch die Erwartung
eingegeben, dass sie eine entsprechende Erhöhung der Transporte
zur Folge haben werde. In allen diesen Fällen kamen jedoch fast

immer ganz erheblich grössere Entfernungen in Betracht als die Stufen von 200 und 400 km des südwestdeutschen Tarifs, und es hat sich eine solche Maassnahme auch dann nicht der genauen Prüfung entziehen dürfen, ob die mit Rücksicht auf die erhebliche Entfernung zweckmässig scheinende Reduktion der Frachtgrundlagen nicht etwa Störungen der wirthschaftlichen Verhältnisse des eigenen Gebietes zur Folge haben könne.

Namentlich in neuerer Zeit haben die Aufsichtsbehörden und Landesregierungen wiederholt ihre Aufmerksamkeit auf die Schädigungen hingewendet, welche in einzelnen Fällen den einheimischen Interessen aus den sei es in vorstehend angedeuteter Weise, sei es in Folge von Eisenbahn-Konkurrenzverhältnissen oder aus anderen Ursachen ausländischem Verkehr gewährten Vortheilen, oder welche den Lokalinteressen aus in ähnlicher Weise für einzelne Verkehrsgebiete gewährten Ermässigungen entstanden sind. Allgemein ist die Ansicht zum Durchbruch gekommen, dass die Entscheidung der Frage, ob eine Abweichung von der normalen Berechnung im einzelnen Falle mit Rücksicht auf die wirthschaftlichen Interessen Deutschlands oder einzelner Gebiete zweckmässig oder zulässig ist, nicht der zufälligen Gestaltung der in Betracht kommenden Interessen der einzelnen Bahnunternehmungen anheim gegeben werden dürfe, sondern dass diese Entscheidung zunächst der Prüfung durch die die allgemeinen Landesinteressen vertretenden Aufsichtsbehörden unterliegen müsse. Tritt nun an Stelle der normalen Berechnung, d. h. der Berechnung zu den Sätzen, welche für den Lokalverkehr der betreffenden Bahnen angenommen sind, die südwestdeutsche Zonenabstufung, so ist die Entscheidung über die Zulässigkeit der Abweichung von der Berechnung, welche wir die normale nennen, fernerhin der Prüfung der Landesaufsichtsbehörden sowohl, wie der einzelnen Bahnunternehmungen selbst entzogen, sie hängt fernerhin, anstatt von den Zufälligkeiten der Gestaltung der einzelnen Bahninteressen, von den Zufälligkeiten der in dem südwestdeutschen System liegenden Zonenabstufung ab. Wie sich solche Abweichungen von der normalen Tarifirung in einzelnen Fällen geltend machen können, illustrirt die Frage der Tarifirung der Holztransporte aus Oesterreich, welche in jüngster Zeit so vielen Staub aufgewirbelt hat; diese ist durch Tarifdifferenzen hervorgerufen, welche zum Theil kaum erheblicher sind als die in dem südwestdeutschen Tarif liegenden Abstufungsdifferenzen; dabei sind aber die für die österreichischen Hölzer im Verkehr nach Deutschland und nach dem Rheine in Betracht kommenden Mehrentfernungen, gegenüber von den für die deutschen Hölzer in Betracht kommenden Entfernungen, weit grösser als die den südwestdeutschen Zonen zu Grunde gelegten Entfernungsstufen. Darin aber, dass der südwestdeutsche Zonentarif, indem er die Taxreduktionen für Entfernungen, welche eine gewisse Grenze übersteigen, zur Regel macht, diese Taxreduktionen nicht nur der Einzelprüfung der Aufsichtsbehörden bezüglich ihrer Zulässigkeit, sondern auch der Sondererwägung der Bahnen bezüglich ihrer Nützlichkeit entzieht, liegt für die letzteren selbst nicht nur eine bedenkliche Schwächung ihrer Fähigkeit, andern, nicht in die Zonenabstufung fallenden, thatsächlichen Reduktionsbedürfnissen nachzugeben, sondern auch die Gefahr, dass die in der Zonenabstufung liegenden Ermässigungen sich nach und nach auch auf den Verkehr über kleinere Strecken auszudehnen suchen, da jede aus denselben entstehende und zu Tag tretende Störung einzelner berechtigter Interessen sich nicht in dem Sinne der Wiedererhöhung der ermässigten Frachten, sondern in der Tendenz der gleichmässigen Reduktion der höheren Frachten geltend machen wird.

Wir sehen somit in der Verbreitung des südwestdeutschen Zonensystems lediglich ein weiteres Element der Unruhe in der so sehr der Stabilität entbehrenden Tariflage in Deutschland, neben zweifelhaften Vortheilen für den Verkehr unverkennbare, wirthschaftliche Gefahren, und als endliches Resultat ein Herabdrücken der Gütertarife unter das für manche Bahnunternehmungen unentbehrliche Niveau.

Sollten sich unsere Befürchtungen widerlegen lassen, oder sollten sich, entgegen unserer Anschauung, aus der Verallgemeinerung des südwestdeutschen Zonensystems Vortheile ableiten lassen, welche die befürchteten Nachtheile überwiegen, so sind wir einer Belehrung gerne zugängig; zur Zeit ersehen wir solche Vortheile nicht.

Der südwestdeutsche Zonentarif.

In No. 42 dieses Blattes ist der südwestdeutsche Zonentarif zum Gegenstand eines Angriffs gemacht worden, auf den sich wohl Einiges erwidern lässt. Der Verfasser geht von der Voraussetzung aus, dass derselbe im Begriff sei, sich über ganz Deutschland zu verbreiten, also ein gemeinsamer Tarif für ganz Deutschland zu werden. Inwieweit diese Annahme begründet ist, darüber werde ich am Schluss einige Worte sagen, zunächst möchte ich mir erlauben, die Vorwürfe zu beleuchten, welche dem südwestdeutschen Zonensystem gemacht werden.

Der Verfasser des Artikels in No. 42 hält das demselben zu Grunde liegende Prinzip der Ermässigung der Einheitssätze auf längere Entfernungen nicht für rationell, weil die Transportkosten auf längere Entfernungen sich nur da verminderten, wo sich ganze Züge ohne Veränderung ihrer Zusammensetzung über längere Strecken bewegen; wo sich die grössere Gesammtentfernung dagegen aus einer Summe kleiner, für gesonderten Betrieb eingerichteter Strecken mit zahlreichen Uebergängen, Aus- und Einrangirungen zusammensetze, treffe dies jedenfalls nicht·zu. Ganz abgesehen von der Richtigkeit dieser Behauptung, übersieht er hierbei, dass der zweite Fall im Verbandsverkehr, für welchen ja der südwestdeutsche Zonentarif seine Anwendung finden soll, verhältnissmässig selten eintritt, weil in den Verbänden überall Einrichtungen getroffen sind, dass die über längere Strecken im Verbandsverkehre zu befördernden Güter in durchgehenden Wagen bezw. durchgehenden Verbandszügen befördert und so die durch den Transport über verschiedene Bahnen sonst entstehenden Kosten und Aufenthalte möglichst vermieden werden. Die Verbände haben ja bekanntlich den Zweck und machen thatsächlich die verschiedenen Linien der ihnen angehörigen Bahnen zu einem Verkehrsgebiet, und deshalb kann ein Verband unzweifelhaft ebensowohl über eine längere Strecke billiger befördern, als eine einzelne Bahn dies thut. Ginge man nicht hiervon aus, so würde man auch im Verbandsverkehre nicht die Expeditionsgebühr fallen lassen, was doch allgemein geschieht.

Auch den weiteren, für die fallende Skala des südwestdeutschen Zonentarifs sprechenden Grund, dass es nützlich sei, Transporte, welche sich über grosse Strecken bewegen, niedriger pro Kilometer zu tarifiren als Transporte über kleine Strecken, da sich die Transportfähigkeit des Gutes mit der Zunahme der Entfernung vermindert, will der Verfasser weder unbedingt gelten lassen noch glaubt er, dass die Lösung dieser Frage in der südwestdeutschen Zonenabstufung gefunden werden könne.

Er führt aus, dass der südwestdeutsche Zonentarif, indem er Taxreduktionen für Entfernungen, welche eine gewisse Grenze übersteigen, zur Regel mache, die Gefahr mit sich bringe, dass die in der Zonenabstufung liegenden Ermässigungen sich nach und nach auch auf den Verkehr der kleineren Strecken ausdehnen, und so das endliche Resultat ein Herabdrücken der Gütertarife sein werde. Ich glaube, es lässt sich mit weit mehr Recht das Gegentheil behaupten. Gerade der Zonentarif, indem er die Ermässigung von einem bestimmten Erforderniss, dem Transport über eine gewisse Entfernung, abhängig macht, gibt eine Schranke gegen derartige Gefahren, während die lediglich nach dem sogenannten Bedürfniss ohne jede feste Norm vorgenommenen Ermässigungen stets Veranlassung zu berechtigten Reklamationen und so zur weiteren Ausdehnung der gewährten Ermässigungen geben. Im Uebrigen scheint der Verfasser die durch den südwestdeutschen Zonentarif bedingten Ermässigungen bedeutend zu überschätzen.

Vor Einführung des Zonensystems auf den elsass-lothringischen Bahnen wurde eine Ermittelung darüber angestellt, wie sich die im Gesammtverkehr beförderten Gütermassen in die verschiedenen Zonen vertheilten und zwar wurde das Jahr 1875 zu Grunde gelegt. Es ergab sich als Resultat, dass auf eine Gesammtlänge

bis 100 km	100—250 km	über 250 km
275 Millionen	127 Millionen	89 Millionen

Tonnenkilometer in allen Verkehren, deutschen und ausländischen, gefahren waren.

Reducirt man das auf die jetzigen südwestdeutschen Zonen, so ergibt sich für die erste Zone bis 200 km mindestens $^2/_3$ der gesammten Güterbewegung, für die ermässigten Zonen also $^1/_3$, und man wird hoch greifen, wenn man für die jetzige dritte Zone über 400 km ein Zehntel der gesammten Güterbewegung annimmt Dies $^1/_3$ der zwei ermässigten Zonen des südwestdeutschen Tarifs reducirt sich aber noch bedeutend, weil der direkte Verkehr mit den auswärtigen Bahnen darin enthalten ist, für welchen eine Einführung des Zonentarifs nicht in Aussicht genommen ist. Die für die zweite und dritte Zone gegebenen Ermässigungen werden also kaum, wie der Verfasser des besprochenen Artikels befürchtet, den Ruin der deutschen Bahnverwaltungen herbeiführen, zumal in wichtigeren direkten Verkehren schon zum grossen Theil gleiche oder noch grössere Ermässigungen bestehen.

„Allgemein ist die Ansicht zum Durchbruch gekommen“, heisst es weiter in dem fraglichen Artikel, „dass die Entscheidung der Frage, ob eine Abweichung von der normalen Berechnung im einzelnen Falle mit Rücksicht auf die wirthschaftlichen Interessen Deutschlands oder einzelner Gebiete zweckmässig oder zulässig ist, nicht der zufälligen Gestaltung der in Betracht kommenden Interessen der einzelnen Bahnunternehmungen anheimgegeben werden dürfe, sondern dass diese Entscheidung zunächst der Prüfung durch die die allgemeinen Landesinteressen vertretenden Aufsichtsbehörden unterliegen müsse.“ Für diesen Ausspruch bin ich dem Herrn Verfasser ganz besonders dankbar und stimme prinzipiell vollständig ihm bei, aber ich bitte ihn, sich doch gefälligst die logischen Konsequenzen dieses Satzes zu ziehen. Unbestritten gibt es wohl kaum einen bedeutenderen Industriezweig in Deutschland, der nicht mehrere, theilweise weit von einander entfernte Standorte hat. Daraus folgt, dass es gar Nichts nützt, wenn die Entscheidung über zu gewährende Ermässigungen den einzelnen Aufsichtsbehörden übertragen wird, an Stelle der einzelnen Bahnverwaltungen, weil die einzelstaatliche Aufsichtsstelle die wirthschaftlichen Verhältnisse in andern deutschen Staaten ebensowenig kennen und berücksichtigen wird, wie die einzelne Eisenbahnverwaltung. Wenn z. B. die sächsische Staatsbahn mit Genehmigung ihrer Aufsichtsbehörde ihre Frachten für Sprit zu Gunsten der sächsischen Spiritus-Industrie bedeutend ermässigt, so wird dadurch der Absatz und die Konkurrenzfähigkeit der schlesischen und norddeutschen Spiritus-Industrie auf das Empfindlichste berührt und die vorherige Prüfung dieser Maassregel Seitens der sächsischen Aufsichtsbehörde hat diese Schädigung der konkurrirenden Industrie in keiner Weise verhütet.

Um dem vorzubeugen, müsste vielmehr eine Central-stelle für ganz Deutschland als Aufsichtsbehörde für das Tarifwesen bestellt werden.

Eine derartige Befugniss einer Centralstelle haben wir aber zur Zeit nicht und werden sie wohl vor Realisirung des Projekts des Ankaufs aller Bahnen durch das Reich nicht haben, weil dies nichts anderes als eine Uebertragung der gesammten Tarifhoheit der Einzelstaaten auf das Reich wäre.

Aber selbst wenn das Reich oder eine andere Centralstelle diese Befugnisse hätte, so glaube ich doch nicht, dass es dieselben in der Weise ausüben würde, wie der Herr Verfasser des Artikels in No. 42 will. Er will keine allgemeine Ermässigung der Frachten auf grössere Entfernungen, ist vielmehr der Ansicht, bei jedem Ermässigungsantrag, der gestellt wird, solle die Aufsichtsbehörde die Zweckmässigkeit und Zulässigkeit mit Rücksicht auf die allgemeinen wirthschaftlichen Interessen und die Bahnverwaltung die Nützlichkeit dieser Ermässigung für ihre Interessen prüfen und hiernach entscheiden.

Nun wird aber Jeder, der einmal das Verkehrswesen eines grösseren Bahngebiets bearbeitet hat, wissen, wie ungemein schwierig es ist, ein derartiges Urtheil für ein nur mässig grosses Bahngebiet mit Sicherheit zu fällen, er wird wissen, dass jahrelange Beobachtungen und Erfahrungen dazu gehören, die Handels- und industriellen Verhältnisse eines solchen Bahngebiets nur einigermassen kennen zu lernen und dass bei der fortwährend wechselnden Gestaltung der wirthschaftlichen Verhältnisse dennoch oft verkehrte Maassregeln selbst für die kleineren Verkehrsgebiete getroffen werden.

Welcher Mann oder welche Behörde würde aber im Stande sein, die gesammten wirthschaftlichen Verhältnisse von ganz Deutschland so zu übersehen, um mit gutem Gewissen sagen zu können: nach Erwägung aller wirthschaftlichen Verhältnisse des Inlandes, Berücksichtigung der Konkurrenz des ausländischen Handels und der ausländischen Industrie muss hier eine Tarifermässigung gewährt, dort versagt werden? Das ist eine einfache Unmöglichkeit, und diese Kenntniss kann auch nicht künstlich herbeigeschafft werden durch Berichte der Lokalbehörden, Handelskammern etc. Denn es ist eine bekannte Thatsache, dass, sobald es sich um derartige Interessenfragen handelt, diese Berichte je nach den überwiegenden Interessen der betreffenden Bezirke gefärbt sind. Ausserdem würde es vollständig unzulässig sein, einen derartigen Apparat fortwährend in Thätigkeit zu setzen und über jeden der vielen, täglich bei einer Centralbehörde einlaufenden Ermässigungs-Anträge zu hören.

Die Sachlage ist also die, dass wir erstens keine Centralaufsichtsbehörde mit den nöthigen Befugnissen zur Regulirung der Tarife haben, und dass, wenn wir eine solche je bekommen sollten, dieselbe doch nicht in der Lage sein würde, alle wirthschaftlichen Verhältnisse Deutschlands genügend zu übersehen, um auf Grund dessen eine Feststellung der Tarife in der Weise von Fall zu Fall vorzunehmen, wie der Verfasser des beregten Artikels es für nöthig hält.

Weil es aber ferner unmöglich ist, Tarife für jede einzelne Industrie und jedes einzelne Industriegebiet zu machen, ohne zu einem vollkommenen Chaos im Tarifwesen zu gelangen, und weil die Festsetzung der Tarife für eine Industrie und ein Industriegebiet stets alle benachbarten Gebiete und konkurrirenden Industrien mit berührt, so bleibt nichts übrig, als die Tarife nach einem gleichmässigen Durchschnitt festzusetzen, wie er den gesammten wirthschaftlichen Bedürfnissen am besten entspricht, selbst auf die Gefahr hin, dass hie und da einige besondere Interessen verletzt werden. Es geschieht dies auch in der That schon zum grossen Theil. Das jetzt in Deutschland eingeführte gemeinsame Tarifschema und die gemeinschaftliche Klassifikation ist nichts Anderes als die Ausführung dieses Grundsatzes. Bekanntlich hat die Einführung der Tarifreform für viele Wirthschaftsgebiete die grössten Bedenken gehabt und die wichtigsten Interessen verletzt. Aber weil Jedermann einsah, dass die Uebelstände noch viel grösser waren, wenn die verschiedenen zu einem wirthschaftlichen Ganzen gehörenden deutschen Bahnen nach verschiedenen Systemen ihre Tarife festsetzten, hat man dennoch das gemeinsame System angenommen. In ganz derselben Weise verfährt man bei Festsetzung des lokalen oder normalen Tarifs für jedes einzelne Bahngebiet. Auch hier liegen oft die verschiedensten wirthschaftlichen Verhältnisse innerhalb desselben Bahngebiets vor. Und doch hat man im Lokalverkehr gleiche Einheitssätze für alle preussischen Staatsbahnen, für den grossen Komplex der bayerischen Staatsbahn ohne Bedenken angenommen. Es ist dies auch nur ein Ausfluss des obenerwähnten Prinzips, und der Verkehr befindet sich im Grossen und Ganzen wohl dabei. Der entscheidende Grund hierfür liegt darin, weil so Alle gleich behandelt werden, Niemand bevorzugt wird. Dieses grosse Prinzip der Gerechtigkeit, der gleichen Behandlung Aller, spielt in dem wirthschaftlichen Leben eine womöglich noch grössere Rolle als in dem politischen.

Gleiche Normirung der Transportkosten, das ist für den wirthschaftlichen Konkurrenzkampf von jeher das Verlangen aller einsichtigen Betheiligten gewesen, und wenn diese vorhanden ist, so passt sich das wirthschaftliche Leben den sich hieraus ergebenden Verhältnissen an. Denn Handel und Industrie haben eine ungeheure Assimilationsgabe und Spannkraft, sonst hätten sie die jetzigen Zustände in Deutschland gar nicht ertragen, wo jede Bahn fast ihre besonderen verschiedenen Einheitssätze für den Lokalverkehr, jeder Verband verschieden konstruirte Frachtsätze für den direkten Verkehr hat. Was kann es für den Industriellen wohl schlimmeres geben, als wenn wenige Meilen von ihm sein zufällig an einer andern Bahn gelegener Konkurrent die Rohprodukte zu seiner Fabrikation von demselben Produktionsgebiet zu 25 Prozent billigeren Frachtsätzen bezieht oder in der Lage ist, seine Fabrikate zu weit billigeren Frachten nach demselben Absatzgebiet zu bringen? Und solche Fälle kommen noch heute nicht ausnahmsweise, sondern in grosser Zahl vor.

Gerade das Prinzip, was der Herr Verfasser des Artikels in No. 42 empfiehlt, das Vorgehen mit Ermässigungen von Fall zu Fall, hat bekanntlich zu den unzähligen Differentialtarifen geführt, die wenigstens zum grossen Theil keine Berechtigung haben und über die unsere Industrie und Landwirthschaft mit Recht sich beschweren. Ausserdem sind es aber gegenwärtig noch zwei Uebelstände, welche beseitigt werden müssen, um zu einem befriedigenden Zustand des Tarifwesens in ganz Deutschland zu gelangen, die Verschiedenheit der Einheitssätze der Lokaltarife und die Verschiedenheit der Einheitssätze der Verbandstarife. Dies Ziel zu erreichen, wenn auch vorerst nur auf einem kleineren Gebiet, dem südwestdeutschen Verbande, ist der Zweck des südwestdeutschen Zonentarifs. Er bietet eine vollständig gleiche Normirung der Transportkosten, kein Artikel, keine Station wird bevorzugt oder benachtheiligt. Hieran ändert es auch nichts, dass man, um den Bedürfnissen des Verkehrs zu genügen, für grössere Entfernungen ermässigte Sätze eingerechnet hat. Denn diese Ermässigungen kommen jedem Artikel zu Gute, sobald er von irgend einem Punkt auf diese grössere Entfernung versendet wird. Man hat nun drei Abstufungen gemacht, von denen die erste für den Lokalverkehr, die zweite für den sogenannten Nachbarverkehr, die dritte für den direkten Verbandsverkehr dienen sollte. Ob diese Zonen bezw. die in denselben enthaltenen Einheitssätze richtig normirt sind, das hat mit dem Prinzip an sich nichts zu schaffen, ist vielmehr eine tariftechnische, bezw. Zweckmässigkeitsfrage. Wenn, wie der Verfasser des Artikels in No. 42 meint, der Zonentarif auf ganz Deutschland ausgedehnt werden sollte, so stünde garnichts im Wege, die für den südwestdeutschen Verband vereinbarten Zonen und Einheitssätze entsprechend zu ändern.

Ich gehe auch durchaus nicht so weit, daneben alle Ausnahmesätze auszuschliessen. Das liegt weder im Prinzip des Zonentarifs, noch würde es richtig sein, sich über die bestehenden, grösstentheils durch die Bahnen geschaffenen wirthschaftlichen Verhältnisse in dieser Weise hinwegzusetzen. Aber sicher werden gerade durch das System der fallenden Skala viele gegenwärtig unentbehrlichen Ausnahme- und Differentialtarife unnöthig gemacht, und nach einer gewissen Uebergangszeit wird man dieselben auf verhältnissmässig wenige in Betracht kommende Fälle des lokalen Bedürfnisses und der ausländischen Konkurrenz beschränken können. Es ist gewiss in dieser Beziehung bemerkenswerth, dass innerhalb des südwestdeutschen Verbandes kein einziger allgemeiner Ausnahmetarif nöthig geworden ist, sondern nur einige mehr lokaler Natur.

Leider ist aber die Gefahr der Ausbreitung des Zonentarifs über ganz Deutschland, welche der Verfasser des Artikels in No. 42 so fürchtet, noch weit entfernt, und es ist mindestens sehr sanguinisch, aus der bevorstehenden Durchrechnung des Spezialtarifs III Seitens der rheinisch-westfälischen Bahnen mit der Saarbrücker- und Elsass-Lothringischen Bahn auf Grundlage des Zonensystems dessen Ausbreitung über ganz Deutschland zu folgern.

Etwas Anderes wäre es, wenn die sämmtlichen preussischen Staatsbahnen das Zonensystem annähmen, und in praktischer Ausführung des Artikels 42 der Reichsverfassung wie seinerzeit das Reichskanzleramt die elsasslothringischen Bahnen, so jetzt der preussische Herr Handelsminister die preussischen Staatsbahnen ermächtigte, mit jeder deutschen Bahnverwaltung, welche die gleichen Sätze annähme, die ermässigten Streckensätze ohne Rücksicht auf die Länge des innerhalb des preussischen Staatsbahnnetzes zurückgelegten Weges durchzurechnen, sobald die Gesammtlänge der Beförderungsstrecke innerhalb des deutschen Reichs der betreffenden grösseren Entfernung gleichkäme. Dann würden in der That wohl sämmtliche norddeutsche Bahnen genöthigt sein, wenigstens für den Verbandsverkehr den Zonentarif anzunehmen, und da der südwestdeutsche Verband denselben bereits hat, würden nur Sachsen, Bayern und Württemberg übrig bleiben. Es dürfte aber erwartet werden, dass auch diese nicht sehr lange der Annahme eines derartigen Tarifs im Verbandsverkehr sich entziehen würden, zumal wenn erst die guten Erfolge desselben bei den übrigen deutschen Bahnen sich gezeigt hätten. Würden wir aber auf diesem Wege wirklich zu einem gemeinsamen deutschen Verbandstarif mit einheitlichen Grundtaxen gelangen, dann dürften die Vortheile, welche hieraus sowohl für die Eisenbahnen als für den Verkehr und die gesammte deutsche Volkswirthschaft entstünden, so grosse sein, dass die Bedenken gegen den Zonentarif wohl selbst bei dem Herrn Verfasser des Artikels in No. 42 schwinden würden.

Noch ein Wort zum südwestdeutschen Zonentarif.

Den Herrn Einsender des Artikels über den südwestdeutschen Zonentarif in No. 51 dieses Blattes gestatte ich mir darauf aufmerksam zu machen, dass die von ihm mit vieler Schärfe vertheidigten Grundsätze dieses Tarifs bereits auch in anderen Gebieten Deutschlands zum Theil Anwendung gefunden haben.

Die Durchführung der Tarifreform ist im Beginn dieses Jahres auf den Strecken der drei grossen rheinisch-westfälischen Eisenbahn-Gesellschaften in der Weise erfolgt, dass durchweg im Gebiete dieser Unternehmungen, und zwar sowohl für den Lokal- als den Nachbar-Verkehr, gleiche Einheitssätze bei der Frachtberechnung angewendet sind. Es ist dies nicht bloss für die regelmässigen Klassen des neuen Systems, sondern auch für alle Ausnahmetarife geschehen, mit alleiniger Ausnahme der Kohlenfrachten, welche schon früher im Ganzen gleichmässig für die drei Bahnen festgestellt waren und daher bei dieser Gelegenheit nicht verändert wurden.

Die Uniformität der Tarifsätze, welche in dem erwähnten
Artikel als eines der Prinzipien des südwestdeutschen Zonentarifs
hervorgehoben wird, ist also auch für das Gebiet der rheinisch-
westfälischen Eisenbahn-Gesellschaften vollständig erreicht.

Der Herr Einsender des Artikels wird es gewiss und mit Recht
als eine wesentliche Unterstützung der von ihm entwickelten Gründe
betrachten, dass diese Gleichmässigkeit der Frachtsätze in einem
Bahnnetz zugelassen werden konnte, innerhalb dessen sehr erhebliche Verschiedenheiten in den Bau- und Betriebskosten, sowie in
den Verkehrsverhältnissen der einzelnen Strecken obwalten. Man
bedenke nur, dass das Anlagekapital pro Kilometer Bahn für die
Bergisch-Märkische Bahn 433 000, für die Rheinische Bahn 358 000 M.
beträgt, dass die Betriebsausgabe (einschliesslich der Verwendungen
für Erneuerungs- und Meliorationszwecke) sich im Jahre 1876 bei
der ersteren Bahn auf 54,9 Proz., bei der Rheinischen Bahn auf
47,2 Proz. der Einnahmen stellte, dass die Betriebseinnahmen pro
Kilometer Bahn sich für das bergisch-märkische Unternehmen in
demselben Jahre auf 50 542 M., für das rheinische auf 41 084 M. be-
liefen. Neben diesen Unterschieden zwischen den Unternehmungen
in ihrer Gesammtheit besteht eine noch grössere Mannigfaltigkeit in
den Verhältnissen der einzelnen Strecken, unter welchen sich billige
Bahnen in Thalgegenden und theure Gebirgslinien, Linien, auf
welchen im Durchschnitt eine Lokomotive 160 beladene Achsen und
solche, wo sie nur 50 ziehen kann, Strecken endlich finden, welche
dem Massenverkehr der Industrie dienen können und solche, welche
auf die bescheideneren Transporte von Ackerbaudistrikten angewiesen sind. Ueber alle diese individuellen Besonderheiten, deren Berücksichtigung in den Eisenbahnfrachtsätzen noch häufig in tarif-
politischen Betrachtungen ganz allgemein gefordert wird, ist die
Schablone hinweggegangen.

Allerdings drängte sich die Nothwendigkeit eines einheitlichen
Vorgehens den Verwaltungen im vorliegenden Falle noch in dem
besonderen Umstande auf, dass es galt, die Tarifreform in kurzer
Zeit einzuführen und dieses ohne wesentliche Störungen nicht möglich erschien, wenn auf den vielfach konkurrenzirten und von einander abhängigen Strecken der drei Gesellschaften die bisherigen
Verschiedenheiten in den Sätzen aufrechterhalten werden sollten.
Zugleich aber war die Ueberzeugung maassgebend, dass die früheren
Unterschiede in den Frachtsätzen prinzipiell verwerflich seien, weil
die Strecken der drei Bahnen als ein einziges grosses Konkurrenzgebiet anzusehen seien, innerhalb dessen der Industrie möglich gemacht werden müsste, mit gleichen Frachtsätzen zu arbeiten. Es
wurde damit die ältere Regel, wonach die Frachten nur für kon-

kurrirende Stationen desselben Orts gleichgestellt wurden, verlassen und zur ausnahmslosen Geltung das seit mehreren Jahren schon geübte richtigere Verfahren zur Geltung gebracht, Stationen mit gleichartigen industriellen Verhältnissen paritätisch zu behandeln. Die Frachten für die Stationen, welche nur einer Bahn dienen, stellten sich darnach gleich günstig, wie die für Orte mit Stationen mehrerer Eisenbahn-Gesellschaften. Dass die frühere Bevorzugung der letzteren Orte aufgehört hat, gereicht natürlich nicht minder der Bahn, welche nicht konkurrenzirte Stationen besitzt, wie dem dort wohnenden Publikum zum Vortheil.

In ähnlicher Weise, wenn auch nicht ebenso vollständig, ist der Grundsatz der Einheitlichkeit in den Frachtsätzen für die neuen Tarife der rheinisch-westfälischen Bahnen mit ihren östlichen Nachbarn bis Berlin angenommen worden. In diesen Tarifen geschah übrigens damit nicht etwas Neues, sondern es wurde dadurch nur die Tradition des alten „Tarifverbandes" für die Bahnen zwischen Aachen und Berlin fortgeführt, welcher bekanntlich nicht nur in der Klassifikation der Güter, sondern auch in den Frachteinheitssätzen Gleichmässigkeit herstellte und somit weiter ging als die bis jetzt lediglich auf eine gemeinsame Klassifikation gerichtete Tarifreform.

Die Anwendung uniformer Tarifsätze hat sich also schon seit langer Zeit in weiten Gebieten als nützlich und nothwendig erwiesen, ist aber namentlich bei Durchführung der Tarifreform in ausgedehnterer Weise, wie früher, erfolgt. Es kann deshalb in der That nicht als sehr gewagt erscheinen, wenn der Einsender des Artikels in No. 51 einen gemeinsamen deutschen Verbandtarif mit gleichen Grundlagen herbeiwünscht. Die Ausgleichung in den Sätzen der verschiedenen Bahnverwaltungen, welche sich ohne wahrnehmbare Nachtheile im Gebiete des südwestdeutschen Tarifs, bei den rheinisch-westfälischen Bahnen, im Bereich des alten Tarifverbandes vollzogen hat, wird auch innerhalb des ganzen deutschen Reiches nicht unmöglich sein. Mindestens wird sie sich unschwer verwirklichen lassen für die weiteren Verbände, in welchen die Transporte durchweg verhältnissmässig geringer und die Unterschiede in den Frachteinheitssätzen nicht sehr erheblich sind.

Erst bei Gleichheit der Sätze würde erreicht werden können, was wohl kaum als zu viel verlangt sein dürfte, aber heute noch in weiter Ferne steht, dass von jeder Station des deutschen Reiches nach jeder anderen direkt zu einem einzigen einfach auffindbaren Satz verfrachtet wird. Ausserdem aber würde dem Handel und der Industrie überall im deutschen Reiche ermöglicht, mit gleichen Transportkosten ihre Produktion zu fördern, ein Ziel, was auch in diesem Umfange nicht viel weniger erstrebenswerth sein möchte, wie im rheinisch-westfälischen Revier, da unzweifelhaft die Entwickelung unserer wirthschaftlichen Verhältnisse bereits das ganze Reich zu einem einzigen Konkurrenzgebiet gemacht hat, innerhalb desselben jeder ungünstiger behandelte Theil nothwendig zurückbleibt.

Für die Durchführung der Uniformität wäre, wie der Artikel in No. 51 richtig hervorhebt, in erster Reihe nöthig, dass die preussischen Staatsbahnen dafür einträten, welche jetzt noch zum grossen Theil an ihren alten verschiedenartigen Sätzen bei Einführung der Reform festgehalten und nur in beschränktem Maasse die neuen, als normal allerdings festgestellten Einheitssätze wirklich zur Anwendung gebracht haben. Würden auch diese Bahnen, wie andere schon gethan haben, die behutsame Rücksichtnahme auf die bisherigen Frachtzustände soweit hintansetzen, um durchweg für alle Linien gleiche Einheitssätze zur Einführung zu bringen, so möchte vermuthlich nicht mehr viel fehlen, um den gemeinsamen deutschen Verbandtarif in's Leben zu rufen.

Schwieriger dürfte es werden, das andere Prinzip des südwestdeutschen Zonentarifs, die Ermässigung der Frachtsätze in gewissen Abstufungen der Entfernung, zur allgemeinen Anerkennung zu bringen. Dies Prinzip ist bis jetzt in Deutschland nur vereinzelt zur Anwendung gekommen und ruft das Bedenken hervor, dass bei Annahme desselben an manchen wichtigen Transporten wenigstens einzelne Bahnverwaltungen zu grosse Opfer bringen müssten.

Allein thatsächlich arbeiten die Tarifbureaus der Bahnen beständig in der Richtung dieses Prinzips, indem die Anträge nicht aufhören, durch welche gerade für weitere Entfernungen Frachtermässigungen von Handel und Industrie verlangt und erreicht werden. Es ist deshalb ein dankenswerther Schritt, wenn dem Bedürfniss, welches diesen Anträgen gemeinschaftlich zu Grunde liegt, nachgegangen und durch eine systematische Maassregel zu genügen gesucht wird.

Dem Vorschlage, alle Frachtsätze für weitere Entfernungen zu ermässigen, steht ausserdem nicht bloss die vom Einsender des Artikels 51 mitgetheilte interessante Ermittelung zur Seite, wonach auf den elsass-lothringischen Bahnen über 250 km sich nicht mehr als ungefähr 18 Proz. des Güterverkehrs bewegt haben, sondern auch die Thatsache, dass die Durchschnittstransportlänge aller Gütertransporte auf den preussischen Eisenbahnen im Jahre 1876 nur 86,3 km betrug. Auch aus dem letzteren Umstande geht hervor, was übrigens sonst noch durch die Erfahrung bestätigt wird, dass die Transporte auf grösseren Entfernungen verhältnissmässig wenig belangreich sind.

Wird dazu erwogen, dass durch die Ausdehnung der Transportlängen für die Bahnverwaltungen die Kosten der allgemeinen Verwaltung so gut wie gar nicht, die der Bahnunterhaltung und Erneuerung nicht sehr wesentlich, die der Transportverwaltung nicht in allen Punkten, sondern in der Hauptsache nur die Kosten der Zugkraft gesteigert werden, welche etwa 24 Proz. der gesammten Betriebsausgabe ausmachen, so erscheint die Annahme nicht zu bedenklich, dass die Bahnverwaltungen noch Vortheil dabei finden werden, wenn sie durch Ermässigung der Frachten auf weiten Entfernungen dazu gelangen, wesentlich mehr Transporte auf grösseren Strecken zu bewegen.

Die Köln-Mindener Bahn hat mit billigen Kohlentarifen nach Bremen und Hamburg, welche bei ermässigter Expeditionsgebühr auf $^7/_{10}$ Silberpfernig pro Centner und Meile herabgehen, im Wesentlichen erreicht, dass die Venloo-Hamburger Bahn, trotz eines Anlagekapitals von ungefähr 450 000 M. pro Kilometer und mehrerer noch wenig fruchtbarer Strecken, welche dieses Unternehmen belasten, sich nicht lange nach der Betriebseröffnung schon mit 3,6 Proz. verzinst. Die belgische Staatsbahn, welche nach dem Prinzip des Zonentarifs sehr weitgehende Ermässigungen der Fracht seit Jahren bewilligt, wirft trotz aller Erweiterungen ihres Netzes noch immer eine gute Rente ab. Beispiele dieser Art erscheinen jedenfalls als nicht ungeeignet, um über die finanziellen Bedenken gegen den Zonentarif zu beruhigen.

Für Handel und Industrie aber würde durch allgemeine Annahme desselben unzweifelhaft eine nachhaltige Anregung gegeben, indem Produktions- und Absatz-Bedingungen sich dabei allseitig auf das Günstigste erweiterten. Vielen Wünschen auf Ermässigung der Frachten, die nur im Hinblick auf entferntere Punkte entstehen, würde die Spitze abgebrochen und damit die keineswegs zu unterschätzende Gefahr beseitigt werden, dass infolge solcher Anregungen allgemeine Ermässigungen durch Veränderung in der Klassifikation und in den Sätzen vorgenommen werden, welche die Transporte auf allen Entfernungen gleich treffen und die Einnahmen der Bahnen in vielen Fällen ohne ausreichenden Grund und ohne Ersatz durch Verkehrsvermehrung schmälern.

Auch für die schwierig gewordene Frage der Differentialtarife würde in der Einführung des Zonentarifs die Lösung zum grossen Theil gefunden werden, indem dabei den inländischen Producenten für weitere Entfernungen vielfach Ermässigungen würden zugestanden werden können, welche sie den jetzt durch Differentialtarife günstiger behandelten ausländischen Konkurrenten gleich oder besser stellten.

Eine nützliche und fördernde Einwirkung auf unsere Eisenbahnfrachtverhältnisse lässt sich hiernach von der im südwestdeutschen Zonentarif angewendeten Abstufung der Frachtsätze gewiss erwarten. Dem rationellen Vorgehen, welches in diesem Tarif hervortritt, kann nur der beste Erfolg gewünscht werden und baldige Nachahmung. Wer weiss, ob es auf anderem Wege gelingen wird, die Beschwerden über ungenügende Ergebnisse der Tarifreform zur Ruhe zu bringen! —

Gegen den südwestdeutschen Zonentarif.

Des in No. 54 dieses Blattes enthaltenen Artikels bescheidene Ueberschrift: „Noch ein Wort zum südwestdeutschen Zonentarif" darf nicht die mögliche Tragweite des Schlusssatzes dieses Artikels übersehen lassen.

Bei dem grossen Werthe, welcher unseres Wissens an einflussreicher Stelle auf die Weiterentwicklung und Ausdehnung dieses Tarifsystems „eigener Erfindung" gelegt wird, kann es nicht ausbleiben, dass zu geeigneter Zeit auf jenen Schlusssatz zurückgegangen wird, um den Beweis zu unterstützen und zu erleichtern, dass es auf keinem andern Wege als auf dem im südwestdeutschen Zonentarife beschrittenen gelingen werde, „die Beschwerden über ungenügende Ergebnisse der Tarifreform zur Ruhe zu bringen". Es darf daher unseres Erachtens nicht unterlassen werden, rechtzeitig die Sonde an dieses System zu legen, um möglichst klarzustellen, ob dasselbe, und wie, gesund, lebensfähig und fortpflanzungswürdig sei.

Niemand wird bestreiten wollen und können, dass, wie eben die meisten Dinge, so auch das in Rede stehende Tarifsystem seine gute Seite hat und von dieser aus wohl im Stande ist, eine nützliche und fördernde Einwirkung auf die Eisenbahnfrachtverhältnisse zu üben. Für dasjenige Gebiet, für welches das System ursprünglich erdacht wurde, liegt dies auf der Hand. Die Reichs-Eisenbahn hat eine ganz singuläre Gestaltung. Dieselbe besteht aus einer Hauptlinie, welche von der belgischen bis zur schweizerischen Grenze in einer Länge von 420 km von Norden nach Süden sich hinzieht und nur wenige verhältnissmässig kurze Parallel- und Seitenlinien entsendet. Da diese ganze Linie konkurrenzirt wird durch die parallel laufenden französischen Bahnen, so mag die Wahl des Zonentarifs für die Reichsbahn als ein glücklicher Griff bezeichnet werden, zumal damit zugleich den Klagen der Bevölkerung der Reichslande über die gewaltige Erhöhung der Frachtsätze im Lokalverkehre (I. Zone) der Hinweis auf die mässigeren Sätze der II. und III. Zone zu mehr oder weniger gutem Troste entgegengehalten werden kann. Thatsächlich hat die Reichsbahn durch das neue System ihren Linien bedeutende Transporte zugewendet und ebenso einzelnen Industriegebieten, insbesondere den Luxemburgischen, erhebliche Vortheile verschafft. Beides aber ist nur auf Kosten der Nachbarn geschehen. Unnachweislich wird es es sein, dass der Reichslande Handel und Industrie im Allgemeinen einen neuen Impuls aus dem neuen System empfangen haben, und doch würde wohl nur hierauf gerücksichtigt werden können, wenn zur Erwägung steht, ob das Zonensystem das System der Zukunft sei und sich zur allgemeinen Einführung empfehle.

Der Herr Verfasser des in No. 51 dieses Blattes befindlichen Artikels über den vorliegenden Gegenstand findet die innere Rechtfertigung des Zonentarifs darin, dass derselbe das sonst nöthige Vorgehen mit Ermässigungen von Fall zu Fall vermeiden lasse, dass er eine vollständig gleiche Normirung der Transportkosten biete, also gerade das herbeiführe, was für den wirthschaftlichen Konkurrenzkampf von jeher das Verlangen aller einsichtiger Betheiligten gewesen ist.

Unseres Erachtens bringt aber der Zonentarif gerade das Gegentheil von alledem zu Wege. Wenn in jenem Artikel gefragt wird: „Was kann es für den Industriellen wohl schlimmeres geben, als wenn wenige Meilen von ihm sein zufällig an einer anderen Bahn gelegener Konkurrent die Rohprodukte zu seiner Fabrikation von demselben Produktionsgebiete zu 25 Prozent billigeren Frachtsätzen bezieht oder in der Lage ist, sein Fabrikat zu weit billigeren Frachten nach demselben Absatzgebiete zu bringen?“, so möchten wir fragen, ob es für den Industriellen nicht eben so schlimm ist, wenn in dasjenige Gebiet, welches vermöge der ganzen geographischen Situation stets das natürliche Absatzgebiet seiner Waare gewesen ist, nunmehr durch die fallende Skala des Zonentarifs weit entfernt wohnenden Fabrikanten gleicher Erzeugnisse die Möglichkeit gegeben wird, zu fast denselben Gesammtfrachten ihre Waare abzusetzen, wie er selbst trotz der weitaus näheren Lage zahlt, ob es nicht mindestens unangenehm und das Rechtsbewusstsein verletzend wirkt, wenn der Producent, der selbst für das ihm offen stehende Absatzgebiet die hohe Taxe der I. Zone zahlt, sehen muss, wie die Waare seines Konkurrenten, die vielleicht zu seiner eigenen Waare in denselben Waggon geladen wird, um ca. 15 Prozent billiger tarifirt ist? Wenn es zutrifft, dass die gleiche Normirung der Transportkosten für den wirthschaftlichen Konkurrenzkampf von jeher das Verlangen aller einsichtiger Betheiligten gewesen ist, so ist es unseres Erachtens nicht minder zutreffend, dass alle einsichtigen Betheiligten von jeher verlangt haben und mit Recht verlangen, dass gleiche Gegenstände auf denselben Bahnstrecken zu gleichen Grundtaxen befördert werden. Ausnahmen sind allerdings hier, wie von jeder Regel, nothwendig, aber es sollen nur Ausnahmen sein, deren Begründung wohl erwogen wurde. Der Zonentarif dagegen macht die ungleichartige Behandlung unterschiedslos zur Regel und beseitigt generell mehr oder weniger die naturgemässen Vortheile und Nachtheile der einzelnen konkurrirenden Industriegebiete. Letzteres tritt in krasser Weise zu Tage, wenn dieses Tarifsystem nur auf einzelnen Bahnen eingeführt ist, indem es dann die konkurrenzirten Industriegebiete genau in derselben Weise schädigt, wie dieselben seiner Zeit durch die theilweise Einführung des Raum- und Gewichts-Tarifsystems benachtheiligt worden sind. Dass diese Benachtheiligung einzelner Gebiete noch eklatanter werden würde, wenn nach dem Wunsche des Herrn Verfassers des Artikels in No. 51 die preussischen Staatsbahnen das Zonensystem annehmen, liegt auf der Hand. Aber selbst dann, wenn infolge dieses Umstandes auch die Privatbahnen sich der Annahme nicht länger entziehen könnten, und wenn schliesslich ganz Deutschland zu diesem System sich bekennen wollte, würden jene Nachtheile doch nur für einen Theil des gesammten Industriegebiets gemildert beziehungsweise beseitigt, um den andern Theil umsomehr zu schädigen. Theoretisch ist das System richtig; um aber in der Praxis richtig und dem entsprechend vortheilhaft zu sein, müsste die Voraussetzung eintreffen, dass alle Interessenten in gleichem Maasse sich desselben bedienen, seiner Vorzüge theilhaft machen können. Das würde aber nur dann der Fall sein, wenn alle Interessenten oder wenigstens die überwiegende oder einflussreichere Mehrzahl derjenigen Producenten und Konsumenten, welche darauf angewiesen sind, auf grössere Entfernungen zu versenden beziehungsweise zu beziehen, bei denen also die Zonenunterschiede wirksam werden, im Mittelpunkt eines insgesammt zu dem Zonensystem sich bekennenden Eisenbahngebiets, gleichsam wie die Spinne in Mitte ihres Netzes, oder wie Paris in Nord- und Mittel-Frankreich sich befände, oder auch dann, wenn die Eisenbahnlinien nach allen Richtungen hin ohne Unterbrechung aus geographischen oder anderen Gründen, der Kugelgestalt der Erde entsprechend, endlose Ringe bilden. Dann, aber auch nur dann, wirkt das System gleichmässig und ohne Bevorzugung des Einen auf Kosten des Andern. Dass anders das Gegentheil eintritt, liegt auf der Hand. Betrachten wir die Verhältnisse im südwestdeutschen Verbande, so sehen wir, wie recht bedeutende Industriebezirke aus den vorbezeichneten Gründen volle Ursache zur Klage haben. Die Glas- und Eisenhütten des Saargebiets müssen für ihren Absatz nach Elsass vielfach die Sätze der I. Zone zahlen, wohingegen dem luxemburger und belgischen Eisen sowie dem belgischen Glase bereits die Sätze der II. Zone zu Gute kommen. Ebenso werden für den Absatz nach Osten die pfälzischen Werke durch die hinterliegenden Saar- und lothringer sowie luxemburger Werke geschädigt. Diese Schädigungen sind nun noch ganz besonders empfindlich, weil der südwestdeutsche Verband den Fehler begangen hat, nicht einfach die Taxe der weiteren Zone an diejenige der näheren kilometerweise anzustossen, sondern den Frachtsatz für 200 km beziehungsweise 400 so lange unverändert fortbestehen zu lassen, bis die für die ganze Strecke durchgerechnete niedrige Zonentaxe endlich bei wachsender Entfernung die Gesammttaxe wieder steigen lässt. Hierdurch entstehen zwischen den beiden Zonen mehr oder weniger lange todte Strecken, in welchen die Gesammtfrachten vollständig unverändert bleiben. So z. B. ist dies bei Spezialtarif II für die Strecke von 200—216 und von 400—440 km der Fall. Indessen mag dies nur so nebenher bemerkt werden, da dies keine Prinzipienfrage, sondern nur eine tariftechnische ist, bezüglich derer ja der Herr Verfasser des Artikels in No. 51 zugibt, dass einer entsprechenden Aenderung nichts im Wege stünde. Die oben geschilderten Schädigungen werden nicht dadurch beseitigt werden, dass das System an territorialer Ausdehnung gewinnt. Würden z. B. die rheinisch-westfälischen Bahnen das System annehmen und sich dem südwestdeutschen Verbande anschliessen beziehungsweise mit demselben durchrechnen, so würde nunmehr die pfälzische und Saar-Industrie auch noch von der westfälischen geschädigt werden, und es würde die letztere ebenfalls der luxemburger und lothringer Industrie in deren naturgemässem Absatzgebiete unnatürliche Konkurrenz machen. So muss dieser circulus vitiosus wachsen mit der Gebiets-Ausdehnung des besprochenen Systems, und schliesslich sind es nur die im Centrum gelegenen Interessenten, welche die Vortheile vollständig geniessen zum Nachtheile der mehr oder weniger an der Peripherie gelegenen, von denen schliesslich die an der äussersten Grenze befindlichen so zu sagen gegen die Wand gedrückt werden.

Es ist uns in der That nicht möglich, eine andere Wirkung von diesem System zu erwarten. Wie aber Handel und Industrie keinen Vortheil daraus ziehen, so werden auch die Eisenbahn-Unternehmungen nur geschädigt.

Wenn in dieser Beziehung das System besprochen werden soll,
so kann man doch wohl nur davon ausgehen, dass zur Zeit so und
so viele Unternehmungen vorhanden sind, welche, so lange sie
nicht auf loyale Erwerbsverhandlungen hin schliesslich freiwillig
sich ihrer Selbstständigkeit oder Existenz begeben, ein unbestreit-
bares Recht auf das Dasein und auf Berücksichtigung ihrer Lebensinteressen haben. Wir wollen nun nicht erörtern, wie leicht oder
schwer es sein würde, durch den Uebergang einiger Bahnen von
grösserer Ausdehnung, vor allem also der preussischen Staatsbahnen,
zum südwestdeutschen System auch die lediglich in wohl begrün-
deter Rücksichtnahme auf das in ihnen angelegte Privatkapital sich
ablehnend verhaltenden Bahnen schliesslich zur gleichmässigen Annahme so zu nöthigen, wie der Strick den Gehängten zur Ruhe
bringt. Wir wollen nur davon ausgehen, dass, so lange nicht alle
Bahnen das Zonensystem angenommen haben, dessen Gebiet an
vielen Punkten an das Gebiet eines anderen Systems anstossen
wird: da nun direkte Sätze gebildet werden müssen, und zwar für
die zwischen den verschiedenen Punkten vorhandenen Konkurrenz-
linien, so kommt die Frage, welche Zone maassgebend sein soll, zur
Erörterung. Greifen nun die Gebiete gewissermaassen zackig in
einander, wie z. B. der südwestdeutsche Verband für die Relation
von Westen nach Osten bei Bruchsal und Mühlacker, oder für die
Relation von Süden nach Norden bei Bingerbrück und Oberlahnstein, so sind die Schwierigkeiten bei der Taxbildung zur Ver-
meidung von Disparitäten ganz enorm. (Für letztere Relation hat
deshalb der preussische Herr Handelsminister die Herausnahme der
Strecke Oberlahnstein-Rüdesheim aus dem Verbande angeordet.)
Weitere Schwierigkeiten ergeben sich bei Aufstellung der Antheils-
tabellen, da ja nicht nur für die einzelnen Zonen, sondern bezüglich
der oben geschilderten todten Strecken für die einzelnen Stationen
die Antheile sich ändern. Gerade über diese die Eisenbahn - Unternehmungen und -Verwaltungen direkt interessirenden technischen
Schwierigkeiten würden eingehende aktenmässige Darstellungen
sehr willkommen sein, und insbesondere würde es in hohem Maasse
interessiren zu erfahren, ob der südwestdeutsche Verband überhaupt
schon (oder wie lange) nach fast einjähriger Arbeit sich einer Antheils-
tabelle erfreut, und in welchem Maasse die Verzögerungen in der Abrechnung gewachsen sind und deren Kosten sich vermehrt haben.

Wir indessen wollen auf diese rein technischen Schwierigkeiten
nicht viel Gewicht legen, sie würden ja so wie so verschwinden.
oder doch wesentlich gemildert durch die von mancher Seite so lebhaft gewünschte Vereinigung aller deutschen Bahnen. Wiederholt
wollen wir dagegen betonen, dass unseres Erachtens das generali-

<table>
<tr><td>Ulrich, Staffeltarife.</td><td>13</td></tr>
</table>

sirte System des Staffeltarifs dem Handel und der Industrie weitaus mehr Nachtheil als Vortheil bringen muss. Wenn „gleiche Normirung der Transportkosten für den wirthschaftlichen Konkurrenzkampf ‘von jeher das Verlangen aller einsichtiger Betheiligten gewesen ist“, so vermögen diese Betheiligten es nicht zu fassen, weshalb auf denselben Bahnstrecken z. B. Colmar-Basel die ab Colmar zum Versand kommenden Waaren die hohen Taxen der I. Zone zahlen müssen, während genau die gleichen Waaren, wenn sie aus Luxemburg herbeigeführt werden, die Taxe der II. Zone, und wenn sie aus Belgien importirt werden, die der III. Zone geniessen. Noch weniger verständlich wird ihnen die auf Anfrage ergehende Antwort der Kaiserlichen Generaldirektion sein, dass sie alle Verfrachter nach demselben Tarifsysteme vollständig gleich behandele, und dass damit das Verlangen aller einsichtiger Betheiligten nach gleicher Normirung der Transportkosten befriedigt erscheinen müsse. Wer hauptsächlich oder ausschliesslich von Colmar nach Basel verfrachtet, legt keinen Werth darauf, dass sein Nachbar, der Sendungen nach Luxemburg oder Belgien dirigirt, die Vortheile der Taxen der II. resp. III. Zone geniesst; er fühlt sich durch die ungleichartige Tarifirung seines Versandes im Vergleich zu dem konkurrirenden Versand ab Luxemburg und Belgien in hohem Maasse und ungerechter Weise benachtheiligt.

Diese Gefühle vermögen wir nur zu theilen.

Gleiche Normirung der Transportkosten wird unseres Erachtens einzig und allein durch Gewährung gleicher Grundtaxen auf denselben Strecken gegeben, und deshalb vermögen wir nicht das Staffelsystem als richtige Grundlage für die gesammte Tarifbildung anzuerkennen, weil durch dasselbe bewirkt wird, dass auf jedem Punkte des Eisenbahnnetzes für jede Waare drei oder mehr verschiedene Grundtaxen vorhanden sind, deren Anwendung nicht etwa auf nachweisbares vorhandenes Bedürfniss, sondern lediglich darauf sich stützt, ob das gleiche Gut von diesem näher gelegenen oder von jenem entfernteren Produktions- beziehungsweise Versandorte kommt. Eine ungleichere Normirung der Transportkosten kann doch wohl kaum gedacht werden, und damit muss dieses System gerichtet erscheinen, wenn dessen Vertheidiger selbst hervorhebt, dass „gleiche Normirung der Transportkosten für den wirthschaftlichen Konkurrenzkampf von jeher das Verlangen aller einsichtiger Betheiligten gewesen ist“.

Wenn trotz alledem das System seine Vertheidiger und Fürsprecher hat, so können wir uns einigen Misstrauens gegen dieselben nicht erwehren. Will die Reichsbahn uns bekehren, so vermögen wir des Verdachts nicht Herr zu werden, dass dieselbe zu sehr befangen ist von dem Gedanken und den Bestrebungen, durch thunlichst billige Taxen für weite Entfernungen einerseits den französischen Bahnen beziehungsweise zu Gunsten des Platzes Antwerpen gegenüber dem Platze Hâvre, und andererseits der Linie Aachen-Köln-Basel Konkurrenz zu machen. Bricht die Rheinische Bahn eine Lanze für das südwestdeutsche System, so drängt sich uns der Gedanke auf, dass es nicht übel sein mag, die Ausfälle, welche in Konkurrenz mit der Rheinschiffahrt zu übernehmen sind, mittelst Durchrechnung nach dem Zonentarif auf alle betheiligten Rheinthalbahnen zu übertragen.

Lassen wir übrigens dies einmal bei Seite und nehmen wir an, dass das Zonensystem in ganz Deutschland eingeführt werde. Dass dann auch annähernd dieselben Grundtaxen angenommen werden, wie sie der südwestdeutsche Verband besitzt — keinesfalls niedrigere — scheint uns zweifellos. Welche Vortheile werden alsdann der Gesammtheit erwachsen? Der Export in das Ausland wird nicht gefördert werden, weil hierfür die Grundtaxen der letzten Zone immer noch nicht niedrig genug sind, wie ja die zur Zeit noch schwebenden Verhandlungen über die Seehafentarife beweisen. Für das Inland wird die fallende Skala die natürlichen Absatz- und Konkurrenzverhältnisse verschieben, wodurch einerseits keine Vergrösserung des Konsums bewirkt, wohl aber auf der anderen Seite das Bestreben wachgerufen werden wird, der neuen Konkurrenz durch weitere Ausdehnung des „billig" (aber schlecht) entgegenzuarbeiten. Hierzu kommt dann noch der schwerwiegende Umstand, dass die Eisenbahnunternehmungen, welche, selbst wenn sie Staatsbahnen sind, bei jedem System zunächst ihre eigene Rechnung finden wollen — und hierin gibt ja die Reichs-Eisenbahn in den letzten Jahren das beste Beispiel —, die aus den Ermässigungen für die weiteren Zonen resultirenden Ausfälle durch Erhöhung der Taxen der ersten Zone zu decken suchen. Hierdurch wird dann der Lokalverkehr, dessen rege Entfaltung weitaus mehr zur Entwickelung des Nationalreichthums beiträgt als der grösste durchgehende Verkehr, mit ungebührlicher Kontribution belegt und in seiner Entwickelung gehemmt. Ist schliesslich das System fertig durchgeführt, so bleibt es doch nicht aus, dass für gewisse Artikel Ausnahmetarife nothwendig werden. Wenn der Herr Verfasser des Artikels in No. 51 das Gegentheil behauptet, indem er anführt, dass im ganzen Gebiete des südwestdeutschen Verbandes zur Zeit kein Ausnahmetarif bestehe, so hat derselbe nur scheinbar Recht. Freilich sind in den umfangreichen Verbandstarifheften Ausnahmetarife nicht aufgeführt. Aber was anders sind denn die bestehenden verschiedenen Tarife für Steinkohlen, Erze und metallurgische Erzeugnisse? Dergleichen Artikel, ferner Kartoffeln, Getreide und andere bedürfen einen Ausnahmesatz vielfach da, wo das Zonentarifsystem keine Hülfe gibt. Dann muss aber die Prüfung von Fall zu Fall eintreten, welche der Herr Verfasser der Artikels in No. 51 so sehr zu verwerfen scheint. Schliesslich ist das Zonensystem als solches durchbrochen, und es wirkt nur gleich hemmend für die Eisenbahnverwaltungen wie verwirrend für Handel und Industrie. Nichtsdestoweniger soll zugegeben werden, dass einzelne Artikel so sehr der Begünstigung bedürfen, dass für diese generell eine fallende Skala gerechtfertigt erscheint.

In diesem Sinne hat ja auch der preussische Herr Handelsminister sich schon damit einverstanden erklärt, dass in den Beziehungen des südwestdeutschen Verbandes mit den rheinisch-westfälischen Bahnen der Spezialtarif III nach Maassgabe des südwestdeutschen Zonentarifs durchgerechnet werde. Ob es nun gerade nöthig ist, alle Güter dieses Spezialtarifs in jener Weise zu tarifiren, mag dahingestellt sein. Vielleicht würde der ständigen Tarifkommission die nähere Untersuchung zu überweisen sein, welche Güter in einen oder einige, nach fallender Skala zu erstellende Ausnahmetarife für ganz Deutschland einzureihen seien. Jedenfalls kann doch annähernd richtig nur auf dem Wege eingehender Prüfung die Nothwendigkeit und Nützlichkeit der fallenden Skala für einzelne Artikel erkannt werden; die Anwendung einer Schablone bei solchen so tief in alle Interessen einschneidenden Maassregeln ist stets vom Uebel, und nur als Schablone stellt der südwestdeutsche Zonentarif sich dar, welche kritiklos einem allgemeinen unberechtigten Konkurrenzkampf Vorschub leistet.

Nach alledem bedarf es keines Hinweises auf die mit der Ausbreitung dieses Systems verbundenen tariftechnischen Schwierigkeiten, keiner Betonung der mehr oder minder berechtigten Sonderinteressen dieses oder jenes Privat-Eisenbahnunternehmens, wenn wir für nöthig erachten, dass der Ausdehnung des südwestdeutschen Zonentarifsystems überall energisch entgegengearbeit werde, und für wünschenswerth, dass der südwestdeutsche Verband selbst und mit ihm die Reichs-Eisenbahnverwaltung von diesem System sich abwende.

In demselben Maasse wie Vorstehendes Ausdruck unserer Ueberzeugung ist, ebenso stimmen wir den beiden Herren Verfassern der Artikel in No. 51 und 54 darin ohne Vorbehalt zu, dass die Einführung vollständig gleicher Grundtaxen bei allen Bahnen in höchstem Maasse wünschenswerth ist, und dass auf Erreichung dieses Zieles, zunächst wenigstens für den Verbandsverkehr, mit allen loyalen Mitteln hinzuwirken sein dürfte. Dazu bedarf es aber unseres Erachtens zuvörderst eines eingehenden Studiums der Frage, wie die aus der Annahme gleicher Grundtaxen manchen Bahnen erwachsenden Nachtheile in Etwas auszugleichen seien. Es wird sich dann ergeben, dass es gerecht und für alle Parteien nützlich ist, gewissen Bahnen oder Bahnstrecken in Anbetracht deren kostspieliger Kunstbauten oder schwieriger Betriebsverhältnisse grössere Antheile zuzugestehen, desgleichen solchen Bahnen, welche im Transitverkehr nur mit einer unverhältnissmässig kurzen Transportstrecke betheiligt sind, nicht minder endlich allen Bahnen, auf denen die Transporte einen Uebergangs- oder Trennungsbahnhof passiren und dort kostspieliger Umlade- oder Rangir-Manipulation unterliegen müssen. Wie diese Vergütungen zu gewähren sind, ob in Form von Vorweg-Antheilen aus dem regulären Gesammt-Frachtsatze, oder durch Betheiligung an der regulären, sonst nur den Versand- und Empfangs-Bahnen zukommenden Expeditionsgebühr, oder durch Abwälzung auf das Publikum mittelst Einrechnung einiger weiteren Tarifkilometer beziehungsweise einer Transitgebühr, mag nach den einzelnen Fällen verschieden sein. Jedenfalls würde auch für eine solche Heranziehung des Publikums die Genehmigung der Aufsichtsbehörden nicht versagt werden, da der wohl als mustergültig zu betrachtenden Reichs-Eisenbahnverwaltung zur Deckung der aussergewöhnlichen Kosten für Anlage der Uebergangsbahnhöfe an der französischen Grenze schon seit langer Zeit die Erhebung hoher Transitgebühren für alle Güter trotz der häufigen und lebhaften Proteste der deutschen Exporteure verstattet ist.

Würden diese nur kurz angedeuteten Fragen prinzipiell geregelt und zum Gegenstande allgemeiner Vereinbarung der deutschen Bahnen mit Genehmigung der Aufsichtsbehörden gemacht, so müsste offenbar vielen Bahnen die Annahme allgemein gleicher und mässiger Grundtaxen zunächst für den Verbandsverkehr sehr erleichtert werden. Zugleich würden noch die weiteren Vortheile erreicht, zunächst, dass diejenigen Eisenbahn-Unternehmer, welche im Interesse der Industrie trotz aller Terrain- und Betriebs-Schwierigkeiten ihr Netz nach allen Richtungen und in komplizirter Weise ausgebaut haben, wie z. B. die Bergisch-Märkische, die pfälzischen Bahnen, nunmehr das ihnen gebührende Aequivalent fänden, und sodann dass manche Bahnen, welche bis jetzt vor gleichem Ausbau ihres Netzes, vor der Anlage mancher dem Publikum sehr erwünschten, ja nöthigen Zweigbahnen und Abkürzungslinien sehr zurückgeschreckt sind, nunmehr an dieselben heranzutreten sich nicht länger sträuben würden.

Noch einmal für den südwestdeutschen Zonentarif.

Die No. 57 dieser Zeitung bringt einen neuen Artikel über den südwestdeutschen Zonentarif. Der Herr Verfasser sagt im Eingang desselben, es sei nöthig „die Sonde an dieses System zu legen, um möglichst klarzustellen, ob dasselbe und wie gesund, lebensfähig und fortpflanzungswürdig sei". Ich bedaure indess, konstatiren zu müssen, dass diese Sonde sehr an der Oberfläche stecken geblieben ist und dass eine Aburtheilung des Systems erfolgt ist auf Grund theils unbewiesener, theils geradezu unrichtiger Thatsachen.

Man wird nicht erwarten, dass ich auf eine jede einzelne der aufgestellten Behauptungen und Ausführungen des Artikels eingehe, insbesondere auf die wenig motivirten Seitenhiebe gegen einzelne Eisenbahnverwaltungen, die das in Rede stehende System eingeführt haben oder befürworten. Aber ich werde mir erlauben, einige wesentliche Punkte in der Darstellung zu beleuchten, bezw. meinerseits die Sonde an die Behauptungen des Herrn Verfassers des Artikels in No. 57 zu legen.

Der Zonentarif, sagt der Herr Verfasser, führt nicht eine gleiche Normirung der Transportkosten herbei, sondern macht die ungleichartige Behandlung unterschiedslos zur Regel und beseitigt generell mehr oder weniger die naturgemässen Vortheile und Nachtheile der einzelnen konkurrirenden Industriegebiete. Dem Zonentarif wird also mit andern Worten vorgeworfen, „ein in ein System gebrachter Differentialtarif" zu sein, wie dies von einem andern Gegner prägnanter ausgedrückt wurde. Nichts kann aber falscher sein. Der Differentialtarif gewährt bekanntlich Ermässigungen:

1. nur für einzelne Artikel,
2. zwischen einzelnen Stationen,
3. unter Unterbietung der Frachtsätze der dazwischen liegenden Stationen.

Eine solcher Tarif enthält in der That eine Ungerechtigkeit. Diese liegt aber nicht in der Gewährung der Ermässigung an sich, sondern in der Nichtgewährung einer Ermässigung für die anderen Stationen und die anderen Artikel, wodurch berechtigte Interessen verletzt werden. Der Zonentarif gewährt dagegen bei Versendung auf gewisse Entfernungen Ermässigungen:

1. für alle Artikel,
2. für alle Stationen und
3. es kann nach der Konstruktion desselben eine Unterbietung der Frachtsätze einer näher liegenden Station durch die einer weiter gelegenen nicht vorkommen.

Wie kann man also behaupten, dass der Zonentarif eine ungerechte, ungleichartige Behandlung unterschiedslos zur Regel mache? Dies lediglich daraus zu folgern, weil derselbe für verschiedene Entfernungen verschiedene Einheitssätze hat, ist doch gewiss eine höchst oberflächliche Auffassung. Denn ganz dasselbe findet sich auch bei Einrechnung gleicher Streckentaxen, indem hier durch die Einrechnung der Expeditionsgebühr Unterschiede in den kilometrischen Einheitssätzen hervorgebracht werden, gegen welche die fallende Skala des südwestdeutschen Tarifs gänzlich verschwindet.

z. B. betragen die Einheitssätze aus dem Gesammt-Tarifsatze für 100 kg und 1 km in Mkpf.:

bei einer Entfernung von Kilometern	I. bei Einrechnung der gleichen Streckentaxe von 0,45 + 12 Mkpf. Exped.-Geb.	II. des südwestdeutschen Spezialtarifs I (0,45 bis 200 km 0,43 „ 400 „ 0,40 über 400 „ + 12 Mkpf. Exped.-Geb.)
10	1,70	1,70
50	0,70	0,70
100	0,57	0,57
175	0,52	0,52
250	0,50	0,48
300	0,49	0,47
500	0,47	0,42

Will der Herr Verfasser des Artikels in No. 57 Angesichts dieser Zahlen wirklich behaupten, die Tarifbildung unter I. sei gleichartig und gerecht, die unter II. ungleichartig und ungerecht? Ist nicht vielmehr der südwestdeutsche Zonentarif gleichartiger und gerechter, insofern er auch für die weiteren Entfernungen annähernd gleiche Vortheile zu schaffen sucht, wie sie bei den geringeren Entfernungen der weiter versendende gegenüber seinem näher liegenden Konkurrenten geniesst?

Ebenso unrichtig sind die Behauptungen, welche über die Verschiedenheit der Frachtsätze selbst und deren Wirkung gemacht sind. Der Herr Verfasser fragt, ob es für den Industriellen nicht schlimm ist, wenn in dasjenige Gebiet, welches vermöge der ganzen geographischen Situation stets das natürliche Absatzgebiet seiner Waare gewesen ist, nunmehr durch die fallende Skala des Zonentarifs weit entfernt wohnenden Fabrikanten gleicher Erzeugnisse die Möglichkeit gegeben wird, zu fast denselben Gesammtfrachten ihre Waare abzusetzen, wie er selbst trotz seiner näheren Lage zahlt. Hätte der Herr Verfasser den südwestdeutschen Tarif zur Hand genommen und ein paar Sätze verglichen, so würde er vielleicht solche Behauptungen nicht aufgestellt haben. Oder nennt er

fast dieselben Gesammtfrachten, wenn z. B. die Fracht für
10 000 kg Güter des Spezialtarifs I

auf 150 km . . . . 80 M.
„ 300 „ . . . . 141 „
„ 450 „ . . . . 192 „

kostet? Die erste Entfernung bezeichnet ungefähr die Entfernung
der Saarindustrie nach Strassburg, die zweite der belgischen bezw.
luxemburgischen Industrie, die dritte die Entfernung der rheinisch-
westfälischen Industrie eben dahin. Und trotz dieser Verschiedenheit der Frachtsätze soll der Zonentarif eine bedeutende Schädigung
der Saarbrücker Industrie durch die beiden anderen Industrien
ermöglicht, er soll die natürlichen Absatz- und Konkurrenzverhältnisse verschoben haben!

Angesichts der vorstehenden Zahlen kann ich es mir wohl
ersparen, auf die weiteren Ausführungen in dieser Richtung einzugehen, so schön auch die Theorie „der Spinne in Mitte ihres
Netzes“ und von dem „an die Wand drücken der an der Peripherie
gelegenen Industrien“ ausgedacht ist. Der Verfasser widerspricht
mit derselben nicht nur den thatsächlichen Verhältnissen, sondern
er widerspricht auch sich selbst, indem er im Eingang seines Auf-
satzes die Annahme des Zonentarifs für das Gebiet der Reichsbahn als einen glücklichen Griff erklärt, während doch nach seinen
späteren Ausführungen die Industrie der Reichslande, die erste sein
müsste, welche „an die Wand gedrückt würde“.

Ich kann auch die tariftechnischen Bedenken des Herrn Verfassers übergehen, da er sie selbst für nicht wesentlich hält und,
insoweit sie sich durch die Praxis als begründet erweisen sollten,
deren Verbesserung, ohne das Prinzip des Zonentarifs zu ändern,
erfolgen kann. -

Dass durch den Zonentarif der Export in das Ausland nicht
gefördert werde, wie weiter behauptet wird, möchte ich sehr bestreiten. Der Zonentarif wirkt unzweifelhaft günstig für den Export, da er aus dem Innern nach den Grenzen die günstigsten
Frachtsätze gewährt, und speziell die deutschen Seehäfen könnten
wohl mit dessen allgemeiner Annahme auf den deutschen Bahnen
einverstanden sein. Denn während sie die Vortheile desselben nach
allen Richtungen hin geniessen würden, könnten die ausländischen
Häfen erst ab der deutschen Grenze von demselben Nutzen ziehen,
sodass z. B. die holländischen und belgischen Häfen nach einem
grossen Theil von Süddeutschland die Sätze der ersten und zweiten
Zone zahlen müssten, wo die deutschen Seehäfen die Sätze der dritten
Zone geniessen. Wenn dieser Vortheil wegen der bedeutenden
Mehrentfernung der deutschen Häfen hie und da noch nicht genügt,

um sie konkurrenzfähig zu machen, so kann man doch hieraus dem Zonentarif um so weniger einen Vorwurf machen, als ja durch Einführung einer vierten Zone mit noch niedrigeren Sätzen für die weitesten Entfernungen diesem Uebelstande abzuhelfen wäre.

Die Behauptung, dass durch den Zonentarif der Lokalverkehr, d. h. wohl der Verkehr auf kurze Entfernungen, mit ungebührlicher Kontribution belegt und in seiner Entwickelung gehemmt werde, bedarf als Widerlegung nur des Hinweises auf die obige Zusammenstellung der Einheitssätze, welche klarstellt, dass es nicht der Zonentarif, sondern die Expeditionsgebühr ist, welche den Lokalverkehr belastet.

Aus diesem Grunde hat man auch im Lokalverkehr der elsasslothringischen Bahnen bei der Festsetzung der Expeditionsgebühr eine fallende Skala in umgekehrter Richtung zur Anwendung gebracht, indem man für die ersten 25 km sehr ermässigte, dann bis 200 km etwas höhere und erst ab 200 km die vollen Expeditionsgebühren eingerechnet hat.

Die Art und Weise, wie schliesslich der Herr Verfasser einen Tarif mit gleichen Streckentaxen, jedoch unter Einrechnung virtueller Längen konstruiren will, wird nach meiner Ueberzeugung nie zum Ziele führen und erscheint schon wegen der bestehenden Konkurrenzverhältnisse unausführbar. Es würde aber, auch wenn es gelänge, einen solchen gemeinsamen Tarif zu konstruiren, für die Bedürfnisse des Verkehrs bei langen Transportstrecken wieder durch Ausnahmetarife und Ermässigungen von Fall zu Fall gesorgt werden müssen, und hingegen alle diejenigen Bedenken bestehen bleiben, welche ich in No. 51 hervorgehoben habe und deren Widerlegung mein Herr Gegner in seinen Ausführungen nicht einmal versucht hat. So lange aber gegen diese, durch das Vorgehen mit Ausnahmetarifen von Fall zu Fall eintretenden grossen Uebelstände eine Abhilfe nicht gefunden wird, — und sie kann nie gefunden werden, weil jede einzelne lokale Begünstigung in der Regel nur auf Kosten der Allgemeinheit erfolgt und erfolgen kann, — wird doch nichts übrig bleiben, als sich zu der Schablone bequemen, die mein Herr Gegner so sehr verwirft. Denn dass die jetzigen Tarifverhältnisse auf die Dauer nicht haltbar sind, das pfeifen seit Jahren die Spatzen auf den Dächern, und dass die formelle Tarifreform, welche jetzt mit so grosser Mühe durchgeführt wird, den Zustand in keiner erheblichen Weise verbessert hat, ist in jedem Handelskammerbericht zu lesen.

Vielleicht aber würde es sich zeigen, dass Handel und Verkehr bei der Anwendung der verrufenen Schablone sich gar nicht schlecht befinden. Denn in gewissem Sinne ist jedes Gesetz eine Schablone, und um eine gesetzliche Regelung der Tarife nach gleichen Normen handelt es sich im Grunde. Es vollzieht sich eben im Eisenbahnwesen derjenige Uebergang, wie wir ihn in der Kulturgeschichte aller Völker bei den verschiedenen wirthschaftlichen Entwickelungsphasen erleben: eine neue wirthschaftliche Erscheinung ist zunächst durch private Bemühung entwickelt und regulirt worden, allmälig aber ist das Interesse an derselben so gross und allgemein geworden, dass deren fernere Regelung nicht mehr dem Egoismus und der Willkür der Einzelinteressen überlassen werden kann, vielmehr nach den Interessen der Allgemeinheit erfolgen muss. So ist auch speziell die Festsetzung der Eisenbahntarife für das gesammte wirthschaftliche Leben viel zu wichtig geworden, um sie länger in der Verwirrung zu belassen, wohin sie die bunte Gestaltung der einzelnen Bahn- und Verkehrs-Interessen und das Vorgehen nach dem sogen. Bedürfniss gebracht hat, eine rationelle Festsetzung derselben nach gleichen Normen ist unabweisbar. Diese aber wird nach meiner Ueberzeugung nur auf Grund der Prinzipien des Zonentarifs erfolgen können.

Nachweisung

der

auf den preussischen Staatseisenbahnen eingeführten Staffeltarife.

August 1893.

Laufende No.	Bezeichnung der Tarife und Frachtgegenstände	Tag der Einführung	Geltungsbereich
1	2	3	4
1	Spezial-Tarif III	1. 7. 1880	Im Lokal- und direkten Verkehr der preussischen Staatseisenbahnen.
2	Vieh-Tarif (ausschl. Pferde) der Eisenbahn-Direktionsbezirke Berlin, Breslau und Bromberg		

Tarifgrundlage. Einheitssätze für 1 tkm in Pf. Abfertigungsgebühr für 100 kg in Pf.	km	Gesammtsätze, berechnet nach der Grundlage in Spalte 5 für 100 kg M.		Einheitssätze aus den Sätzen in Spalte 7 abzüglich der regelrechten Abfertigungsgebühr für 1 tkm in Pf.	Regelrechte Gesammtsätze für 100 kg M.	Bemerkungen
5	**6**	**7**		**8**	**9**	**10**
		östliche	westliche			
Einheitssätze:	50	0,19	0,22			
1—100 km = 2,6	100	0,34		2,50		Der unter- strichene Satz ist regulirt.
über 100 „ = 2,2	200	0,56				
Abfertigungsgebühr:	400	1,00				
	600	1,44				
a) der östlichen Staatseisen- bahnen:	800	1,88				
1— 50 km = 6 für 100 kg	1000	2,32				
51—100 „ = 9 „ 100 „						
über100 „ = 12 „ 100 „						
b) der westlichen Staatseisen- bahnen:						
1— 10 km = 8 für 100 kg						
11—100 „ = 9 „ 100 „						
über100 „ = 12 „ 100 „						

Tarifgrundlage (5)	km	Gesammtsätze für das Quadratmeter (7)	Einheitssätze (8)	Regelrechte Gesammtsätze (9)	Bemerkungen (10)
Einheitssätze:	100	2,40		2,40	Aelterer Tarif.
1—100 km = 2 Pf.	200	4,15	1,875	4,40	
101—200 „ = 1,75 „	400	6,65	1,563	8,40	
201—300 „ = 1,50 „	600	8,65	1,375	12,40	
für jedes weitere km 1 Pf.	800	10,65	1,281	16,40	
für 1 qm Ladefläche des ver- wendeten Wagens und für 1 km.	1000	12,65	1,225	20,40	
Abfertigungsgebühr: 40 Pf. für 1 qm der Lade- fläche des verwendeten Wagens.		(einschliesslich der Abfertigungsgebühr)			

Laufende No.	Bezeichnung der Tarife und Frachtgegenstände	Tag der Einführung	Geltungsbereich
1	2	3	4
3	Güter-Tarif für den deutschen Levanteverkehr über Hamburg seewärts. I. Stückgüter. *Tarifklasse 1.* Eisen der Spezialtarife I bis III (exkl. Maschinen), andere Metalle und Metallwaaren, Cemente und Cementwaaren, Braunstein, Infusorienerde, Sand, Thon, chemische Salze, Soda, Reis, Glas und Glaswaaren (exkl. Hohlglas), Thonwaaren, Zucker, Erdfarben, Salz, Lithographiesteine. (Die bezüglichen Schiffsfrachten betragen 1,75 M. für 100 kg.) *Tarifklasse 2.* Chemische und zubereitete Farben, Holzwaaren, Oele, Papier und Pappe, Stärke etc., Spiritus, Schiefer-Griffel etc., Garne aller Art, Gewebe von Baumwolle etc. (exkl. Wollgewebe), Holzstifte, Kerzen, Seife, Märbel, Maschinen (exkl. Nähmaschinen und landwirthschaftliche Maschinen), Bier. (Die bezüglichen Schiffsfrachten betragen 2,00 Mark bis 2,50 M. für 100 kg.) *Tarifklasse 3.* Bürsten, Kokosläufer und Matten, Filze und Filzwaaren, Gummibälle, Hüte, Instrumente, Korbwaaren, Möbel, Pelze und Rauchwaaren, Sammete, Velvets und Plüsche, Schirme und Schirmstöcke, Schuhwaaren, Uhren, Velocipede, Dezimalwaagen. (Die bezüglichen Schiffsfrachten betragen 4,00 M. bis 4,50 M. für 100 kg.) *Tarifklasse 4.* Alle in den Klassen 1 bis 3 nicht genannten Güter. (Die bezüglichen Schiffsfrachten betragen 3,00 M. bis 3,50 M. für 100 kg.)	15. 6. 1890 und später.	Von deutschen Stationen nach den Hafenplätzen der Levante.

Tarifgrundlage. Einheitssätze für 1 tkm in Pf. Abfertigungsgebühr für 100 kg in Pf.	km	Gesammtsätze, berechnet nach der Grundlage in Spalte 5 für 100 kg M.	Einheitssätze aus den Sätzen in Spalte 7 abzüglich der regelrechten Abfertigungsgebühr für 1 tkm in Pf.	Regelrechte Gesammtsätze für 100 kg M.	Bemerkungen
5	6	7	8	9	10
Bei Aufgaben in Mengen unter 1000 kg.				Stückgut:	
1—50 km 5,5	100	0,63	5,35	1,29	Die unterstrichenen Sätze sind regulirt.
51—100 „ 5,4	200	1,12	5,1	2,40	
101—150 „ 5,3	400	1,98	4,7	4,60	
151—200 „ 5,2	600	2,80	4,5	6,80	
201—250 „ 5,1	800	3,70	4,5	9,00	
251—300 „ 5,0 + 10	1000	4,60	4,5	11,20	
301—350 „ 4,9					
351—400 „ 4,8					
401—450 „ 4,7					
450—501 „ 4,6					
501 u. darüber 4,5					
Bei Aufgaben in Mengen von mindestens 1000 kg.				Stückgut:	
1—50 km 4,5	100	0,53	4,3	1,29	Die unterstrichenen Sätze sind regulirt.
51—100 „ 4,4	200	0,92	4,1	2,40	
101—150 „ 4,3	400	1,58	3,7	4,60	
151—200 „ 4,2	600	2,20	3,5	6,80	
201—250 „ 4,1	800	2,90	3,5	9,00	
251—300 „ 4,0 + 10	1000	3,60	3,5	11,20	
301—350 „ 3,9					
351—400 „ 3,8					
401—450 „ 3,7					
451—500 „ 3,6					
501 u. darüber 3,5					

Laufende No.	Bezeichnung der Tarife und Frachtgegenstände	Tag der Einführung	Geltungsbereich
1	2	3	4
	II. Wagenladungsklassen. *Tarifklasse 5.* Eisen der Spezialtarife II und III (exkl. Röhren und Konstruktionstheile), Eisen- und Stahldraht, Drahtstifte, Nägel etc., Rohzink, Rohblei, Cement, Sand, Spath, Thon etc., Magnesit, roh, auch gebrannt und gemahlen. (Die bezüglichen Schiffsfrachten betragen 1,15 M. für 100 kg.) *Tarifklasse 6.* Eiserne Röhren, Säulen, Konstruktionstheile, Bestandtheile von Eisenbahnlokomotiven und Eisenbahnwagen, grobe Façonstücke. (Die bezüglichen Schiffsfrachten betragen 1,50 M. für 100 kg.) *Tarifklasse 7.* Eisenwaaren des Spezialtarifs I, Metalle, unedle und Waaren daraus, Blei und Zink in Blechen etc. (Die bezüglichen Schiffsfrachten betragen 1,75 M. für 100 kg.) *Tarifklasse 8.* Landwirthschaftliche Maschinen, Nähmaschinen, Velocipede, Dezimalwaagen. (Die bezüglichen Schiffsfrachten betragen 3,00 M. für 100 kg.) *Tarifklasse 9.* Andere Maschinen. (Die bezüglichen Schiffsfrachten betragen 2,00 M. bis 3,50 M. für 100 kg.) *Tarifklasse 10.* Glas und Glaswaaren (exkl. Hohlglas), Thonwaaren, Zucker, Soda, Bleiweiss, Bleimennige, Bleizucker, Zinkweiss, Lithographiesteine, Chamotte-Retorten. (Die bezüglichen Schiffsfrachten betragen 1,75 M. für 100 kg.)		

Tarifgrundlage. Einheitssätze für 1 tkm in Pf. Abfertigungsgebühr für 100 kg in Pf.	km	Gesammtsätze, berechnet nach der Grundlage in Spalte 5 für 100 kg M.		Einheitssätze aus den Sätzen in Spalte 7 abzüglich der regelrechten Abfertigungsgebühr für 1 tkm in Pf.		Regelrechte Gesammtsätze für 100 kg M.					Bemerkungen
5	6	7		8		9					10

		5 t	10 t	5 t	10 t	A²	Sp.-T. II	Sp.-T. III	
Bei Aufgabe von 5 t 10 t.									
1—100 km 2,2 2,0	100	0,27	0,25	2,25	2,05	0,59	0,44	0,34	Die unterstrichenen Sätze sind regulirt.
101—200 „ 2,09 1,9	200	0,46	0,42	1,98	1,80	1,12	0,82	0,56	
201—300 „ 1,98 1,8	400	0,81	0,74	1,87	1,70	2,12	1,52	1,00	
301 u. darüber 1,87 1,7	600	1,18	1,08	1,87	1,70	3,12	2,22	1,44	
+6	800	1,56	1,42	1,87	1,70	4,12	2,92	1,88	
	1000	1,93	1,76	1,87	1,70	5,12	3,62	2,32	

wie Klasse 5.   wie Klasse 5.

		5 t	10 t	5 t	10 t	A²	Sp.-T. I	
Bei Aufgabe von 5 t 10 t.								
1—100 km 2,64 2,4	100	0,31	0,29	2,65	2,45	0,59	0,54	Die unterstrichenen Sätze sind regulirt.
101—200 „ 2,53 2,3	200	0,54	0,50	2,42	2,20	1,12	1,02	
201—300 „ 2,42 2,2	400	0,94	0,86	2,20	2,00	2,12	1,92	
301—400 „ 2,31 2,1	600	1,38	1,26	2,20	2,00	3,12	2,82	
401 u. darüber 2,2 2,0	800	1,82	1,66	2,20	2,00	4,12	3,72	
+6	1000	2,26	2,06	2,20	2,00	5,12	4,62	

wie Klasse 7   wie Klasse 7.

wie Klasse 7   wie Klasse 7.

		5 t	10 t	5 t	10 t	A¹	B	A²	Sp.-T. I	Sp.-T. II	
Bei Aufgabe von 5 t 10 t.											
1—100 km 3,3 3,0	100	0,38	0,35	3,35	3,05	0,86	0,72	0,59	0,54	0,44	Die unterstrichenen Sätze sind regulirt.
101—200 „ 3,19 2,9	200	0,68	0,62	3,08	2,80	1,54	1,32	1,12	1,02	0,82	
201—300 „ 3,08 2,8	400	1,21	1,10	2,86	2,60	2,88	2,52	2,12	1,92	1,52	
301—400 „ 2,97 2,7	600	1,78	1,62	2,86	2,60	4,22	3,72	3,12	2,82	2,22	
401 u. darüber 2,86 2,6	800	2,35	2,14	2,86	2,60	5,56	4,92	4,12	3,72	2,92	
+6	1000	2,92	2,66	2,86	2,60	6,90	6,12	5,12	4,62	3,62	

Laufende No.	Bezeichnung der Tarife und Frachtgegenstände	Tag der Einführung	Geltungsbereich
1	2	3	4
	Tarifklasse 11. Hohlglas, Wollgewebe, Lampentheile. (Die bezüglichen Schiffsfrachten betragen 3,00 M. bis 3,50 M. für 100 kg.) *Tarifklasse 12.* Stärke etc., Spiritus, Gewebe von Baumwolle, Thüringer Waaren, Nürnberger Waaren etc., Tinte, Wichse etc. (Die bezüglichen Schiffsfrachten betragen 2,00 M. bis 2,50 M. für 100 kg.) *Tarifklasse 13.* Papier und Pappe, Mineralwasser. (Die bezüglichen Schiffsfrachten betragen 2,00 M. bis 2,50 M. für 100 kg.) *Tarifklasse 14.* Holzstifte. (Die bezüglichen Schiffsfrachten betragen 2,00 M. bis 2,50 M. für 100 kg.) *Tarifklasse 15.* Kalirohsalze. (Die bezüglichen Schiffsfrachten betragen 1,15 M. für 100 kg.) *Tarifklasse 16.* Stein- und Siedesalz. (Die bezüglichen Schiffsfrachten betragen 1,15 M. für 100 kg.) *Tarifklasse 17.* (Sammelklasse,) für Güter aller Art (ausschliesslich solcher der Klassen 3, 8 und 11.) (Die bezüglichen Schiffsfrachten betragen 2,00 M. bis 2,50 M. für 100 kg.		

Tarifgrundlage. Einheitssätze für 1 tkm in Pf. Abfertigungsgebühr für 100 kg in Pf.	km	Gesammtsätze, berechnet nach der Grundlage in Spalte 5 für 100 kg M.		Einheitssätze aus den Sätzen in Spalte 7 abzüglich der regelrechten Abfertigungsgebühr für 1 tkm in Pf.		Regelrechte Gesammtsätze für 100 kg M.		Bemerkungen
5	6	7		8		9		10
} wie Klasse 10		wie Klasse 10						
} wie Klasse 10		wie Klasse 10						
} wie Klasse 10		wie Klasse 10						
Bei Aufgabe von 5 t 10 t.		5 t	10 t	5 t	10 t	A²	Sp.-T. II	
1—100 km 3,08 2,8	100	0,36	0,33	3,15	2,85	0,59	0,44	Die unterstrichenen Sätze sind regulirt.
101—200 „ 2,97 2,7	200	0,63	0,58	2,86	2,60	1,12	0,82	
201—300 „ 2,86 2,6	400	1,12	1,02	2,64	2,40	2,12	1,52	
301—400 „ 2,75 2,5 } + 6	600	1,51	1,38	2,42	2,20	3,12	2,22	
401—500 „ 2,64 2,4	800	2,00	1,82	2,42	2,20	4,12	2,92	
501—600 „ 2,53 2,3	1000	2,48	2,26	2,42	2,20	5,12	3,62	
601 u. darüber 2,42 2,2								15 und 16 fallen aus; keine Staffelsätze.
Bei Aufgabe von 5 t 10 t.		5 t	10 t	5 t	10 t	A¹	B	
1—100 km 3,74 3,4	100	0,42	0,39	3,75	3,45	0,86	0,72	Die unterstrichenen Sätze sind regulirt.
101—200 „ 3,63 3,3	200	0,76	0,70	3,52	3,20	1,54	1,32	
201—300 „ 3,52 3,2 } + 6	400	1,38	1,26	3,30	3,00	2,88	2,52	
301—400 „ 3,41 3,1	600	2,04	1,86	3,30	3,00	4,22	3,72	
401 u. darüber 3,30 3,0	800	2,70	2,46	3,30	3,00	5,56	4,92	
	1000	3,36	3,06	3,30	3,00	6,90	6,12	

Laufende No.	Bezeichnung der Tarife und Frachtgegenstände	Tag der Einführung	Geltungsbereich
1	2	3	4
4	Kokes zum Hochofenbetrieb.	1. 8. 1886.	Von Stationen des Ruhrgebiets nach verschiedenen Hochofenstationen des Lahn-, Dill- und Sieggebiets.
5	Braunkohlen-Brikettes.	1. 4. 1890.	Von sächsisch-thüringischen, märkischen und lausitzer Braunkohlengruben nach deutschen Hafenplätzen.
6	Rohstoffe (s. auch No. 7b.). Düngemittel, Erden, Kartoffeln und Rüben.	1. 1. 1890.	Im Staatsbahnverkehr.
7	Erden und Steine (s. auch No. 6.) a) Basalt, Basaltpflastersteine etc.		Im engeren Verkehr der rheinischen Direktionsbezirke.

Tarifgrundlage. Einheitssätze für 1 tkm in Pf. Abfertigungsgebühr für 100 kg in Pf.	km	Gesammtsätze, berechnet nach der Grundlage in Spalte 5 für 100 kg M.	Einheitssätze aus den Sätzen in Spalte 7 abzüglich der regelrechten Abfertigungsgebühr für 1 tkm in Pf.	Regelrechte Gesammtsätze für 100 kg M.	Bemerkungen
5	6	7	8	9	10
2,0 bis 50 km, darüber Anstoss von 1,8, bis der Satz von 2,2 für das Tonnenkilometer ohne Abfertigungsgebühr erreicht wird. Abfertigungsgebühr: bis 10 km 8 von 11—20 km 9 „ 21—30 „ 10 „ 31—40 „ 11 über 40 „ 12	100 200 400 600 800 1000	0,31 0,49 0,88 1,32 1,76 2,20	2,20 1,85 1,90 2,00 2,05 2,08	Sp.-Tar. III. 0,34 0,56 1,00 1,44 1,88 2,32 — wie bei No. 9b.	Neben dem allgemeinen Ausnahmetarif für Kokes zum Hochofenbetriebe — soweit niedriger — beibehalten.
bis 100 km 2,2 von 101 km ab Anstoss von 1,4 + 7	100 200 400 600 800 1000	0,29 0,43 0,71 0,99 1,27 1,55	2,00 1,55 1,48 1,45 1,44 1,43	Sp.-Tar. III. 0,34 0,56 1,00 1,44 1,88 2,32	
bis 350 km 2,2 über 350 km Anstoss von 1,4 an den Satz für 350 km + 7.	100 200 400 600 800 1000	0,29 0,51 0,91 1,19 1,47 1,75	2,00 1,95 1,97 1,78 1,69 1,63	Sp.-Tar. III 0,34 0,56 1,00 1,44 1,88 2,32	
von 1—50 km 2,3 über 50 „ 2,2 Abfertigungsgebühr wie bei No. 9b	100 200 400 600 800 1000	0,26 0,44 0,88 1,32 1,76 2,20	1,70 1,60 1,90 2,00 2,05 2,08	Sp.-Tar. III. 0,34 0,56 1,00 1,44 1,88 2,32	Aelterer Tarif. Die hiernach berechneten Gesammtsätze sind bei 100 km um 8, bei den übrigen Entfernungen um 12 Pf. für 100 kg ermässigt.

Laufende No.	Bezeichnung der Tarife und Frachtgegenstände	Tag der Einführung	Geltungsbereich
1	2	3	4
	b) Wegebaumaterialien, als: Grand, Kies, rohe Steine, Sand, Schlacken, Steinschrotten und Ziegelbrocken, welche nachweislich zur Herstellung und Unterhaltung der dem öffentlichen Verkehr innerhalb des Deutschen Reiches dienenden, befestigten, ungepflasterten und nicht asphaltirten Wege- auch Chausseeflächen bestimmt und verwendet sind.	1. 1. 1889.	Im Staatsbahnverkehr.
	c) Bruch-, Bau- und Pflastersteine		Im engeren Verkehr des Direktions-Bezirks Elberfeld (von Wipperfürth).
	d) Steinschlag (Strassendeckmaterial.)		Im engeren Verkehr des Direktions - Bezirks Cöln (linksrheinisch).
	e) Bearbeitete Steine (des Spezialtarifs II).	1. 2. 1886.	Von Stationen der Eifelbahn nach Stationen der Eisenbahn-Direktions-Bezirke Elberfeld, Cöln (links- und rechtsrheinisch).
8	Düngemittel, Salz etc. (s. auch No. 6.) a) Staubkalk (Kalkasche) zum Düngen, Mergel zum Düngen.	1. 3. 1889.	Im Staatsbahnverkehr und im Verkehr mit Privatbahnen, welche dieselben Einheitssätze annehmen, von denHaupterzeugungsstätten.

Tarifgrundlage. Einheitssätze für 1 tkm in Pf. Abfertigungsgebühr für 100 kg in Pf.	km	Gesammtsätze, berechnet nach der Grundlage in Spalte 5 für 100 kg M.	Einheitssätze aus den Sätzen in Spalte 7 abzüglich der regelrechten Abfertigungsgebühr für 1 tkm in Pf.	Regelrechte Gesammtsätze für 100 kg M.	Bemerkungen
5	6	7	8	9	10
				Sp.-Tar. III.	
2,6 bis 50 km, unter Anstoss von 1 Pf. für jedes weitere Kilometer bis 200 km, über 200 km zu 1,4 Pf. durchgerechnet + 6	100	0,24	1,50	0,34	
	200	0,34	1,10	0,56	
	400	0,62	1,25	1,00	
	600	0,90	1,30	1,44	
	800	1,18	1,32	1,88	
	1000	1,46	1,34	2,32	
				Sp.-Tar. III.	Aelterer Tarif.
von 1—50 km 2,3 über 50 „ 2,2 + 6	100	0,28	1,90	0,34	
	200	0,50	1,90	0,56	
	400	0,94	2,05	1,00	
	600	1,38	2,10	1,44	
	800	1,82	2,12	1,88	
	1000	2,26	2,14	2,32	
				Sp.-Tar. III.	Aelterer Tarif. Der unterstrichene Satz ist regulirt.
1—100 km 2,7	100	<u>0,28</u>	1,90	0,34	
über 100 „ 2,5 + 3	200	0,53	2,05	0,56	
				Sp.-Tar. II.	
von 1—50 km 2,7 über 50 „ 2,5 Abfertigungsgebühr wie bei No. 9b.	100	0,37	2,80	0,44	
	200	0,62	2,50	0,82	
	400	1,12	2,50	1,52	
	600	1,62	2,50	2,22	
	800	2,12	2,50	2,92	
	1000	2,62	2,50	3,62	
				Sp.-Tar. III.	
2,6 bis 50 km, unter Anstoss von 1 Pf. für jedes weitere Kilometer bis 200 km, über 200 km zu 1,4 durchgerechnet + 6	100	0,24	1,50	0,34	
	200	0,34	1,10	0,56	
	400	0,62	1,25	1,00	
	600	0,90	1,30	1,44	
	800	1,18	1,32	1,88	
	1000	1,46	1,34	2,32	

Laufende No.	Bezeichnung der Tarife und Frachtgegenstände	Tag der Einführung	Geltungsbereich
1	2	3	4
	b) Chilesalpeter.	Vom 1. 5. 1893 bis Ende Dezember jeden Jahres.	Von den deutschen Seehafenstationen des deutsch-österreichisch-ungarischen Seehafenverbandes nach Budapest.
	c) Steinsalz.	1. 2. 1893 und später.	Von Stassfurt, Baalberge, Bernburg und Erfurt nach Stationen in der Rheinprovinz am unteren Main, nach Ludwigshafen und Mannheim.
9	Eisenerze. a) Eisenerz, abgerösteter Schwefelkies (Schwefelkiesabbrände), Kupfererzabbrände (purple ore), Hammer-, Luppen-, Puddelofen-, Schweissofen-, Walzen- und eisenhaltige Konverterschlacken zum Hochofenbetrieb.	1. 5. 1893.	Von Erzgewinnungsplätzen und deutschen Seehäfen nach Hochofenstationen.
	b) Eisenerz, abgerösteter Schwefelkies (Schwefelkiesabbrände), Braunstein, Kupfererzabbrände, Hammer-, Luppen-, Puddelofen-, Schweissofen-, Walzen- und eisenhaltige Konverterschlacken.		Im engeren und im Wechselverkehr der westlichen Staatsbahnen, sowie von Erzgruben und chemischen Fabriken der mittleren und östlichen Provinzen — auch von Ungarn — nach schlesischen, thüringischen und Harzer Hüttenwerken, nach Oderberg, Sosnowice und Dzieditz Durchgang und von sächsischen Stationen nach dem oberschlesischen Hüttenbezirk.

Tarifgrundlage. Einheitssätze für 1 tkm in Pf. Abfertigungsgebühr für 100 kg in Pf.	km	Gesammtsätze, berechnet nach der Grundlage in Spalte 5 für 100 kg M.	Einheitssätze aus den Sätzen in Spalte 7 abzüglich der regelrechten Abfertigungsgebühr für 1 tkm in Pf.	Regelrechte Gesammtsätze für 100 kg M.	Bemerkungen
5	6	7	8	9	10
				Sp.-Tar. III.	Versuchsweise.
bis 350 km 2,2	100	0,29	2,00	0,34	
über 350 km Anstoss von	200	0,51	1,95	0,56	
1,4 an den Satz für 350 km	400	0,91	1,97	1,00	
+ 7	600	1,19	1,78	1,44	
	800	1,47	1,69	1,88	
	1000	1,75	1,63	2,32	
				Sp -Tar. III.	
bis 100 km 2,2, darüber	100	0,34	2,50	0,34	
Anstoss von 1,6 für jedes	200	0,50	1,90	0,56	
km + 12	400	0,82	1,75	1,00	
	600	1,14	1,70	1,44	
	800	1,46	1,67	1,88	
	1000	1,78	1,66	2,32	
				Sp.-Tar. III.	
2,2 bis 100 km, unter An-	100	0,29	2,00	0,34	
stoss von 1,5 für jedes	200	0,44	1,60	0,56	
weitere km + 7	400	0,74	1,55	1,00	
	600	1,04	1,55	1,44	
	800	1,34	1,52	1,88	
	1000	1,64	1,52	2,32	
2,0 bis 50 km, darüber				Sp.-Tar. III.	Aelterer Tarif.
Anstoss von 1,8, bis der	100	0,31	2,20	0,34	Der zunächst im engeren und im
Satz von 2,2 für das Tonnen-	200	0,49	1,85	0,56	Wechselverkehr der westlichen
kilometer ohne Abferti-	400	0,88	1,90	1,00	Industriebezirke
gungsgebühr erreicht wird.	600	1,32	2,00	1,44	eingeführte allgemeine Aus-
Abfertigungsgebühr:	800	1,76	2,05	1,88	nahmetarif ist später auf die
bis 10 km 8	1000	2,20	2,08	2,32	wichtigeren Verbindungen der
von 11—20 km 9					übrigen Hüttenbezirke des
„ 21—30 „ 10					Staates sowie auf den Verkehr der
„ 31—40 „ 11					letzteren mit dem Auslande
über 40 „ 12					ausgedehnt worden.

Laufende No.	Bezeichnung der Tarife und Frachtgegenstände	Tag der Einführung	Geltungsbereich
1	2	3	4
	c) Schwefelkies.	1. 3. 1889.	Von Grevenbrück nach einzelnen Stationen der Eisenbahn-Direktions-Bezirke Elberfeld, Cöln (links- und rechtsrheinisch), Hannover, Magdeburg, Berlin, Breslau, Bromberg, Erfurt, Frankfurt a. M., sowie in Sachsen, Süd- und Südwestdeutschland, Böhmen, Oesterreich, in der Schweiz und Holland.
10	Eisen und Stahl. a) Eisen des Spezialtarifs I.		Von dem Saarbezirk nach dem südwestlichen Deutschland nebst den schweizerischen Grenzstationen.
	b) Eisen des Spezialtarifs II.		
	c) Eisen und Stahl.	1. 4. 1893.	Von Deutschland nach den unteren Donauländern.
11	Getreide aller Art. a) Getreide als: Weizen, Roggen, Gerste, Hafer, Mais und Hülsenfrüchte, Hirse und Buchweizen sowie Mühlenfabrikate (Mehl aus Getreide und Hülsenfrüchten, Braunmehl, Spelz- und Griesmehl, Gerstenmehl, Maismehl, Graupen, Grütze, Gries, gerollte Gerste, geschrotenes Getreide und Futtermehl).		Eisenbahn-Direktions-Bezirk Bromberg.

Tarifgrundlage. Einheitssätze für 1 tkm in Pf. Abfertigungsgebühr für 100 kg in Pf.	km	Gesammtsätze, berechnet nach der Grundlage in Spalte 5 für 100 kg. M.	Einheitssätze aus den Sätzen in Spalte 7 abzüglich der regelrechten Abfertigungsgebühr für 1 tkm in Pf.	Regelrechte Gesammtsätze für 100 kg. M.	Bemerkungen
5	6	7	8	9	10
1,8 für die ersten 100 km, unter Anstoss von 1,6 für die weiteren Entfernungen + 6	100	0,24	1,50	Sp.-Tar. III. 0,34	
	200	0,40	1,40	0,56	
	400	0,72	1,50	1,00	
	600	1,04	1,53	1,44	
	800	1,36	1,55	1,88	
	1000	1,68	1,56	2,32	
4,3 + 6 bei Entfernungen von 200—400 km; darüber 4,0 + 6	200	0,92	4,30	Sp.-Tar. I. 1,02	Aelterer Tarif. (Entspricht der früheren Staffel des südwestdeutschen Verbandes.)
	400	1,78	4,30	1,92	
3,3 bei Entfernungen von 200—400 km; darüber 3,0 + 6	200	0,72	3,30	Sp.-Tar. II. 0,82	
	400	1,38	3,30	1,52	
wie unter Ziffer 3 angegeben.		wie unter Ziffer 3 angegeben.			Mit der Maassgabe jedoch, dass die Frachtsätze für 5 t durch Zuschlag von 20 % und für Stückgut durch Zuschlag von 50 % zu den Sätzen für Ladungen von 10 t berechnet werden.
1— 50 km 4,5 + 6 Pf. 51—400 „ 3,8 401—450 „ 3,7 + 9 Pf. von 451—500 „ 3,6 51—100 501—550 „ 3,5 km, 12 Pf. 551—600 „ 3,4 über 601—650 „ 3,3 100 km 651—800 „ 3,2	100	0,47	3,80	Sp.-Tar. I. 0,54	Aelterer Tarif.
	200	0,88	3,80	1,02	
	400	1,60	3,70	1,92	Die unterstrichenen Sätze sind regulirt.
	600	2,10	3,30	2,82	
	800	2,68	3,20	3,72	

Laufende No.	Bezeichnung der Tarife und Frachtgegenstände	Tag der Einführung	Geltungsbereich
1	2	3	4
	b) Getreide aller Art (wie zu 1).	1. 9. 1891.	Im Lokal- und direkten Verkehr der preussischen Staatseisenbahnen.
12	**Futtermittel.** a) Eicheln, Futterbrod, Futtermehl, Mais, Rübenmehl. b) Fleischfuttermehl, Griebenkuchen, Kleie, auch Grieskleie, Erbsenschaalenkleie und Gerstenkleie, Malztreber, getrocknete, Oelkuchen, Oelkuchenmehl (zerkleinerte Oelkuchen) und entfettetes Oelsaatenmehl aller Art, namentlich Leinkuchen, Leinkuchenmehl, Lainsaatmehl, Palmkernkuchen, Palmkernkuchenmehl (Palmkernmehl), Cocoskuchen (Coprakuchen), Cocoskuchenmehl (Copramehl), Baumwollsamenkuchen, Baumwollsamenmehl, Erdnusskuchen, Erdnusskuchenmehl, Reisabfälle aller Art, welche beim Poliren von rohem Reis oder bei der Stärkefabrikation gewonnen werden, Reishülsen, Reisfuttermehl, bezw. Reiskleie, Schlempen aller Art, getrocknete, auch gemahlene, Melassefutter. c) Heu und Stroh in Mengen von 5000 kg.	Vom 26. 6. 1893 ab bis auf Weiteres.	Im Lokal- und direkten Verkehr der preussischen Staatseisenbahnen.

Tarifgrundlage. Einheitssätze für 1 tkm in Pf. Abfertigungsgebühr für 100 kg in Pf.	km	Gesammtsätze, berechnet nach der Grundlage in Spalte 5 für 100 kg M.	Einheitssätze aus den Sätzen in Spalte 7 abzüglich der regelrechten Abfertigungsgebühr für 1 tkm in Pf.	Regelrechte Gesammtsätze für 100 kg M.	Bemerkungen
5	6	7	8	9	10
Von 1—200 km die regelrechten Sätze (Spezialtarif I) unter Anstoss von 3 Pf. von 201—300 km und von 2 Pf. von 301 km ab an den vollen regelrechten Satz des Spezialtarifs I für 200 km.	400	1,52	3,50	1,92	
	600	1,92	3,00	2,82	
	800	2,32	2,75	3,72	
	1000	2,72	2,60	4,62	
				Sp.-Tar. II.	(Nothstands-Tarif.)
bis zu 200 km 3,2	100	0,41	3,20	0,44	Die unterstrichenen Sätze sind regulirt.
„ „ 300 „ 3,0	200	0,72	3,00	0,82	
„ „ 400 „ 2,8	400	1,16	2,60	1,52	
„ „ 500 „ 2,6	600	1,56	2,40	2,22	
über 500 „ 2,4	800	2,04	2,40	2,92	
und die Abfertigungsgebühr des Spezialtarifs III der östlichen Staatseisenbahnen.	1000	2,52	2,40	3,62	
					sofern sich die Frachtberechnung für 10000 kg nach dem Ausnahmetarif für Futtermittel des Spezialtarifs III (s. No. 12 d) nicht billiger stellt.

Laufende No.	Bezeichnung der Tarife und Frachtgegenstände	Tag der Einführung	Geltungsbereich
1	2	3	4
	d) Branntweinspülicht (nasse Schlempen aller Art), Futterkräuter, frische, Häcksel, Heu, Malzkeime, Malztreber, nasse und Weintrester, Schnitzabfälle und Köpfe von Zuckerrüben, Futterrüben, Mohrrüben (Möhren, gelbe Rüben), Kohlrüben, weisse Rüben (ausgenommen Teltower und Märkische Rübchen), Pressrückstände von Kartoffeln oder Rüben, Diffusionsrückstände, Spreu, Buchweizenschaalen und Haferschaalen, Stroh, auch Raps- und Reisstroh, Reisigfutter, sowie Häcksel und Kuchen von Reisig, Pülpe (Abfallwasser bei der Kartoffelstärkefabrikation), Heidekraut.	Vom 26. 6. 1893 ab bis auf Weiteres.	Im Lokal- und direkten Verkehr der preussischen Staatseisenbahnen.
13	Torfstreu und Mull.	Vom 26. 6. 1893 bis zum 1. 9. 1894.	Im Lokal- und direkten Verkehr der preussischen Staatseisenbahnen.
14	Holz. a) Holz (europäisches) des Spezialtarifs II, auch Holzzeugmasse, Holzstoff, Holzzellstoff (Cellulose), Holzmehl, grobe Holzwaaren, Strohstoff.		Im engeren Verkehr des Direktions-Bezirks Bromberg.
	b) Holz (europäisches) des Spezialtarifs II, auch Holzzeugmasse, Holzstoff, Holzzellstoff (Cellulose), Holzmehl, grobe Holzwaaren, Strohstoff.		Im engeren Verkehr des Direktions-Bezirks Breslau (ausschliesslich der früheren Breslau-Schweidnitz-Freiburger- und Niederschlesischen Zweigbahn).

Tarifgrundlage. Einheitssätze für 1 tkm in Pf. Abfertigungsgebühr für 100 kg in Pf.	km	Gesammtsätze, berechnet nach der Grundlage in Spalte 5 für 100 kg M.	Einheitssätze aus den Sätzen in Spalte 7 abzüglich der regelrechten Abfertigungsgebühr für 1 tkm in Pf.	Regelrechte Gesammtsätze für 100 kg M.	Bemerkungen
5	6	7	8	9	10
				Sp.-Tar. III.	
2,2 bis 100 km, unter Anstoss von 1,5 für jedes weitere km + 7	100	0,29	2,00	0,34	(Nothstands-Tarif.)
	200	0,44	1,60	0,56	
	400	0,74	1,55	1,00	
	600	1,04	1,53	1,44	
	800	1,34	1,52	1,88	
	1000	1,64	1,52	2,32	
				Sp.-Tar. III.	
2,2 bis 100 km, unter Anstoss von 1,5 für jedes weitere km + 7	100	0,29	2,00	0,34	(Nothstands-Tarif.)
	200	0,44	1,60	0,56	
	400	0,74	1,55	1,00	
	600	1,04	1,53	1,44	
	800	1,34	1,52	1,88	
	1000	1,64	1,52	2,32	
				Sp.-Tar. II.	
1—100 km 3,0 } 101—200 „ 2,8 } 201—300 „ 2,6 } + 6 301—400 „ 2,4 } darüber 2,2 + 12 (Spezialtarif III)	100	0,34	2,50	0,44	Aelterer Tarif. Die unterstrichenen Sätze sind regulirt.
	200	0,58	2,30	0,82	
	400	1,00	2,20	1,52	
	600	1,44	2,20	2,22	
	800	1,88	2,20	2,92	
	1000	2,32	2,20	3,62	
				Sp.-Tar. II.	
1— 50 km 3,0 + 6 51—100 „ 2,6 + 9 über 100 „ 2,2 + 12	100	0,34	2,50	0,44	Aelterer Tarif (über 50 kg gleich dem Spezialtarif III). Der unterstrichene Satz ist regulirt.
	200	0,56	2,20	0,82	
	400	1,00	2,20	1,52	
	600	1,44	2,20	2,22	
	800	1,88	2,20	2,92	
	1000	2,32	2,20	3,62	

Laufende No.	Bezeichnung der Tarife und Frachtgegenstände	Tag der Einführung	Geltungsbereich
1	2	3	4
15	Spielwaaren etc. Zur überseeischen Ausfuhr.	10. 8. 1892 und später.	Von thüringischen, bayerischen und sächsischen Stationen nach deutschen Seehäfen.
16	Petroleum. Rohes Erdöl.	20. 3. 1892 1. 1. 1893.	Von elsässischen Gewinnungsstationen nach Raffinerien. Von Celle und Schwarmstedt nach Salzbergen.
17	Eisenvitriol.	1. 10. 1892.	Von den deutschen Erzeugungsstätten nach den deutschen Nord- und Ostseehafenstationen zur Ausfuhr seewärts.
18	Seife. In vollen Wagenladungen zur überseeischen Ausfuhr nach ausserdeutschen Ländern.	1. 12. 1891.	Von Offenbach und anderen Stationen der preussischen Staatseisenbahnen nach deutschen Seehäfen.

Tarifgrundlage. Einheitssätze für 1 tkm in Pf. Abfertigungsgebühr für 100 kg in Pf.	km	Gesammtsätze, berechnet nach der Grundlage in Spalte 5 für 100 kg M.		Einheitssätze aus den Sätzen in Spalte 7 abzüglich der regelrechten Abfertigungsgebühr für 1 tkm in Pf.		Regelrechte Gesammtsätze für 100 kg M.		Bemerkungen
5	6	7		8		9		10
		5000	10 000	5000	10 000	Kl. A¹	Kl. B	
Für die ersten 100 km regelrecht (6,7 und 6,0), über 100 km Anstoss des um 50% ermässigten Satzes der Klasse A¹ und B (3.35 bezw. 3,0) + 20 und 12	100	0,86	0,72	6,70	6,00	0,86	0,72	
	200	1,20	1,02	5,00	4,50	1,54	1,32	
	400	1,87	1,62	4,17	3,75	2,88	2,52	
	600	2,54	2,22	3,90	3,50	4,22	3,72	
	800	3,22	2,82	3,77	3,37	5,56	4,92	
	1000	3,88	3,42	3,68	3,30	6,90	6,12	
						Kl. B.		
Für die ersten 100 km regelrecht Kl. B (6,0 + 8—12), über 100 km Anstoss des regelrechten, um 50% ermässigten Einheitssatzes (3,0) + 12	100	0,72		6,00		0,72		
	200	1,02		4,50		1,32		
	400	1,62		3,75		2,52		
	600	2,22		3,50		3,72		
	800	2,82		3,37		4,92		
	1000	3,42		3,30		6,12		
						Sp.-Tar. II.		
2,2 für die ersten 100 km unter Anstoss von 1,5 für jedes weitere km + 12	100	0,34		2,50		0,44		
	200	0,49		1,85		0,82		
	400	0,79		1,67		1,52		
	600	1,09		1,62		2,22		
	800	1,39		1,59		2,92		
	1000	1,69		1,57		3,62		
						Kl. B.		
Für die ersten 100 km regelrecht Kl. B (6,0 + 12), über 100 km Anstoss des um 50% ermässigten Satzes der Kl. B (3,0).	100	0,72		6,00		0,72		
	200	1,02		4,50		1,32		
	400	1,62		3,75		2,52		
	600	2,22		3,50		3,72		
	800	2,82		3,37		4,92		
	1000	3,42		3,30		6,12		

Fragen des Herrn Referenten und Beantwortung*).

1. Welche Wirkungen haben die Staffeltarife hinsichtlich der Beförderung von Getreide und Mehl über weitere Eisenbahnstrecken — namentlich nach der Ernte des Jahres 1892 — gehabt?

Antwort. Die Anzahl der über weitere Eisenbahnstrecken (mehr als 200 km, mit welcher Entfernung die Ermässigung der Staffeltarife beginnt) beförderten Tonnen, sowie die Länge des von der Tonne durchlaufenen Transportweges ist nicht unerheblich gestiegen; dementsprechend hat sich die geleistete Tonnenkilometerzahl gehoben. Es ist der Austausch von Getreide und Mühlenfabrikaten über weitere Eisenbahnstrecken durch die abfallende Fracht ermöglicht oder doch erleichtert worden.

Bei G e t r e i d e hat die Gesammtbeförderungsmenge in den 5 Monaten (s. Anmerkung *) betragen:

1890/91 = 1413430 t, davon über 200 km = 152739 t = 10 % ⎫ der
1891/92 = 1415533 -   -   -   -   - = 224724 - = 15,9 % ⎬ Gesammt-beförderung.
1892/93 = 1551284 -   -   -   -   - = 297776 - = 19,2 % ⎭

$\quad$ + 135751 t gegen 1891/92 $\qquad$ + 73052 t gegen 1891/92
$\quad$ + 137854 -   -   1890/91 $\qquad$ + 145037 -   -   1890/91
$\qquad\qquad\qquad\qquad\qquad\qquad\qquad\qquad$ (oder fast 100 %).

Die Zahl der geleisteten Tonnenkilometer hat nach überschläglicher Berechnung betragen:

1890/91 = 135100150 tkm, davon über 200 km = 46851780 tkm
1891/92 = 163924260   -   -   -   - = 80567630 -
1892/93 = 197671080   -   -   -   - = 109925520 -

$\quad$ + 33746820 tkm gegen 1891/92 $\qquad$ + 29357890 tkm geg. 91/92
$\quad$ + 62570930 -   -   1890/91 $\qquad$ + 63073710 -   -   90/91

---

*) Die nachfolgenden Ziffern beziehen sich — soweit nicht ausdrücklich das Gegentheil angeführt ist — auf die fünf Monate September bis Januar, und zwar werden verglichen September 1890 bis Januar 1891, in welcher Zeit die Staffeltarife noch nicht bestanden, mit dem gleichen Zeitraum nach der ungünstigen Ernte von 1891 und nach der besseren von 1892, in welchen beiden Jahren die Staffeltarife in Kraft waren.

Bei Mühlenfabrikaten

1890/91 = 359275 t, davon über 200 km = 61097 t = 17 % ⎞ der
1891/92 = 275360 -   -   -   -   - = 54171 - = 20 % ⎬ Gesammt-be-
1892/93 = 345506 -   -   -   -   - = 81562 - = 23 % ⎠ förderung.
———————————   ———————————
  + 70146 t gegen 1891/92   + 27381 t gegen 1891/92
  — 13769 -   -   1890/91   + 20465 -   -   1890/91

Die Einnahmen der Eisenbahnverwaltung haben betragen:

bei Getreide

1890/91 = 6887593 M, davon über 200 km = 2143034 M
1891/92 = 7595276 -   -   -   -   - = 3146021 -
1892/93 = 8887791 -   -   -   -   - = 4187853 -
———————————   ———————————
  + 1292515 M gegen 1891/92   + 1041832 M geg. 91/92
  + 2010198 -   -   1890/91   + 2044819 -   - 90/91

bei Mühlenfabrikaten

1890/91 = 1963562 M, davon über 200 km = 859995 M
1891/92 = 1644777 -   -   -   -   - = 712162 -
1892/93 = 2148336 -   -   -   -   - = 1086858 -
———————————   ———————————
  + 503559 M gegen 1891/92   + 374696 M geg. 91/92
  + 184774 -   -   1890/91   + 226863 -   - 90/91

Die Hauptwirkungen der Tarife zeigen sich auf mittleren Entfernungen (bei Getreide zwischen 300 und 550 km, bei Mühlenfabrikaten zwischen 300 und 600 km). Auf diese Entfernungen haben die Transportziffern betragen:

bei Getreide   bei Mühlenfabrikaten

1890/91 = 59560 t   = 24688 t
1891/92 = 107472 -   = 24733 -
1892/93 = 157884 -   = 44938 -
———————————   ———————————
  + 50412 t gegen 1891/92 + 19205 t gegen 1891/92
  + 98324 -   -   1890/91 + 20250 -   -   1890/91

Aus den vorstehenden Ziffern geht hervor, dass bei Getreide die erzielte Steigerung an beförderten Tonnen, an zurückgelegten Tonnenkilometern und an Einnahmen theils fast ganz, theils mehr als ganz auf weitere Beförderungsstrecken entfällt. Bei Mühlenfabrikaten im Besonderen ist die Beförderungsziffer im Jahre 1891/92 nicht unerheblich zurückgeblieben gegen 1890/91 (was seine Begründung durch den in Folge ungünstiger Ernte eingeschränkten Betrieb der Mühlenindustrie findet), und ist im Jahre 1892/93 annähernd wieder auf die Beförderungsmenge von 1890/91 gestiegen. Trotzdem ist auch bei Mühlenfabrikaten das Verhältniss der über

weitere Strecken beförderten Mengen zu der Gesammtbeförderungsmenge gestiegen, wie auch die Einnahmen des Jahres 1892/93 gegen
1890/91 trotz absoluter Verminderung der Beförderungsziffer gestiegen sind.

*2. In welchem Maasse haben die verschiedenen Landestheile an
Mehrversendungen über weitere Strecken sich betheiligt?*

Antwort. In dem Jahre vom 1. September 1891 bis dahin 1892
sind von den Stationen der nachbenannten Eisenbahndirektionsbezirke Mehrversendungen an Getreide auf Entfernungen von mehr
als 200 km gegenüber dem Jahre vom 1. September 1890 bis dahin
1891 zu verzeichnen:

Von den Bezirken Köln (beide) u. Elberfeld = 6660 t
Frankfurt a. M. = 8395 -
Berlin = 11545 -
Erfurt = 12112 -
Hannover = 23223 -
Altona = 28108 -
Breslau = 36370 -

während von Stationen des Direktionsbezirks Bromberg wegen der
mangelhaften Ernte in den östlichen Provinzen im Jahre 1891 die
Getreidebeförderung über weitere Strecken trotz des Staffeltarifs
um fast 25000 t gegen das Vorjahr gefallen ist.

Nach der neuen Ernte des Jahres 1892 hat sich für die Zeit
vom 1. September 1892 bis 31. Januar 1893 gegenüber dem gleichen
Zeitraum des Jahres 1890/91 eine Mehrbeförderung ergeben von
Stationen der Eisenbahndirektionsbezirke

Hannover + 3378 t
Frankfurt + 5345 -
Erfurt + 4985 -
Altona + 7582 -
Magdeburg + 15943 -
Berlin + 24409 -
Breslau + 41593 -
Bromberg + 45146 -

Es ergibt sich hieraus, dass die mittleren Provinzen der
Monarchie und Schleswig-Holstein bei ihrem Getreideabsatz über
weitere Eisenbahnstrecken von den Staffeltarifen in mässigem Umfange Gebrauch gemacht haben, sowie dass den Ostprovinzen nach
der besseren Ernte des Jahres 1892 in hervorragendem Maasse die
Tarifermässigung bei ihren Getreideversendungen zu Gute gekommen ist.

*3. In welchem Umfange hat eine direkte Eisenbahnbeförderung von
Getreide und Mehl aus den östlichen Provinzen nach dem
Westen und Süden Deutschlands nach der neuen Ernte des
Jahres 1892 stattgefunden?*

*Und wie verhalten sich die mit der Eisenbahn nach dem
Westen beförderten Getreidemengen zu dem Eingang zu
Wasser daselbst?*

Antwort. Wie bereits aus der Beantwortung der Fragen zu 1
und 2 hervorgeht, hat sich die direkte Eisenbahnbeförderung von
Getreide und Mühlenfabrikaten aus den östlichen preussischen Provinzen nach dem Westen und Süden Deutschlands in mässigen
Grenzen gehalten, indem die wesentlichen Wirkungen der Staffeltarife sich auf mittlere Entfernungen beschränkt haben. Die
direkte Zufuhr mit der Eisenbahn ist eine verschwindend
geringe gegenüber denjenigen Mengen, welche dem
Westen und Süden auf dem Wasserwege zugeführt
werden. Die nachstehende Tabelle gibt nähere Auskunft über
die von den 6 östlichen Provinzen nach Brandenburg (Berlin), den
mittleren und westlichen Provinzen, sowie nach Süddeutschland im
IV. Quartal 1892 mit der Eisenbahn direkt beförderten Tonnen.

a = Getreide   b = Mehl

Von Provinz		nach							
		Brandenburg (Berlin)	Provinz Sachsen	Königreich Sachsen	Hannover, Braunschweig, Oldenburg	Hessen-Nassau	Westfalen	Rheinprovinz	Süddeutschland
Preussen (beide)	a	8610	923	5961	320	160	220	731	70
	b	1617	351	362	10	220	30	10	150
Posen	a	11285	4820	17316	220	500	210	981	451
	b	1928	155	297	20	20	54	100	70
Pommern	a	14091	746	1096	—	160	70	160	170
	b	4156	60	150	—	92	—	20	70
Schlesien	a	24643	3683	11121	435	10	376	135	394
	b	4523	528	3874	30	10	—	—	1265
Branden-burg	a (ohne Staffel-tarif)	7080	5107	892	50	914	560	145	
	b (ohne Staffel-tarif)	9148	6552	1356	1970	105	380	3806	
Summa	a	59629	17252	40601	1867	880	1790	2567	1230
							5237		
	b	12224	10242	11235	1416	2312	189	510	5361
							3011		

In dem gleichen Quartal hat der Eisenbahnaustausch zwischen der Monarchie und Süddeutschland an Getreide und Mehl die folgenden Ziffern ergeben:

		Elsass-Lothringen u. Pfalz	Grossh. Hessen (ohne Ober-hessen)	Baden	Württemberg	Bayern	Mann-heim	Summa
Versand nach	a	5430	10575	1368	733	21249	—	39355
Königr. Preuss.	b	1127	2267	2824	709	4408	—	11335
Empfang aus	a	3052	4880	2664	806	2576	600	11578
Königr. Preuss.	b	3082	2222	386	1017	8667	246	15620

Ueber diejenigen Mengen an Getreide und Mehl, welche dem Westen nach der neuen Ernte des Jahres 1892 auf dem Wasserwege zugeführt worden sind, liegen statistische Zahlen zur Zeit noch nicht vor. Nachstehend sind die Ziffern aufgeführt, welche an Weizen, Roggen, Hafer und Gerste in den Jahren 1886 bis 1891 den preussischen Rheinhäfen zu Wasser zugeführt wurden:

	Weizen t	Roggen t	Hafer t	Gerste t	Zusammen t
1886	74550	134594	47770	68214	325128
1887	109997	144387	75880	79524	409788
1888	103699	190051	95106	75184	464040
1889	95804	203316	78252	91715	469087
1890	122324	198451	82254	100003	503032
1891	232745	213426	59428	92280	597879
Summa	739119	1084225	438690	506920	2768954
Jahres-durchschnitt	123186	180704	73115	84487	461492

Die Gesammt-Wasserzufuhr an sämmtlichen Getreidearten zusammen in die preussischen und süddeutschen Rheinhäfen hat im Jahre 1891 betragen 1175032 t.

4. In welchem Umfange hat russisches und österreichisches Getreide
von den Staffeltarifen Gebrauch gemacht?
Hiermit verbunden die Frage des Herrn Abgeordneten von Erffa:
Welche Getreidemengen sind nach Abschluss des deutsch-
österreichischen Handelsvertrages den Provinzen Preussens
mit der Eisenbahn zugeführt worden?

Antwort. Für die Einfuhr österreichischen und russischen Getreides — und namentlich des letzteren — ist der Wasserweg maassgebend; die Zufuhr auf der Eisenbahn ist diesem gegenüber eine geringe und findet im Wesentlichen nur statt, wo es sich um die Versorgung der dem Auslande benachbarten Gebiete handelt. In dem Durchschnitt der 6 Jahre 1886 bis 1891 sind an Getreide zu Wasser nach preussischen Plätzen jährlich 1164500 t (ohne Mehl) eingegangen. Demgegenüber beträgt die über die trockenen Grenzen in den freien Verkehr Preussens aus dem Auslande eingeführte Getreidemenge jährlich durchschnittlich 144000 t. Von letzterer waren etwa 100000 t jährlich zur Versorgung der Nachbargebiete des Auslandes bestimmt. Für diese Transporte hat der Staffeltarif eine Ermässigung nicht gewährt, indem derselbe im Verkehr mit dem Auslande eine Ermässigung gegenüber den früheren Tarifen erst auf Entfernungen von mehr als 240 km bringt. Eine Erleichterung in der Beförderung würden in den angegebenen Jahren daher nur 44000 t ausländischen Getreides erfahren haben; in dieser Summe haben sich aber durchschnittlich jährlich 25000 t Gerste befunden, welche das Inland für Brauzwecke gebraucht hat, und für welche der Wettbewerb der inländischen Landwirthschaft nicht in dem ausgesprochenen Maasse in Frage kommt, wie dies bei dem sonstigen Getreide der Fall ist.

Es hat sich weiter ergeben, dass in den Einbruchswegen des fremden Getreides nach dem Inkrafttreten der Staffeltarife eine Aenderung nicht herbeigeführt worden ist, weil nach wie vor die Wasserzufuhr für dies Getreide in die hauptsächlichsten Verbrauchsgebiete bei Weitem günstigere Transportbedingungen ergibt.

Die nachfolgende Tabelle veranschaulicht die direkte Getreidezufuhr mit der Eisenbahn aus Russland (einschliesslich Polen) und aus Oesterreich-Ungarn in der Zeit vom 1. April bis 31. December 1892 (nach dem österreichischen Handelsvertrage) gegenüber dem gleichen Zeitraum des Jahres 1891.

Nach den Provinzen		aus Russland				aus Oesterreich-Ungarn			
		Weizen	Roggen	Hafer	Gerste	Weizen	Roggen	Hafer	Gerste
Ost- u. West-	92	139	199	186	418	—	—	—	20
preussen (ohne Häfen)	91	1161	3381	1019	3169	—	—	—	20
Pommern	92	—	—	—	—	—	—	10	323
	91	—	—	—	—	—	40	—	389
Schleswig-	92	—	—	—	—	—	—	70	151
Holstein und Elbhäfen	91	—	—	—	—	10	—	61	132
Posen	92	—	30	40	107	80	10	54	172
	91	379	140	90	30	50	55	280	300
Schlesien	92	600	133	10	841	14622	22425	3437	8209
	91	13477	20731	2500	1835	24044	38942	2661	12154
Branden-	92	20	—	518	10	61	303	8379	6978
burg	91	108	110	—	10	110	100	2325	19922
Sachsen	92	—	—	—	—	210	1078	670	2571
	91	—	—	10	10	824	2210	95	6532
Hessen-	92	—	—	—	—	—	—	15	3793
Nassau	91	—	—	—	—	10	10	50	1897
Westfalen	92	—	—	—	—	30	—	81	377
	91	—	—	—	—	—	—	10	463
Rhein-	92	—	—	—	—	—	—	20	201
provinz	91	—	—	—	—	—	—	25	60

Nach der vorstehenden Tabelle hat die mit der Eisenbahn bewirkte Einfuhr aus Russland und Oesterreich in den letzten 3 Quartalen des Jahres 1892 gegenüber dem gleichen Zeitraum des Jahres 1891 sich vermindert. Es findet dieser Umstand Erklärung in der günstigen Inlands-Ernte des Jahres 1892, welche eine Verminderung der ausländischen Einfuhr zur Folge hatte. Hiermit im Einklang ist die Gesammteinfuhr fremden Getreides nach Deutschland (über trockene und nasse Grenzen) in der Zeit vom 1. August bis Jahresschluss 1892 gegen 1891 wie folgt zurückgegangen:

$$\text{Weizen} \quad 1892 \;=\; 262\,268 \text{ t}$$
$$1891 \;=\; 505\,913 \text{ -}$$

Roggen	1892	=	60250 t
	1891	=	376107 -
Hafer	1892	=	35605 -
	1891	=	38689 -
Gerste	1892	=	280855 -
	1891	=	379386 -

Frage des Herrn Abgeordneten Dr. Hammacher und Beantwortung.

5. Ist es zutreffend, dass ausländisches (amerikanisches) Mehl in grösseren Mengen in die Elb- und Weserhäfen eingeführt wird, welches unter Benutzung des Staffeltarifs mit der Eisenbahn in das Inland transportirt wird?

Antwort. In der Zeit vom 1. Januar 1892 bis 1. März 1893 sind in die Elb- und Weserhäfen (bezw. bei letzteren in den bremischen Freibezirk) an ausländischem Mehl 3887 t eingeführt worden. Hiervon sind mit der Eisenbahn unter Ausnützung des Staffeltarifs in das Inland gesendet worden = 110 t; ferner sind im Staffeltarif in der gleichen Zeit von den Elb- und Weserhäfen von inländischem Mehl = 1745 t versendet, und endlich 120 t Mehl, dessen inländischer oder ausländischer Ursprung nicht hat festgestellt werden können. Von dem inländischen Mehl sind befördert worden:

nach Brandenburg (Berlin)	=	660 t
- Hannover-Braunschweig	=	715 -
- Hessen-Nassau	=	75 -
- Oldenburg	=	80 -
- Rheinprovinz	=	70 -
- Sachsen	=	30 -
- Königreich Sachsen	=	15 -
- Elsass	=	10 -
- Dänemark	=	70 -